U0037292

綠色能源科技原理與應用

曾彥魁　編著

全華圖書股份有限公司

國家圖書館出版品預行編目資料

綠色能源科技原理與應用 / 曾彥魁編著. -- 四版.
-- 新北市：全華圖書股份有限公司, 2022.10
面；　公分
ISBN 978-626-328-319-0(平裝)

1.CST：能源技術 2.CST：綠色革命

400.15　　　　　　　　　　　　111014425

綠色能源科技原理與應用

作者／曾彥魁

發行人／陳本源

執行編輯／楊煊閔

封面設計／楊昭琅

出版者／全華圖書股份有限公司

郵政帳號／0100836-1 號

印刷者／宏懋打字印刷股份有限公司

圖書編號／0633103

四版一刷／2022 年 12 月

定價／新台幣 560 元

ISBN／978-626-328-319-0(平裝)

全華圖書／www.chwa.com.tw

全華網路書店 Open Tech／www.opentech.com.tw

若您對本書有任何問題，歡迎來信指導 book@chwa.com.tw

臺北總公司(北區營業處)
地址：23671 新北市土城區忠義路 21 號
電話：(02) 2262-5666
傳真：(02) 6637-3695、6637-3696

南區營業處
地址：80769 高雄市三民區應安街 12 號
電話：(07) 381-1377
傳真：(07) 862-5562

中區營業處
地址：40256 臺中市南區樹義一巷 26 號
電話：(04) 2261-8485
傳真：(04) 3600-9806(高中職)
　　　(04) 3601-8600(大專)

序 言
Preface

能源是地球上生物得以生存的必備元素，自十七世紀工業革命以來，煤、石油和天然氣等化石能源的應用加速了工業發展的進程，直到二十世紀末期，化石能源枯竭以及地球暖化問題逐漸浮現以後，人類才開始用心找尋可替代的能量來源。現階段對替代能源的要求，除了必須具備經濟效益以外，對於環境、生態和景觀的維護也有所要求。以目前工業上大力發展的種種替代能源項目來說，大體具備了可再生與環境維護的條件，但在經濟效益上還有待努力去突破。

本書共分為十四章，前三章除了介紹能量與能源型態外，也介紹了傳統能源應用如何引發溫室效應與地球暖化問題。第四章至第十二章則探討目前工業上已進行開發應用的各種可再生替代能源，包含其種類、原理以及應用模式等，讓學習者能具備基礎的可再生能源系統規劃、設計與應用能力。最後兩章內容包含溫室氣體盤查與產品碳足跡估算，這是近年來人類對溫室氣體和有毒廢棄物排放進行量化管制的一種方法，目的是要讓「能源運用必須兼顧環境維護」的理念能深植人心。

對於具有理工背景的讀者來說，本書的內容完整而易懂，但對於不具理工背景的讀者，部分內容會有些難懂，研讀時可略過那些計算公式，直接學習各種新能源的能量產生原理與應用模式，這些基本知識對於未來的職場工作能力將會有所提升。

作者

曾彥魁　　霍國慶　謹致於

國立勤益科技大學　機械工程系

中國科學院大學　公共政策與管理學院

相關叢書介紹

書號：06168
書名：新能源關鍵材料
編著：王錫福、邱善得、薛康琳、
　　　蔡松雨
16K/368 頁/420 元

書號：0581903
書名：能源應用與原動力廠(第四版)
編著：蘇燈城
16K/368 頁/525 元

書號：0621001
書名：再生能源發電(第二版)
編著：洪志明、歐庭嘉
16K/392 頁/580 元

書號：06044
書名：燃料電池基礎
編著：趙中興
16K/400 頁/500 元

書號：0602902
書名：綠色能源(第三版)
編著：黃鎮江
16K/264 頁/400 元

書號：06111
書名：燃料電池技術
編著：管衍德
20K/352 頁/350 元

書號：0634401
書名：儲能技術概論(第二版)
編著：曾重仁等
16K/272 頁/450 元

書號：06326
書名：燃料電池(第四版)
編著：黃鎮江
16K/376 頁/450 元

書號：10437
書名：再生能源工程實務
編著：蘇燈城
16K/336 頁/520 元

◎上列書價若有變動，請以
　最新定價為準。

目 錄
Contents

01

能源概論

一、能源概說

能源(energy)一詞是我們日常生活中最常被提到的，也是近代歷史中引發最多爭端的一個議題。遠古時代，人類唯一能使用的能源來自於太陽光能的照射，及至燧人氏發明了鑽木取火之後，人類就會利用草木等生質物燃燒來取暖與烹飪，大大改變了生活的習性，也讓文明進程往前跨越了一大步。除了草木等生質材料以外，人類也將煤礦用來做為廣泛使用的能源，因為它具有較大的熱值，而且運送、儲存都方便，最終被用來帶動機器設備運轉而開啟了第一次工業革命，使人類的生活型態，由農業社會漸漸的轉化為工業社會。

西元 1760 年代，第一次工業革命的種子在英國萌芽，各式各樣的機器設施開始被用來取代傳統的獸力與人力，生產速度提高，成本也就因而得以有效降低，給人類帶來更方便、更充裕的生活，這都是拜有效利用能源轉換來做功之賜。傳統使用的能源早期以燃煤為主，但隨著能源需求的擴大，其他形式的能源也相繼被開發出來，包含深藏於地底下的石油、生質物腐朽後產生的天然氣，以及經由物質核分裂反應發散出的核能等。上述諸多能源中，人類倚賴最深的莫過於煤礦、石油和天然氣，被稱為化石能源(fossil fuel)，這些都是數千萬年甚或更早之前動物和植物死亡後的軀體，經歷地殼變動以後演變而來，用量約占整體能源的 80% 以上。此外，核能以及最近幾十年才被加以重視開發的所謂可再生能源，使用占比仍低於 20%，但有逐年增加的趨勢。

在化石能源儲存量日漸枯竭且價格不斷攀升的壓力下，美國於二十一世紀初期成功開採了頁岩油，時機上恰好可以彌補這個缺口，使人類面臨的能源危機時程，有望往後推遲數百年。以下針對現階段常用的主力能源加以介紹，並列出其優缺點以供使用者參考。

1. 燃煤

煤礦是最早被開發使用的化石能源，其蘊藏量最為豐富，依據英國石油公司(BP)於 2012 年的估計，全球目前儲存量約為 8,600 億噸，以每年開採 40 億噸的消耗量來計算，大約還可以支撐 215 年。煤礦的生成大致為，上古時代沼澤中的各種生質物，包含樹木、雜草、蕨類、藻類等在死亡以後，它們所含的有機質會先進行好氧反應(aerobic reaction)，並且排放出二氧化碳與甲烷等氣體，其餘的碳元素會逐漸分解出來並沉積於沼澤底部，時間久了並且經過地殼變動，這些

沉積的碳元素被深埋在地底下並進行長時間的厭氧反應(anaerobic reaction)以後，便會逐漸轉化爲煤礦，其生成過程如圖 1-1 所示。

三億年前
沼澤

一億年前
水
泥
死亡的植物

現代
岩石與塵土
煤

圖 1-1 煤礦生成過程之示意圖

煤礦的主要成分爲碳 C、氫 H、氧 O、氮 N 以及硫 S 等，可以依據其煤化程度的差別來分類，大體上可以分爲泥煤(peat)、褐煤(lignite)、亞煙煤(sub-bituminous coal)、煙煤(bituminous coal)和無煙煤(anthracite)等五種，這五種煤礦的成分比例、含水量、含碳量以及熱值，視開採地區的不同有很大的差異，表 1-1 所列者爲大約值，可供讀者參考。

表 1-1 不同類型煤礦之大約成分表

種類	含水量(%)	含碳量(%)	熱值(kcal / kg)	備註
泥煤	35～70	30 以下	1,500～2,500	熱值過低
褐煤	25～35	30～40	2,500～4,000	揮發性高
亞煙煤	15～25	40～50	4,000～5,500	揮發性高
煙煤	5～15	50～75	5,500～7,700	含硫成分
無煙煤	5 以下	75～95	7,700 以上	較乾淨

傳統的燃煤發電廠一般都以煙煤爲主要燃料，因爲它的儲存量豐富，開採成本較低，且具有良好的熱值。然而，煙煤含硫分較高，有些地區的產出含硫分可能達2%之多，燃燒後有酸雨危害的風險。除了煙煤以外，亞煙煤有時也被用來作爲燃煤電廠的燃料，雖然其熱值較煙煤爲低，但所含硫分和灰分都低，又揮發性高容易燃燒，因而成爲煙煤理想的替代品。相較來說，無煙煤較爲乾淨，因其所含硫分、灰分和揮發物都低，不過價格相對較高，會增加發電成本。

煤礦的利用大體上可以分為直接燃燒(combustion)、氣化(gasification)和液化(liquefaction)三種。直接燃燒是將煤炭置於高溫環境中,或將煤炭磨成粉煤,在具有充足氧化劑的條件下,使其燃燒釋放出熱能,並排放出二氧化碳、水以及汙染物如煤灰、硫氧化物 SO_X、氮氧化物 NO_X 等。煤炭之氣化則是將煤炭置於高溫但缺乏氧化劑的環境中,使其進行不完全燃燒或部分燃燒,則會產生 CO、H_2 與 CH_4 等可燃氣體,以及焦油與硫化物等有害物質,使用時可以事先將這些有害物質分離,不但燃燒效率較高,而且也可以減少汙染物的排放。至於煤炭之液化,是將其磨成粉煤以後,置於高溫、高壓的環境中,並加入觸媒與氫氣參與反應,即會產出液態燃油,如果需要,也可以進一步加以蒸餾得到汽油和煤油,只不過成本會高出石油許多,故而其經濟效益不彰而較少被採用。

煤礦是地球上現存最多的能源,蘊藏量較多的幾個主要國家及其占比如表 1-2 所示。

表 1-2　煤礦主要產國及其占比(2013)

排名	國家	儲存量(百萬噸)	占比(%)
1	中國	3,650	46.4
2	美國	922	11.7
3	印度	606	7.7
4	澳洲	431	5.5
5	印尼	386	4.9
6	俄羅斯	355	4.5
7	南非	260	3.3
8	德國	196	2.5
9	波蘭	144	1.8
10	哈薩克	116	1.5
全球年產總量 7,865 百萬噸			

數字資料來源:維基百科

2. 石油與石油氣

在二十世紀初期,全球總人口數約為 40 億人,工商業尚未蓬勃發展,人類對於生活舒適度的要求也僅處於中等階段,因而能源供給並沒有出現緊張狀況。直

到西元 1960 年代發生第一次能源危機開始，人類才突然驚覺，能源是一種國家生存發展不可或缺的戰略物資，從此開始，世界各主要國家展開了嚴酷的能源爭奪戰，到了二十一世紀初期，世界人口膨脹達到七十億人之多，工商業發展與居家生活對於能源的需求不斷增加，其中與石油的消耗量關係，如圖 1-2 所示。

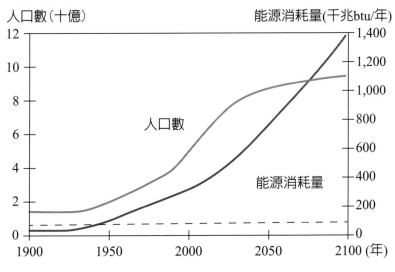

圖 1-2　世界人口數與石油消耗關係圖

在現有能源供需逐漸失衡的壓力下，近半個世紀以來，出現了多次劇烈的石油價格波動，在二十一世紀初期，每桶原油價格曾經上漲到了 148 美元的天價，市場一片哀號，但隨後受到金融海嘯的衝擊，工業生產瞬間消退，以致油價快速崩跌，加以美國頁岩油開採成功，石油產量供過於求，價格因而掉落到每桶 45 美元的谷底。全球石油價格走勢如圖 1-3 所示，由圖中可知，持續上漲的油價於 2009 年大幅滑落，此乃因 2008 年底爆發金融海嘯，全球經濟突然崩潰之故。當油價於 2012 年回到高峰後，又往下跌到 2016 年的每桶 45 美元左右，此乃肇因於美國頁岩油成功開採導致產量過剩之故。

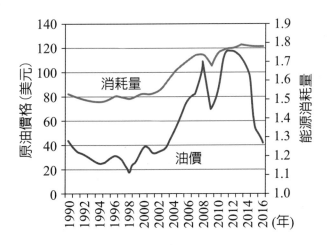

圖 1-3　石油價格及其消耗量關係圖

　　二十世紀中葉以來，拜能源需求大增之賜，擁有豐富石油蘊藏的中東地區，迅速地成為舉足輕重的地域。此時，包括伊朗(中東)、伊拉克(中東)、科威特(中東)、沙烏地阿拉伯(中東)和委內瑞拉(南美)等五個主要產油國，於西元 1960 年在巴格達成立了「石油輸出國家組織(OPEC)」，透過統一的政策與價格，來確保石油市場的穩定，維護來自於石油的收入，並得以團結對抗勢力龐大的西方石油公司。該組織於 1965 年將總部遷至奧地利維也納，並擴展組織成員，截至 2016 年，成員國增加了阿爾及利亞(非洲)、安哥拉(非洲)、厄瓜多(南美)、赤道幾內亞(非洲)、加彭(非洲)、利比亞(非洲)、尼日利亞(非洲)、卡達(中東)、阿聯酋(中東)等 9 國，總數達到 14 個，石油產量約佔全球產量的 44%。除了 OPEC 成員國以外，還有美國、加拿大、巴西、俄羅斯以及中國等幾個幅員廣大的國家，也都擁有極為豐富的石油蘊藏。或擁油自重，或從石油出口交易中賺取了大量財富，在工商業蓬勃發展的二十世紀末期，石油的重要性不言而喻，成為世界上最重要的戰略資源。西元 2016 年世界主要產油國及其石油產量與占比如表 1-3 所示。

表 1-3　主要石油產國及其產量(2016 年)

排名	產油國	平均日產量(萬桶)	占比(%)
1	俄羅斯	1,055	13.08
2	沙烏地阿拉伯	1,046	12.97
3	美國	888	11.01
4	伊拉克	445	5.52
5	伊朗	399	4.95
6	中國	398	4.94
7	加拿大	366	4.54
8	阿聯	311	3.86
9	科威特	292	3.62
10	巴西	252	3.13
全球總量 平均日產 8,062 萬桶			

數字資料來源：維基百科

石油的生成與煤炭的生成類似，都是數千萬至數億年前的動物和藻類等單細胞植物死亡後，其殘骸堆積於海底下逐漸形成沉積物，在缺氧的狀態下，由細菌將沉積物中所含的氧消耗掉，然後隨著日月的增長，沉積物上的泥沙與岩石漸厚，在高壓高溫的作用下產生了石油和石油氣，其生成的過程如圖 1-4 所示。

三～四億年前
海洋

五千萬～四億年前
海洋
泥沙
植物與動物殘骸

現代
泥沙與岩石
石油與油氣儲存

圖 1-4 石油與石油氣生成過程示意圖

石油礦在開採之前必須先經過探勘，以確定石油存在且具有開採價值。石油開採可分為初級開採、二級開採和三級開採。所謂初級開採，就是在油田上開鑿油井，然後以泵將地層下之石油抽出，約可以吸出地下油田的 15%石油。至於二級開採，是以注水入油田的方式使油田增壓，如此可以多抽出約 20%左右的石油。第三級開採則是，將蒸氣灌入油田以降低石油的黏滯性，也有以灌入二氧化碳或氮氣方式增加壓力，讓石油更容易被抽出，如此又可以多採得 15%～20% 的石油。從油田中剛剛開採出來的石油被稱為原油(crude oil)，因為油礦所在地域不同的緣故，原油中所含成分也會有很大差異，主要為非常複雜的碳氫化合物、硫分和金屬元素等，如表 1-4 所示。

表 1-4 原油中主要元素及其比例

元素	含量(%)
碳 C	83～87
氫 H	10～14
氮 N	0.1～2
氧 O	0.1～1.5
硫 S	0.5～4
金屬	小於 0.03

　　原油的顏色會隨產地的不同而變化,有可能為透明、白色、棕色、綠色、黃色或深黑色,因為成分不同,比重介於 0.8～1.0 之間。現代化原油開採,都是以如圖 1-5 所示之抽油機將位於地底深處的原油抽出,淺的油井深度大約是 200 公尺,深的油井則可能達到 3000 公尺。抽出的原油必須先將含於其中的二氧化碳、硫化氫、天然氣和水分脫離,才能推到市場上去交易。因原油的黏滯性甚高,無法直接使用,故而必須先以如圖 1-6 所示之分餾塔加以分餾處理,所得到的分餾物和用途如表 1-5 所示。

圖 1-5　石油抽油機

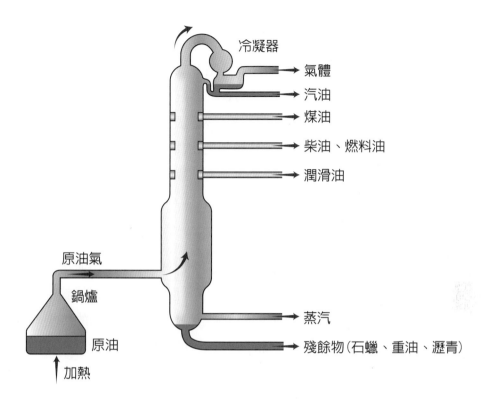

圖 1-6　分餾塔之結構圖

表 1-5　原油分餾所得之分餾物及其用途

分餾物	分子大小	沸點(℃)	主要用途
可燃氣	C1～C5	30 以下	氣態燃料
石油醚	C5～C10	30～170	溶劑
輕油、汽油	C5～C12	30～170	汽油引擎、汽車燃料
煤油	C12～C16	170～250	柴油引擎、航空燃料
柴油	C15～C18	250～350	柴油引擎、航空燃料
燃料油	C15～C18	350～500	鍋爐燃料、輪船燃料
潤滑油	C16～C20	350～500	機件潤滑
石蠟	C19～C30	350～500	工業用蠟、蠟燭
重油	C30～	500 以上	鍋爐燃料、輪船燃料
瀝青	C30～	500 以上	道路鋪面

　　一般家庭中常用的瓦斯為石油開採時得到的附屬品，所以也被稱為石油氣，其主要成分為丙烷與丁烷的混合，具有無色、無味、無毒、易燃且易爆等特性，當空氣中

混有 2～10%濃度的瓦斯時，便會有燃燒爆炸的危險，因而一般都會在瓦斯中添加臭味劑，使得漏氣時能被輕易察覺。瓦斯都以高壓方式讓其液化並裝入鋼瓶中，因此常被稱為液化石油氣 LPG (Liquid Petroleum Gas)，當它氣化時體積會膨脹約 270 倍，其比重約為空氣之 1.5 倍，故如有洩漏會滯留於低處。瓦斯的熱值約為 10,700 Kcal / kg，燃燒後除了排放出二氧化碳 CO_2 以外，其他汙染物甚少，是為乾淨而理想的能源，不過若燃燒不完全，會有致命的一氧化碳 CO 產生，故而使用時須特別注意通風問題，以免釀成不必要的意外事故。

3. 天然氣

天然氣在十六世紀就有被開發使用的記載，惟當時因儲存和運送的技術無法克服，以致開採出來的天然氣只能在當地使用，使用不完的則任其燃燒廢棄，甚為可惜。直到十九世紀，產氣國以管路加壓輸送方式，成功的將天然氣輸送到幾千公里以外的需求者所在地。除了以管線加壓輸送以外，還有利用高壓將其液化後儲存於高壓儲存槽中，再船運到需要者手中，如此天然氣才正式變成一種重要的能源，主要的產氣大國及其儲存量如表 1-6 所示。

表 1-6　主要天然氣大國及其儲存量(2016 年)

排名	產氣國	儲存量(億桶油當量)	占比(%)
1	伊朗	2,244	18.2
2	俄羅斯	2,132	17.3
3	卡達	1,617	13.1
4	土庫曼斯坦	1,155	9.4
5	美國	686	5.6
6	沙烏地	548	4.4
7	阿聯	403	3.3
8	委內瑞拉	370	3.0
9	奈及利亞	337	2.7
10	阿爾及利亞	297	2.4
全球總量 12,330 億桶油當量			

數字資料來源：維基百科

　　天然氣的形成方式與過程和煤礦或石油類似，因而在開採煤礦或開採石油的同時，有可能伴隨得到天然氣，當然，也有些天然氣蘊藏區只有純粹的天然氣，並沒有與其他形式能源共伴的情況。一般來說，從氣井中開採出來的天然氣成分都相當複雜，如表 1-7 所示，因而無法直接拿來使用，必須經過適當程序的純化之後，才能成為有效利用的能源。

表 1-7　天然氣中主要元素及其比例

成分	體積百分比(%)
甲烷 CH_4	75～90
乙烷 C_2H_6	15 以下
丙烷 C_3H_8	
丁烷 C_4H_{16}	
二氧化碳 CO_2	10 以下
氧氣 O_2	0.2 以下
氮氣 N_2	5 以下
硫化氫 H_2S	5 以下

　　天然氣有時也被稱為天然瓦斯，為生質物腐爛發酵以後產生的氣體，其生成時間不必像瓦斯(石油氣)一樣需要數百萬年之久，而是可以非常短暫，比如將動物排泄物等生質物以厭氧發酵處理，幾天時間內就可以生成天然氣，又因生質物可以生生不息，且其所含的碳主要皆吸收自大氣，因而天然氣就被歸類為乾淨的可再生能源。天然氣的主要成分為甲烷，並含有少量的乙烷、丙烷和丁烷，同樣是無色、無味、無毒、易燃且易爆，若空氣中混有 5～12% 濃度的天然瓦斯便會有燃燒爆炸的危險，因而也會在其中添加臭味劑，以便漏氣時能被輕易察覺。天然瓦斯儲存時常以高壓將其液化，稱為液化天然氣 LNG (Liquid Natural Gas)。天然瓦斯一般都以鋪設管路的方式，將氣體以高壓驅動傳送至家庭中供其使用，其比重較空氣輕，故如有洩漏，會往上飄逸。天然瓦斯 LNG 的熱值依不同產區而有差異，約為 8,900～9,900 kcal / kg 之間，略小於石油氣 LPG，而其燃燒後除了排放出二氧化碳 CO_2 以外，其他汙染物甚少，可以說也是非常乾淨的能源，於使用時也必須注意通風，以避免燃燒不完全產生的一氧化碳 CO 導致中毒意外事故。

觀念對與錯

(○) 1. 煤礦是有機質中的碳元素被深埋地底，並經過長時間厭氧反應以後才能生成。

(✗) 2. 燃煤發電廠一般都以煙煤為主要燃料，因為它成本低、熱值高且又汙染小的緣故。

(○) 3. 煤礦的主要成分包含碳 C、氫 H、氧 O、氮 N 和硫 S 等。

(○) 4. 至目前為止，世界人口的總量與石油消耗量始終保持著正比關係。

(○) 5. 西元 2016 年油價崩跌，主要與美國頁岩油被成功大量開採有關。

(○) 6. 石油輸出國家組織 OPEC 有 14 個成員國，產油量佔全球總量近 44%。

(○) 7. 原油中所含主要成分為碳氫化合物、以及少量的氮 N、氧 O、硫 S 等。

(✗) 8. 原油可能呈現不同顏色是因為開採方式不同的緣故。

(✗) 9. 分餾塔主要功用是將汽油區分為 92 無鉛、95 無鉛和 98 無鉛之用。

(✗) 10. 液化石油氣 LPG 與液化天然氣 LNG 的成分不同，但臭味和毒性卻相當。

4. 頁岩油與頁岩氣

在二十世紀末，能源供應情勢嚴峻，在這種情況下，尋找新的替代能源成了人類的重要任務。首先出台的是頁岩油的成功開發，在產量不斷加大的情況下，原油價格有如溜滑梯一般，跌破了每桶 50 美元關卡，讓所有人都鬆了一口氣。究竟甚麼是頁岩油呢？所謂頁岩油就是指從含有油質的頁岩石中提煉出的油品，早在十四世紀石油還未被開採使用之前，瑞士和奧地利等地，就有開採頁岩石作為固體燃料，或從中提煉頁岩油作為燃料油的紀錄，而法國和蘇格蘭等國，也於十九世紀建立了完整的頁岩油開採工業，生產包括蠟燭、煤油、潤滑油以及煤氣等民生物質，直到二十世紀初期，開採成本相對低廉的石油被發現以後，頁岩油工業乃於一夕間瞬時沒落。所以說，頁岩油其實並非是一種新發現的能源，而是因為開採成本較高，基於經濟上的考量而被暫時擱置，在開採技術更為先進，開採成本更為低廉的條件下，適時被用來填補能源短缺的空隙，且在其他能源的供應價格升高到一定程度時，能適度達到平抑市場價格的作用。

至於這些含有油質的頁岩石是如何形成的呢？主要是一般的頁岩石與植物或水生動物遺體等有機物，堆積在一起並於高溫、高壓環境下歷經數百萬年的作用，使得這些被稱爲油母質(kerogen)的有機物與岩石結合，成爲含有碳氫化合物的油頁岩(oil shale)。油頁岩的外觀近於黑色，與煤炭相類似，如圖 1-7 所示，又因其具有油母質，所以點火可以燃燒，如圖 1-8 所示。

圖 1-7　油頁岩 (取自維基百科)　　　　圖 1-8　燃燒的油頁岩 (取自維基百科)

　　油頁岩的主要成分除了油母質以外，還有石英、長石、黏土和碳酸鹽，外加少量鐵、釩、鎳、鉬、鈾等金屬，上述各種成分的比例不定，依各不同產出礦場而有差異。從油頁岩中開採出來的頁岩油成分與化石原油相近，且油品的性質會依不同區域的地質條件而有所差異。由於現今的油品提煉工藝甚爲進步，因而各種具不同性質的頁岩原油，都可以通過加入氫和除去內中所含雜質如硫和氮等的程序控制，來得到與化石原油所設定相同標準的產出。

　　依據美國地質調查所 USGS 的估計，全世界頁岩油總儲量超過 3,450 億桶之多，其中以俄羅斯、美國和中國爲最多，至於頁岩氣的總儲存量，則達到 7,299 兆立方英尺以上，以中國、阿根廷和阿爾及利亞爲最多，全球頁岩油和頁岩氣儲存量前 10 大國家如表 1-8 及表 1-9 所示。

表 1-8　全球頁岩油十大儲量國家(資料來源：美國地質調查所 USGS)

排名	國家	儲量(十億桶)	排名	國家	儲量(十億桶)
1	俄羅斯	75	6	委內瑞拉	13
2	美國	58	7	墨西哥	13
3	中國	32	8	巴基斯坦	9
4	阿根廷	27	9	加拿大	9
5	利比亞	26	10	印尼	8
合計			345 (十億桶)		

表 1-9　全球頁岩氣十大儲量國家(資料來源：美國地質調查所 USGS)

排名	國家	兆立方英尺	排名	國家	兆立方英尺
1	中國	1,115	6	墨西哥	545
2	阿根廷	802	7	澳洲	437
3	阿爾及利亞	707	8	南非	390
4	美國	665	9	俄羅斯	285
5	加拿大	573	10	巴西	245
合計			7,299 (兆立方英尺)		

　　油頁岩的含油量依各不同礦區而有差異，最優的油頁岩每噸可以提煉出一桶原油，若每噸油頁岩的出油量低於 0.25 桶，就完全不具有開採價值，或根本不稱它為油頁岩。目前已經探測到且具有開採價值的油頁岩，以美國為最多，約佔 60%，其次為俄羅斯和巴西，中國則僅是小規模試探性開採。若以全球總蘊藏量的 20% 為具有開採價值來計算，粗估總量可達一兆桶之多，咸信此將足以解決未來數百年的能源需求問題。頁岩油的大量開採解決了能源供應問題，但大量地使用將造成環境無可挽回的傷害，很顯然的，如果人類在使用上不有所節制，所衍生出的地球永續生存問題，將比想像中更為嚴峻。

　　頁岩油的開採技術有些門檻，以美國各大石油公司的技術最為成熟，所以頁岩油的產量主要也都是來自美國，以 2019 年來說，達到平均日產 763 萬桶的規模，已經遠遠超過該國化石原油的產量，約占其日產油量的 63%，其中尤以 11 月份，平均日產量更達到 928 萬桶的高峰，如圖 1-9 所示。若以全球日產約 8,000 萬桶原油來估算，美國頁岩油的產量占比，已經達到整體原油供應的 10% 左右，可見其對能源供需的重要性與影響力。頁岩油的開採成本約在每桶 50～65 美元左右，大量開採的結果使得國際油價受到不小衝擊，然油價下跌的結果又導致頁岩油的探勘開採商瀕臨破產，美國因而不得不與石油輸出國家組織 OPEC 各會員國商議，達成減產協定以挽救即將崩潰的油價。雖然如此，由於 2020 年爆發全球新冠肺炎疫情，在製造業和運輸旅遊業全面急凍的大環境下，能源需求大大降低，疲軟的油價短期內本難有起色，但因 2022 年爆發俄、烏戰爭，油價上升，頁岩油商的困境方得以暫時解除。

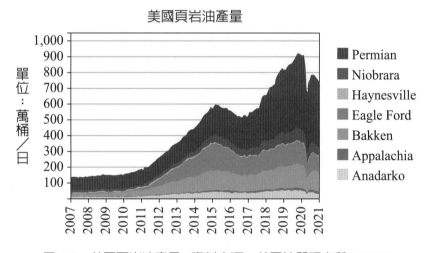

圖 1-9　美國頁岩油產量 (資料來源：美國地質調查所 USGS)

　　美國頁岩油礦主要分布於六個頁岩地區的七個岩層中，約占該國頁岩油以及頁岩氣總產出的 90% 以上，這六個地區分別是 Permian（西德州二疊紀）、Bakken（北達科達州和蒙大拿州的巴肯）、Appalachia（阿帕拉契盆地北部的馬塞勒斯）、Niobrara（懷俄明州、科羅拉多州、南達科達州、內布拉斯州的奈厄布拉勒）、Haynesville（阿肯色州、路易斯安那州和德克薩斯州的海恩斯維爾）、Eagle Ford（南德克薩斯州鷹堡），其中西德州二疊紀盆地(Permian)中有沃夫坎普(Wolfcamp)和史巴伯瑞(Spraberry)兩個岩層，故而成為頁岩油的最大產區。

　　頁岩油的開採，一般都是將高溫蒸氣以高壓灌入岩石層中，使其油質溶解滲出，除了液態的頁岩油之外，也會得到一些頁岩氣，開採示意圖如圖 1-10 所示。因為是利用高溫、高壓蒸氣來開採，所以必須消耗大量水資源，以目前技術經驗，每處理一噸的油頁岩，約需消耗三噸的水，對於缺水地區或是水資源相對缺乏的區域，開採相對困難。

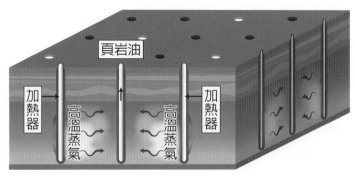

圖 1-10　頁岩油開採示意圖

　　除了高溫高壓蒸氣灌入法之外，還有一種是將滲有化學物質的高壓液體注入岩石層，使岩石層碎裂而得以將頁岩油與頁岩氣逼出，被稱之為水力壓裂法(hydraulic fracturing)。利用此法的最大問題是，碎裂過程中會產生極大之震動，除了影響附近居民安寧外，區域地質結構的穩定性也會受到破壞，有引發小型地震的風險，如若又伴隨有溫室氣體甲烷逸散至大氣中，則會使溫室效應更為加劇。尤有甚者，這種被稱為壓裂液的高壓液體，對於土壤、地下水以及空氣等都會造成或大或小的汙染，雖然對於頁岩氣的開採具有較佳的效果，但對人體健康和環境破壞的負面效應未能有效控制前，積極推廣採用仍具有一定的道德壓力與抗爭阻力。除此之外，目前也有將油頁岩先挖掘出來，如同挖煤礦一般，然後把這些油頁岩碾碎，再利用類似蒸餾的方式，將油頁岩中的油質逼出，待其蒸氣冷卻以後就可以得到油品和油氣。這種方式在工藝上雖然較為簡單，不過除了露天的礦場以外，開採成本會相對提高，因為需要大規模的挖掘和運輸之故。運用蒸餾法來提煉頁岩油和頁岩氣，除了不利成本控制外，對地表和地貌的破壞也較為嚴重，相對較不理想。

5. 核能

一般人提起核能就會聯想到輻射，因而對核能產生了莫名的恐懼，其實自然界中輻射無所不在，有些是宇宙生來就具有的，稱為天然輻射，對人體並沒有任何危害，人類有疑慮的是以核技術發展出的人工輻射，在歷經廣島、長崎原子彈轟炸，以及數次核能電廠事故之後，許多人對核子相關設施的安全性產生了不信任感，尤其在部分媒體誇大驚悚的報導下，人人對其避之唯恐不及。在現階段中，人類所使用的能源有超過 10%來自於核能，短期之內無法改變，因而一昧對核能加以排斥，並非理性作法，深入了解它的本性，把安全做到萬無一失的最好程度，才是最理想的面對態度。

核能產生的方式有兩種，一種是核分裂反應(nuclear fission)，另外一種是核融合反應(nuclear fusion)，前者是將原子核分裂過程中喪失的部分質量轉變為能量，後者則相反，是將原子核結合過程中喪失的部分質量轉變為能量，兩者在質量與能量間的轉換，都是依據愛因斯坦的質能互換原理，亦即 $E = mC^2$ 而來。在將近七十年的核能發展過程中，核分裂已經取得了堅實的成果，核融合則尚在努力之中，所以今日大家所談的核能，其實指的就是核分裂。

核能的能源產出方式與化石能源完全不同，所需要的原料儲存空間非常小，運轉時也沒有二氧化碳 CO_2、氮化物 NO_X、硫化物 SO_X 以及有害懸浮微粒的排放，相對來說是一種非常乾淨的能源，加以其電力產出成本相對便宜許多，因而受到很多國家的歡迎，惟其使用後之核廢料儲存場地難覓，用來冷卻之熱廢水排放也會導致海洋生態破壞，因而常引起環境保護團體的阻撓與抗議，給核能貼上了不甚光彩的標籤。

經過數十年來的推展，核能發電已經成為許多國家重要的能源取得方式，至 2017 年初為止，全世界共有 31 個國家的 402 部機組在運轉，發電量占全球總發電量的 10.7%，相較於 1993 年最高峰時期的 17%，核能發電的占比已經大幅遞減中。若以目前運作中的機組來計算，以美國擁有 99 部為最多，其次是法國的 58 部。若論對核能發電的依賴度，則以法國的 72.3%為最高，南韓的 30.3%居於其次。全球主要使用核能發電的國家及其核電廠數量如表 1-10 所示。中國目前雖只有 36 部機組，但仍持續在擴建中，預計到 2030 年，將增加到 100 部機組，屆時核

能發電占該國所發之總電量，可能達 10%之多。除了中國之外，大部分國家都在減低對核能的依賴，這並非已經找到了其他理想的替代品，而是因為反核團體的政治壓力，在核能發電已經臻於成熟，且安全性也已經達到高標水準的今日，反核與廢核是否仍為必走之路，就是見仁見智的議題了。

表 1-10　全球主要核能電廠國家及數量(2017)

排名	國家	核電機組數	占該國發電量比值(%)
1	美國	99	19.7
2	法國	58	72.3
3	日本	42	2.2
4	中國	36	3.6
5	俄羅斯	35	17.1
6	南韓	24	30.3
7	印度	22	3.4
8	加拿大	19	15.6
全球核電裝置容量：348GW		全球核電總發電量：2 兆 4,410 億度電	

核能發電在發展使用過程中曾經發生過多次的意外事故，從西元 1952 年開始到 2022 年為止，前後共發生了 37 次，包含美國、法國、加拿大、德國、英國和日本等先進國家都有，大部分均為零件損壞更換、部分爐芯熔化或工人操作失誤導致身體傷害或死亡等，基本上沒有造成太大禍害，多僅虛驚一場。不過，其中有三次事故特別嚴重，分別是 1979 年 3 月 28 日發生於美國的三哩島事件，1986 年 4 月 26 日發生於蘇聯的車諾比事件，以及 2011 年 3 月 11 日發生於日本的福島事件。由於這三次核安事件的發生，讓許多人對於核能使用的安全性充滿了疑慮，甚至迫使某些國家的政府做出了限期停止核能發電的決議。茲將此三次核能發電廠事故發生原因做一探討，並且列於表 1-11 中供作參考，使讀者能充分了解這些事故發生後之狀況，以及事故發生關鍵之所在。

表 1-11　歷次重大核能發電廠事故之因素探討

發生時間	發生地點	發生原因	災難狀況
1979/3/28	美國賓州三哩島	由於給水泵喪失效能，安全閥又不能回座，在無法注水冷卻的情況下，造成爐芯熔解並嚴重損壞，致使高劑量輻射向周遭環境放射。	事故發生後，核電廠方圓 50 英里內疑似受到輻射汙染，但對範圍內 220 萬人進行相關檢查，沒有發現受輻射傷害之現象，至今仍無人以因受輻射傷害而致傷殘或死亡之報導。
1986/4/26	蘇聯車諾比	由於當時的領導者以此核能電廠進行與發電無關的測試，加上連串的操作失誤，造成爐芯熔解並產生爆炸，致使高劑量輻射向周遭環境放射。	有 3 人當場死亡，28 人於數週後死亡，134 人受輻射汙染，其中 14 人在 10 年內因相關病症而死亡。至目前為止仍有約 40%歐洲土地受到汙染，有 4 萬人可能死於核污染引發的疾病。
2011/3/11	日本福島	由於當地發生 7.2 級大地震，所引發的海嘯淹沒了備用發電機，以致無法有效將冷卻水泵入系統中，造成爐芯熔解並嚴重損壞，致使高劑量輻射向周遭環境放射。	雖沒有造成立即傷亡，但因輻射外洩之故，導致 10 萬人逃離家園，該區域數個縣所出產的農產品與海產，至今仍乏人問津。惟至目前仍無人以因受輻射傷害而致傷殘或死亡之報導。

　　自 1952 年第一次核災發生以來，至 1986 年車諾比核安事件發生的 34 年之間，全球共發生了 34 次的核災事故，平均每 1 年發生一次，但是從 1986 年起的近 30 年來，前後總共只發生過 3 起核安事件，平均每 10 年發生一次，在事故的發生頻率上，可以說有了非常明顯的改善。近 30 年所發生的這三次核災，發生地都是在日本，分別於 1995 年、2004 年和 2011 年。前兩次分別為熱電偶斷裂引發火災，以及冷凝器配水管滲漏造成冷卻不足而噴出高溫蒸氣，因而導致 4 死 7 傷，所幸這兩次事件都沒有輻射外洩。第三次則是碰到 311 大地震，由於備用發電機遭海嘯引來的海水淹沒，以致無法有效將冷卻水泵入系統中，造成第一核電站之 1～4 號機組過熱而發生爆炸(並非核爆)，爐芯熔解並嚴重損壞，致使高劑量輻射向周遭環境放射。當時如果能夠果斷處理，將海水灌入反應爐以冷卻爐芯，就不會發生爆炸以及爐芯過熱熔毀而造成輻射大量外洩的慘劇。

由上述分析可知，以現在的技術成熟度，對核能發電意外事故的掌握度應該非常高，也就是說核能發電已經成為極度安全的能源取得方式，只要能把核廢料的處理與貯存預做妥善規劃，比如說送回原料提供商統一處置，或地大物博的國家願意提供土地代為貯存處理，這樣就可以解決大部分的爭議問題，讓核能再次成為受到信賴的乾淨能量來源。

有了前述這些核電廠事故的經驗以後，各國政府在發展核能時都變得相當嚴謹慎重，以防止任何可能發生的事故，因為一旦有了核能安全問題，後續的處理成本將會是天文數字。就以日本福島核電廠事故來說，當局預計在事發 30 年到 40 年的時間中能夠進行廢爐作業，然而時間已經過去 10 年，其廠房附近的放射線量仍然極高，只要數小時即可達到讓人喪命的濃度，因而幾年內勢必仍然無法啟動廢爐作業，如此將使核災後續平安落幕的時程往後推遲，不但投入經費將高於原先所預期，對環境的破壞以及人類健康的傷害程度也會增高。

核能安全的另外一個疑慮，是核電廠會不會像核子彈一樣的發生爆炸？答案是不會的，蓋因核能發電所使用的原料，是將鈾 238(^{238}U)中的 3%提煉並濃縮為高濃度的鈾 235(^{235}U)，其他 97%仍然為鈾 238(^{238}U)。至於作為軍事用途的核子彈，必須要將鈾 238(^{238}U)中的 90%以上提煉並濃縮為高濃度的鈾 235(^{235}U)才能產生核爆，兩者間不管是在結構或成分比例上差距都非常之大，因而核能電廠絕對不會發生核子爆炸的事故。

核能發電除了乾淨以外，其發電成本也相對低廉，因此世界上許多國家都利用核能所發出的電源或熱源來進行海水淡化。以目前全球各地普遍缺水的情況來說，水資源的重要性幾乎不亞於能源，就連中東產油大國如沙烏地阿拉伯，也花了 800 億美元蓋了 12 座核能電廠來取代燃油電廠，並在其中整合出部分設施，以其較為便宜的電能和熱源來進行海水淡化以供其國內飲用和生活所需。除了中東這些產油國家以外，包含俄羅斯、日本、美國以及歐洲等先進國家與地區，也都有積極利用核能來進行海水淡化的實例。

在 2022 年爆發俄羅斯與烏克蘭戰役之後，天然氣與石油的價格飛漲，導致歐洲各國的電費漲幅超過 50%，居民苦不堪言，因而包括德國、法國以及英國在內的工業大國，都紛紛把即將關閉的核電廠進行延役。除此之外，日、韓等國也開始投入

小型模組化核反應器(SMR)的建造研發，這種能提供 100 萬人用電的小型系統，比傳統的大型核反應爐，相對來說更爲安全，也比較能被居民所接受。目前研究 SMR 最超前的，當屬美國 NuScale 公司，如圖 1-11 所示。因爲它係以模組化設計，並且採取「物理冷卻」方式，不但建置成本相對低廉，安全性也相對提高許多，或許有望扭轉核能發電在人們心中的不利形象，成爲未來重要的發電主流。

圖 1-11　美國 NuScale 公司之小型核電設施(資料來源：美聯社)

6. 天然氣水合物

所謂的天然氣水合物(gas hydrate)，就是以甲烷爲主要成分的天然氣，在高壓低溫的條件下，與水分子結合而成的一種白色塊狀固體，有時又被稱爲甲烷水合物(methane hydrate)。由於這種白色塊狀固體外表類似固態的冰，因而也被稱爲甲烷冰(methane ice)，又因其表面會揮發出甲烷氣體，點火便會燃燒，因而也被稱爲可燃冰(burning ice)。一般來說，在攝氏 7 度的低溫下，只要壓力大於 50 個大氣壓，在有充足水分的條件下，天然氣就會變成甲烷冰，而當處於相對較高溫度或較低壓力時，就會產生揮發變成天然氣。依據能源專家的推估，地球上甲烷冰的蘊藏量約爲 2×10^{16} 立方公尺，超過傳統化石燃料儲藏量的兩倍以上，可以說是一種很有潛力的新能源，如能善加開發，則在幾個世紀之內，都可以不必擔憂能源的供給問題。

天然氣水合物的存在，除了受限於溫度、壓力和水的條件外，還必須要有豐富的有機物沉積或堆積，因而大部分的蘊藏都是在大陸塊邊緣的深海中或極地的永凍層中，只有少部分存在於內海或湖泊的深水區中。依據美國地質調查所的探勘，全球天然氣水合物的儲存分布如圖 1-12 所示。

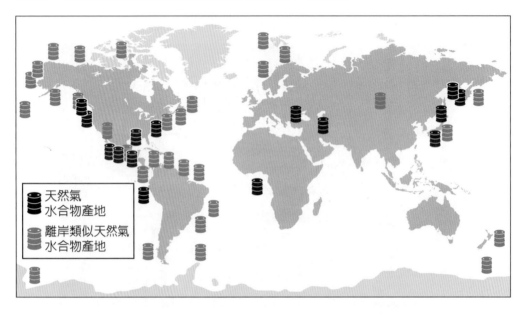

圖 1-12　全球天然氣水合物儲存分布(資料來源：美國地質調查所 USGS)

由圖 1-12 中可以觀察得知，蘊藏量最大的區域，當屬北美陸塊和南美陸塊的交界處，包含美國、墨西哥、委內瑞拉、哥倫比亞和巴西等國區域。其次是亞洲陸塊，包含俄羅斯、中國大陸、日本、韓國、台灣、印度、印尼等區域在內。天然氣水合物的發現，給許多天然能源匱乏的國家帶來無窮的希望，尤以日本及韓國受益最大。雖然如此，但因天然氣水合物的存在位置都是在 500～3000 公尺深的海水底下，開採難度極高，成本也仍難以有效估算，要能成為主要能源，仍有很長的路要走。天然氣水合物在常溫常壓下會迅速分解成天然氣和水，通常 1 單位體積的天然氣水合物會分解出 150 單位以上的天然氣和 0.8 單位體積的水。天然氣的成分以甲烷為主，占比約為 75%～90% 之間，其他成分則為乙烷、丙烷、丁烷、氮氣、二氧化碳和硫化氫等，該等成分的比例依各不同地域的產出而有些微差異，可參考表 1-7 所示。

　　天然氣水合物與天然氣相同，都是一種熱值高又能燃燒完全的能源，相較於煤炭和化石燃油，可以說極為理想。然而它畢竟還是需要透過燃燒才能取得熱能，未來如果在低成本下被大量開採使用，勢必會嚴重衝擊環境，不利於地球的永續生存。此外，在開採過程中如果造成地質結構變動、破壞，恐將產生海底崩塌凹陷而引來重大災難，必須加以謹慎防範。又天然氣所能引起的溫室效應潛能，大約是二氧化碳的 25 倍，在開採時或海底崩塌凹陷時若不幸大量逸散而出，則會對地球暖化的有效控制，增加不小的困難度。

二、能源的分類

　　除了煤礦、石油、天然氣、核能等大家熟知的諸多傳統能源以外，近幾十年來，由於能源需求量快速膨脹，且儲存量日漸降低，枯竭之日就在不遠，於頁岩油被成功開採之前，人類面臨了極大的能源缺乏危機，因而在此種壓力的驅使下，多種型態的替代能源紛紛被成功開發，比較成熟且具有商業價值的包含太陽能、風能、水力能、地熱能和海洋能等。頁岩油的大量產出雖然解除了能源缺乏的問題，但基於對環境生態的保護需求，這些新開發出的替代能源並沒有失去它們的重要性。上述該等新式能源雖然有各種不同型式，但其原始來源可能相同，也有可能不同，不過它們都有一個共同的特性，那就是使用過後還會再生，因而被稱為可再生能源(renewable energy)，不像傳統的能源那樣，越用越少，無法再生，因而被稱為不可再生能源(unrenewable energy)。

　　能源依其存在之狀態大體可以分為兩大類，第一類是初級能源(primary energy)，第二類則稱為二次能源(secondary energy)。所謂初級能源，是自然界中本來就存在的能源，人類可以從自然界中直接取用，而二次能源，則是將初級能源加工、轉換後，成為另一種型態的能源，其所包含的項目如表 1-12 所示。

表 1-12　初級能源與二次能源分類表

初級能源	非再生能源	原油、天然氣、頁岩油、煤、核能等
	再生能源	太陽能、風能、水力能、海洋能、地熱能、潮汐能、生物燃料等
二次能源	非再生能源	汽油、柴油、液化石油氣、氫能、電能等
	再生能源	甲醇、乙醇、沼氣、生質燃油等

　　表 1-12 中的初級能源和二次能源又都可以分為兩類，一類是非再生能源 (unrenewable energy)，另一類則是可再生能源(renewable energy)。如前所述，非再生能源用完後就沒有了，以化石燃料為最典型代表，而可再生能源顧名思義，在使用過後還會重新出現，以太陽能、風能、水力能、地熱能、海洋能等為大家所熟悉。

　　此外，「綠色能源」(green energy)一詞也為大家所熟知，大凡使用後對環境不會引發負面效應的能源，都可以被稱為綠色能源。而所謂的負面效應，則是指 CO_2 或 NO_X 等溫室氣體排放所引發的溫室效應，以及 SO_X 和懸浮微粒排放所造成對人體健康的危害，外加廢熱、廢水的釋出所造成的環境失衡與污染等。然這些負面效應大都與物質的燃燒有關，不經由燃燒而得到的能源，基本上不會有如上述所提之有害物質或汙染物質的排放，而這些型態的能源幾乎都是屬於表 1-12 中所列的可再生能源項目，因此，可再生能源有時也可以說就是綠色能源的同義詞。

三、能源價值的品評

　　能源的種類繁多，然而，有些能源隨手可得，比如說木質燃料、水力能、風能、太陽能等，但隨手可得不見得可以輕易取用，就像風能，如果要真正有效運用於工業或民生，須要有風機來把風力轉換成機械力或動能，再把動能轉換為電能，這些轉換系統的設置與維護成本，會降低風能的實際價值。至於木質燃料，只要加以燃燒就可以釋放出熱能，問題是其單位重量所含的熱值太低，往往需要使用很大的量才能完成工作使命，況且燃燒過程中又會排出溫室氣體 CO_2 以及大量煙霧與懸浮微粒，嚴重影響環境生態，也是它致命的弱點。一般來說，品評一種能源的價值須要考慮許多面向，以下所列者是較為重要的項目，品評時必須先加以分別評價，然後再加以綜合，整體評價越高者就是越值得開發的能源。

1. 能量密度

　　所謂能量密度或稱為能流密度，指的就是能源材料每單位重量或體積(kg；m^3；ℓ)所蘊含的熱值，或是一定空間中的每單位面積(m^2)所能產出的實際熱量或功率。若以每公升油當量(LOE：Liter of Oil Equivalent)來作為比較基準，常見的化石能源燃料之能量密度之參考值如表 1-13 所示，而可再生能源的能量密度則列於表 1-14 中。該等參考值與某些國家或某些能源公司所公布者可能有些出入，此乃因能源產地不同或製程差異所造成，故稱之為參考值。

表 1-13　化石燃料與核能之能量密度參考表

種類	煤	液化油氣	汽油	柴油	核能	原油
能量密度	5800 kcal/kg	6000 kcal/ℓ	7800 kcal/ℓ	8800 kcal/ℓ	9.4×10^9 kcal/kg	9000 kcal/ℓ
公升油當量(LOE)	0.654	0.667	0.867	0.978	極大	1

表 1-14　可再生能源能量密度參考表

種類	木材	天然氣	太陽光電	風能	水力	太陽熱能
能量密度	2500 kcal/kg	8100 kcal/m^3	246 kWh/m^{2}M	8696 kcal/m^{2}M	360 kWh/m^{2}M	886 MJ/m^{2}M
公升油當量(LOE)	0.278	0.900	0.027	0.031	0.096	0.098

　　一般來說，能量密度高的項目才可以被當成主要的基載能源，能量密度低的，則只能做為補充能源，如果違反了這個原則，必將出現能源無法穩定供應的問題。從上表中可以發現，核能反應的能量密度特高，故而是一種極佳的能源，而太陽光電和風能的能量密度均甚低，從某個角度上看，並非理想的能量來源。至於化石能源的能量密度大都甚為理想，而非化石燃料中有些能量密度則甚低，所以其開發使用成本會相對較高。表中所標註的公升油當量(LOE)的定義為：各種能源之能量密度與 1 公升原油能量密度的比值。必須注意的是，有些能量密度的單位並不相同，比如太陽熱能是以每 m^2 每個月的產熱量來作為標準，單位為 MJ/m^{2}M，其中 MJ 的 M 為 10^6，m^{2}M 的 M 為每月。因此，純粹就公升油當量 LOE 來做不同能源之間的比較，有時並無法判定何者為佳，除非所使用的單位是相同的。不同單位的能量密度彼此之間，有些可以適度做換算，比如同樣是經由燃燒而得到的各種化石燃料與生質燃料，經換算過後就可以用來互相比較，但它們與大多數可再生能源之間，則難以找到轉換方式，也就無從比較起了。

觀念對與錯

(✗) 1. 頁岩油的開採方式與石油相近,開採過程並不需要消耗水資源。

(✗) 2. 核能電廠若管理不善,會像原子彈一樣發生爆炸。

(○) 3. 天然氣水合物的主要成分是水與甲烷。

(○) 4. 天然氣水合物在相對較高溫或低壓條件下,就會產生揮發變成天然氣。

(✗) 5. 所謂初級能源就是不可再生能源。

(○) 6. 所謂二次能源就是將初級能源加工、轉換後所得之另一種型態的能源。

(✗) 7. 能源價值品評的主要考量項目是價格和儲藏量。

(○) 8. 能源的能量密度大小與單位重量或體積的熱含量有關。

(○) 9. 公升油當量 LOE 定義為:各種能源之能量密度與 1 公升原油能量密度之比值。

(○) 10. 公升油當量 LOE 越大的,就是越好的能源項目。

例題 1-1

某地區若太陽熱能的能量密度為 800 W/m²,試問每 m² 每小時所受到的照射熱值為多少?(每瓦(W)的定義為每秒鐘(s)所釋出的能量焦耳數(J),亦即 W = J/s)

解

能量密度為 800 W/m²,亦即每 m² 能接受的日照能量功率為 800 W 或 800 J/s,因每小時有 3600 秒,故而每 m² 其所接受到的總能量為

$$800 \text{ (J/s)} \times 3600 \text{ (s)} = 2,880,000 \text{ (J)} = 2.88 \text{ (MJ)}$$

例題 1-2

某工廠每天需使用 10 噸之木材燃料,如果改用柴油,試問每天的使用量?

解

10Ton = 10,000 kg

總熱值為 $2500 \times 10000 = 2.5 \times 10^7 (kcal)$

柴油每公升熱值為 8800 kcal,欲得到相同之總熱值,其使用量為

$2.5 \times 10^7 \div 8800 = 2840.9$ (公升)

例題 1-3

上題中,若木材每公斤 6 元,柴油每公升 20 元,試問其燃料成本是否會增加?

解

使用木材成本 $6 \times 10,000 = 60,000$(元)

使用柴油成本 $20 \times 2840.9 = 56818$(元)

使用柴油較為便宜,故成本未增加。

例題 1-4

例 1-2 中,若因空污排放問題,需使用液化石油氣來替代,每公升成本為 25 元,試估算所需要之成本。

解

需求總熱值為 2.5×10^7 kcal

使用液化石油氣之量為

$2.5 \times 10^7 \div 6000 = 4166.7$(公升)

成本為 $25 \times 4166.7 = 104,166$(元)

例題 1-5

某燃煤電廠欲改用天然氣發電，煤的成本為每公斤 5 元，天然氣為每立方米(m³)12 元，試估算發電成本增加比例？

解

煤炭 1kg 所產出的熱能相當於天然氣體積為

$$k = 5,800 \div 8,100 = 0.716(\text{m}^3)$$

煤炭成本為 5 元，天然氣成本為

$$12 \times 0.716 = 8.59 \text{ 元}$$

故增加比例為 $r = \dfrac{(8.59 - 5)}{5} = 71.8\%$

例題 1-6

試估算消耗 1kg 鈾 235 核燃料所得到之熱能，約相當於需要燃燒多少煤炭？

解

由表 1-1 能量密度參考表可知，需要燃燒之煤炭的量約為

$$m = \text{鈾 235 能量密度 / 煤炭能量密度} \qquad \text{亦即}$$

$$m = \frac{9.4 \times 10^9}{5,800} = 1.62 \times 10^6 (\text{kg}) = 1620(\text{噸})$$

例題 1-7

某地區之太陽光電的能量密度為 860 kWh/m²y，試求其全天輻射平均密度？

(太陽光電輻射平均密度單位為 W/m²)

解

能量密度為 860 kWh/m²y 則全天平均密度為

$$860,000 \div 24 \div 365 = 98.17(\text{W/m}^2)$$

例題 1-8

某地區之太陽熱能的能量密度為 39780 kcal/m²M，試求其全天輻射平均密度？
(已知 1 cal = 4.184 J ；太陽光電輻射平均密度單位為 W/m²)

解

能量密度為 39780 kcal/m²M = 3.978×10^7 cal/m²M

全天平均密度為

$3.978 \times 10^7 \div 3600 \div 24 \div 30 = 15.347$ (cal/s・m²)

單位換算 1 cal = 4.184 J 則

$15.347 \times 4.184 = 64.21$(J/s·m²) = 64.21(W/m²)

2. 儲藏量

要能成為一種主要能源，其儲藏量是關鍵因素，然因各國所處地理位置不同，天候條件互異，對於某一種能源的儲藏量也就會不同，如中東地區、美國有豐富的石油蘊藏，俄羅斯除了石油外還有豐富的天然氣，煤礦則盛產於中國與美國。表 1-15 為化石能源的推估蘊藏量以及其使用年限，項目並沒有包含這幾年才開採成功的頁岩油在內，此乃因為許多國家尚無開採頁岩油的技術，因而沒有進行蘊藏量調查，或許再過十年，相關資訊就會完備，此時若將頁岩油的蘊藏量計入，所面對的能源問題或許就必須轉向，也就是說，過去擔心的是能源用罄的問題，未來或許要把能源使用所導致的空氣、水質、土壤汙染，以及溫室氣體排放所帶來的地球暖化與氣候變遷等議題，做為解決問題的要務。

表 1-15 主要能源蘊藏量及其使用年限預估

種類	煤	石油	天然氣	核能
蘊藏量	3,400	820	420	15,800
預估可使用年限	150～300 年	40～60 年	60～100 年	數千年

蘊藏量單位：千兆噸石油當量(10^{15} ton LOE)

有一些國家受到上天特別的眷顧，比如美國、中國與俄羅斯，擁有多項且又豐富的傳統能源蘊藏量，而在新能源被成熟開發應用以後，又取得了非常豐沛的成果。但是也有一些國家，不但幾乎完全沒有可用的傳統能源蘊藏，對新能源開發也不具

良好條件，大多數能源只好依賴進口，未來發展必定受到很大的限制，比如日本就是最好的例子。對於某些幸運的國家來說，原本雖然沒有太多天然能源儲量，但在新能源開發應用的領域上，卻得天獨厚，也因擁有了這許多新的能量資源，終於能夠改變過去的劣勢，比如澳洲和印度的太陽能與風能，巴西的水力能與生質能等，其實這些都是上天原本就已經賦予該國的寶貴資源，只是過去不知道如何有效運用而已。

表 1-16 為世界各主要國家所擁有的能量資源，以及該等國家地區近年來積極投入開發之新能源種類。

表 1-16　主要國家或地區之能源開發

國家		美國	中國	澳洲	巴西	歐洲	俄國	中東	印度
能源種類	傳統	煤 石油 頁岩油	煤 石油	煤	石油 天然氣	煤	煤 石油 天然氣	石油	煤
	可再生	風能 水力 太陽能	風能 水力 太陽能	風能 太陽能	水力 生質能	風能 太陽能	水力 風力	太陽能	風能 水力 太陽能

3.　開發運輸費用和設備成本

有些能源就存在於生活空間中，幾乎不必開發就能取得，如太陽能、風能、水力能等，有些則須要花費大量資金去探勘與開採，如煤、石油、天然氣和核燃料等。能源的運輸成本差異也很大，最容易運輸且成本最低的莫過於煤和石油，可以利用火車或船舶進行大量運輸，其成本相對較低而安全性卻相對較高，至於天然氣，在運輸時必須先將其高壓液化，或鋪設管路以加壓方式輸送，成本相對增高許多，途中也會有漏氣或爆炸的危險，比如俄羅斯的天然氣，就是透過北溪一號管道，經過烏克蘭輸送到德、義、英、法等西歐主要國家，在這麼長途的輸送過程中，基於安全維護所產生的成本也相當不小。除此外，當要使用這些能源時必須要有適當設備才能發揮效用，如用來燃燒煤、石油和天然氣的設備主體都是極為簡單成熟的燃燒機和鍋爐，成本甚低，而要將太陽能和風能轉化為電能的設備則甚複雜，成本較高。此外，以太陽能或風能轉化為電能

以後，電能的輸送需要加壓設施，也需要輸電線路，不但成本會增加，長途輸送也會有電力的減弱損失問題，這些都必須加以綜合討論，才能做準確判斷。

4. **可儲存性與連續供應性**

以煤和石油來說，儲存容易而安全，又具有連續供應性，在這個方面上甚為理想，而氫氣和天然氣雖具有可儲存性與連續供應性，但必須以極高的壓力並且在低溫下使其液化，以便減少儲存空間，如此就會具有較高的危險性。至於太陽能和風力能，因會受天候影響以及日夜循環關係，連續供應性較為不理想，而且風能和太陽能往往轉換為電能的形式，幾乎無法儲存，因而在某些地區，白天用電高峰時沒有風力可發電，晚上離峰時電力需求下降，但風力卻十足，所發電力因儲存困難，故而無法留至第二天的白天使用，雖擁有豐富的風能資源，但要有效妥善運用，還必須多花一些心思。

5. **對環境與生態的衝擊度**

能源對環境與生態的衝擊，有些發生在開發階段，有些則發生在使用階段，更有部分是發生在使用完畢的廢棄物上。例如煤礦與石油，在開採和使用階段，會造成地層、地貌、環境和生態的傷害，尤其是燃燒時排放出的 CO_2 和 NO_X 溫室氣體會導致地球暖化，進而引發氣候極端異常。有害成分 SO_X 造成酸雨，懸浮微粒 HC 造成空氣污染影響人類健康。又如核能發電，雖不會排放溫室氣體和有害物質等，加以其能量密度又高，應該是理想的能源，唯民眾害怕輻射外洩事故的發生，以及後續核廢料處理貯存的困難，故反核、廢核運動屢有所聞，在某些國家或地區，非核家園甚至已成為許多人共同追求的目標。

要判定某種能源的品級是高還是低？是否符合某個國家或地區的需求？值不值得投入開發？有無長久的效益？這些問題必須要依上述各點進行綜合論斷，評估其優劣，再決定能源發展的方向與策略。

四、能源運用趨勢與能源安全

對於現代人來說，生活不可一日無能源，當能源缺乏時，交通運輸工具無法使用，機械電器無法啓動，網路通訊停擺，這是何等嚴重的國安問題。有一些沒有能源專業背景的人不能理解這個道理，在某些特殊的政治理念下，貿然提出強烈的能

源主張，這樣不但可能與能源的需求趨勢背道而馳，也會給自己的國家或社會，造成長期而巨大的傷害。

一個國家的能源安全政策，必須遵循世界發展趨勢，並以該國的地理環境與現實條件來訂定，對於自產能源豐富的國家，如美國、俄國、中東地區國家等，倚賴自產能源是天經地義的事，沒有太困難的抉擇。但對於高比例依賴進口的國家如日本、台灣、韓國等，適切的能源政策就顯得非常重要，茲將常被依循的能源趨勢與政策歸納敘述如下：

1. **電能需求逐漸增高**

    一般來說，可以把能源分為電能型態和非電能型態，電能直接產生來源包含風力、水力、太陽輻射等，量體非常有限，所以許多國家的電能大部分皆是由非電能源轉換而來。電能主要用於照明、居家電器使用、機械動力來源，以及正在萌芽的電動車驅動，其需求占比將持續增高。至於非電能源，主要項目為煤、石油以及天然氣，常用於工業鍋爐、汽車引擎帶動、居家供暖、烹飪等用途。由於非電能源基本上都必須透過燃燒方式，才能夠把能量釋放出來，然因過程中會有溫室氣體 CO_2、NO_X，以及汙染物 SO_X 和懸浮粒狀物 HC 的排放，所以在重視環境保護的年代，非電能源的使用占比必將持續降低。

2. **綠電占電能來源配比逐漸提升**

    目前電能最大來源於火力發電廠，其次是核能電廠，再依次則是被稱為綠電的太陽能發電、水力發電以及風力發電，其他則占極少部分。以日本、台灣和韓國為例，火力發電占比約為 60 ～70%，核能 20～30%，綠電則僅約 5～10%。由於受到地球暖化衝擊的影響，全球響起一片壓制火力發電的聲浪，發展綠電被當成是救贖地球的必要手段，因此之故，綠電占整個電能來源的配比勢必逐漸提升。雖然如此，綠電的來源因受到外在環境如風場、土地、日照時間等條件的箝制，難以穩定供應，也難以輕易提升，故而不宜將其作為一個國家的基載電力，否則常會面臨供電不穩或缺電的危機。

3. **燃煤占火力發電的配比快速降低**

    由於火力發電的占比太大，短期之內很難以綠電大規模取代，只能慢速逐步為之。然受迫於環境改善的壓力，汙染程度最大的燃煤發電勢必最先遭到淘汰，

部分以綠電取代，部分則以汙染較小的燃氣發電來取代，如此可以兼顧環境清潔與電能穩定供應。不過因天然氣需要以高壓來將其液化，故而難以如燃油般做大規模儲存，所以不生產天然氣的國家，不宜將燃氣發電的占比提得太高，以免在遭遇緊急國際事故時，無法滿足計畫發電所需要的燃氣量。在 2022 年俄、烏戰爭期間，俄羅斯先是把北溪一號的天然氣供氣量降到 40%，最後甚至將其完全關閉，致使西歐諸國的燃氣電廠馬上面臨缺氣危機，電價也因此猛漲數倍，影響工業、民生至鉅，此即是最好的活生生案例。

4. 核能發電地位短期難以動搖

核能發電一直以來爭議不斷，然它雖然有潛藏的風險在，但卻是乾淨而又成本低廉，所以包括美國、中國、法國、日本等先進大國都無法排斥它，德國本身雖不發展核電，但卻從法國購入。雖然不能將核能當成是綠能的一種，但大部分國家都把它當作是乾淨能源。在全球一片要求減少碳排放的聲浪中，完全不排碳的核能發電於是被重新檢視、採用，故而短期內其地位仍難以動搖。一直以來，核能最被詬病的就是核廢料問題，目前全球約已累積了 25 萬噸，它們大都以埋藏法加以處理，而當核廢料的量繼續增加時，就會面臨埋藏地點難覓的問題。由於鈾 235 的濃度從 5%降低到 1%以後就會因缺乏發電效率而成為核廢料，然它的濃度卻仍比鈾的原礦要高很多，因而近幾年來，已有中國大陸及日本的科學家將核廢料當成原料再加以精煉，除了可以得到可用的核燃料以外，更可以把核廢料的體量降為原來的 10%，且其半衰期也從原先的數千年縮短為 400 年，如此便能解決頭痛的核廢料問題，讓乾淨的核能發電不再被人所嫌棄。此外，建置成本相對低廉且又安全的小型模組化核反應器 SMR 已在積極進行開發，或可重拾人們對核能發電的信賴與信心。

5. 發電成本將大幅提升

以乾淨的燃氣取代燃煤的火力發電，成本大約會增加 60～70%，而若以綠電來取代火力發電，成本則會增加 100～200%，因此之故，在電能來源替代中，成本大幅提高將難以避免。相較之下，核能發電的成本比火力發電還要低，若要完全以綠電來取代核電，則成本可能大幅提高 3～4 倍左右。或許有人會為了免於增加發電成本，仍大量使用燃煤發電，將環境議題置諸腦後。這樣的作為，

過去只能道德勸說，但 2027 年以後，大多數發達國家都要開始執行低碳政策，對生產過程排碳過多的產品課以碳稅，所以，運用高排碳方式所發的電力雖然成本較低，但產品的最終價格，在加上碳稅以後，恐將更不具備競爭力。

6. 發展節能技術與儲電技術為必行之路

電能得之不易，故而省電設備與裝置的開發應用顯得極為重要，而目前電能的儲存技術仍然不佳，無法將離峰時段的電力加以有效儲存，任由其浪費消失，實在可惜。當務之急就是要能成功開發具規模的儲電設施，則不但備載電力可以下降，也有利於調節尖峰與離峰間的電力供應。美國加州政府誓言，將在 2045 年讓當地的電力產業達到無碳化，為達此一目標，加州能源委員會(California Energy Commission；CEC)於是撥款 2,000 萬美元，欲資助長效儲能技術(long-duration electricity storage)的開發，其中「全釩液流電池」(vanadium flow battery；VFB)打敗了主流的鋰離子電池，屏雀中選獲得青睞。全釩液流電池是由溶解於酸的釩和溴電解質組成，具腐蝕性，且其成本相對高昂，因而美國哈佛大學著手研究，以有機化合物醌類來取代釩，不但能有效降低成本，而且使用後也能回歸自然，對於這樣的發展趨勢，長效儲能技術與產品的問世，應該可以樂觀期待。

觀念對與錯

(✗) 1. 天然氣的輸送，以加壓液化後船運的方式最為便宜且安全可靠。

(✗) 2. 非電能源的成本比起電能相對較低，所以未來對電能的需求不會增加。

(✗) 3. 太陽能發電與風力發電等綠色能源，由於乾淨，所以非常適合當作基載電力。

(○) 4. 核能發電於核廢料再利用技術成熟以後，外加小型模組化核反應器 SMR 的開發成功，重新被人們接受的可能性大大提高。

(✗) 5. 以天然氣來取代燃煤發電，由於效率提高之緣故，所以並不會影響電價。

(○) 6. 電能得之不易，故而省電設備與裝置的開發應用顯得極為重要，目前尤以開發電能的儲存技術最為迫切。

Chapter **02**

能量的分類與單位

一、能量與功的定義

我們已經清楚知道了能源為何物，源頭來自何方，但究竟能源是用甚麼方式來顯現呢？它顯現的方式與能源的種類或型態有無相關性呢？要回答這些問題，我們先來了解一下常聽見的一個用詞叫「能量」，究竟什麼是「能量」呢？從字面上來解釋，能量就是「能源以計量來顯現的一種表達方式」。這就回答了我們的第一個問題，那就是能源可以透過計量的方式來顯現其大小或數量。此外，以物理意義來說，我們可以簡單的將「能量」定義為「可以用來作功的物理量」。這個定義又回答了我們第二個問題，那就是只要能夠對一個物體或機械裝置作功，不管能量來自何方？其源頭為何種型態，石油也好，風力也好都不重要，也沒有任何差別。

所謂的功(work)或說做功，依其字面意義就是完成了一個改變現狀的工作，工作完成了現狀卻沒有改變，稱為做虛功。工作完成了，情況往我們所定義為正面方向發展，稱為做正功，反之則稱為為做負功。比如說我們施一個作用力 F 在一個位於光滑斜面的物體上，如圖 2-1 所示，希望把它拉升到較高處，如果出力不夠大，物體一動也不動，那就是做了虛功，如果出力夠大，成功的把物體往上拉，那就是做了正功，但如果出力太小，物體往下滑，就是做了負功。

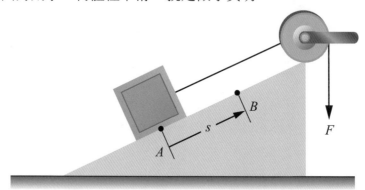

圖 2-1　物體受力作功示意圖

如果要以數學式來表示圖 2-1 中的作功，可以列式為 $w = F \cdot s$ ，其中 w 為功，單位為焦耳(J)，F 為施力大小，單位為牛頓(N)，s 為移動的距離或稱為位移，單位為公尺(m)，三個單位之間的相互關係為 $J = N \cdot m$。圖 2-2 中施力 $\vec{F}$ 的方向和物體位移 $\vec{s}$ 的方向在同一直線上，可以直接將兩個純量的大小相乘即可得到所作的功 w，亦即 $w = F \cdot s$。但若如圖 2-3 中，作用力 $\vec{F}$ 和位移 $\vec{s}$ 兩者的方向不同，那就必須以這兩個向量的內積來求得。所謂兩個向量的內積，就是先將一個向量分解成垂直和平

行於另一個向量的兩個分量，然後忽略掉垂直分量，僅取平行分量和另一個向量作乘積，得到的就是該兩個分量的內積。圖 2-3 中，我們先把作用力 $\vec{F}$ 分解成垂直於位移 $\vec{s}$ 方向的分量 Fv，以及平行於位移 $\vec{s}$ 方向的分量 Fs，然後再取 Fs 與位移的大小 S 相乘，如此即得到所要的的結果，亦即 $w = \vec{F} \bullet \vec{s} = Fs \cdot S$

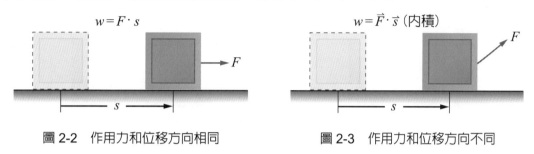

圖 2-2　作用力和位移方向相同　　　　圖 2-3　作用力和位移方向不同

從上面的數學定義中可以知道，功是純量，只有大小而沒有方向，若數值為正就稱為作正功，反之稱為作負功，若數值為零，那就是作虛功。圖 2-1 中，當施力 $\vec{F}$ 向斜面上方，而且位移 $\vec{s}$ 也是向斜面上方時，兩者皆為正值，相乘積亦為正值，故 w 為正功，若施力 $\vec{F}$ 向斜面上方但位移 $\vec{s}$ 卻向斜面下方時，前者為正而後者為負，兩者的相乘積是為負值，那就是作負功，又若物體原地不動，位移 $\vec{s}$ 為零，兩者乘積為零，這樣則是作了虛功。又如果有一個力 $\vec{F}$ 作用在物體上，該物體的移動方向與作用力的方向相互垂直，這樣 $\vec{F}$ 與位移 $\vec{s}$ 之間的內積為零，雖然有施力也有位移，但卻仍是作了虛功，最簡單的例子就是，一個人手上提著東西在平面上行走，施力 $\vec{F}$ 在垂直方向上，位移 $\vec{s}$ 卻在水平方向，故而作了虛功，從這個例子可知，作虛功不代表沒有改變存在狀態，而是沒有改變能量狀態。

能量對物體或機械裝置做功的例子，充滿了我們生活中的周遭環境，比如圖 2-4 中的電梯，是利用機械能做功把物體從低處拉到高處。圖 2-5 中，則是風能讓風機轉動作功，所做的功是要以電能呈現，或是要它牽引某個機構來執行人類預先設定的工作，是後續的應用問題。能量基本上是無形的，是看不見的，但人類透過感官系統可以有限度的察覺它的存在，比如說光線、溫度、聲音，以及物質移動的速度，物體的高度變化等。由於「能量」是能源做功的物理量，因此一般人常把兩者視為同一種東西，就本質而言是對的，但定義上還是有一些小小的差異。

圖 2-4 機械能可以把物體從低處拉到高處

圖 2-5 風能可以讓風車轉動來發電

　　在作功的過程中有時間 t 的因素在內，如果時間越短，作功的效率就越好，反之則越差。作功的效率稱為功率(Power)，定義為單位時間內所作功的大小(不考慮功的正負)，一般以 P 表之，單位為瓦特(W)，亦即 $P = w/t$， 單位關係則為 $W = J/s$ 或瓦特 = 焦耳 / 秒。

　　對一個機件來說，功率越大表示它的能量轉換速率越高，外顯的效果也越大。如圖 2-6 中，當越大的功率傳到燈泡時，燈泡就會越亮。

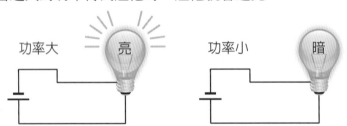
圖 2-6 傳到燈泡的功率越高，燈泡就越亮

觀念對與錯

(○) 1. 能量就是可以用來作功的物理量，不同來源的能量在功能上並不會有所不同。

(✗) 2. 能量是無形且看不見的，所以只能靠儀器檢測才能知道它是否存在。

(○) 3. 作功的大小等於作用力乘以位移，若兩者方向相同就是作正功。

(✗) 4. 只要作用力的大小和位移皆不等於零，就不會有作虛功的問題。

(✗) 5. 功率就是作功的效率，燈泡的功率越高就會越省電。

例題 2-1

質量為 10 kg 的物體被置放於離地 7 m 的陽台上，若以吊桿緩緩將其往上吊升 3 m 到屋頂上，然後再將其緩緩往下放置到地面上，試計算過程中對物體所做的功？

解

將物體從陽台吊升到屋頂

作用力大小為 $F = mg = 10 \times 9.81 = 98.1$ (N) ，位移為 $s_1 = 3\ m$，兩者方向都是向上，故得作功為

$w_1 = F \cdot s_1 = 98.1 \times 3 = 294.3$ (J)

將物體從屋頂放下至地面

$F = mg = 10 \times 9.81 = 98.1$ (N) ，位移為 $s_2 = -10$ m，兩者方向相反，故得作功為

$w_2 = F \cdot s_2 = 98.1 \times (-10) = -981$ (J)

所作總功為 $w = w_1 + w_2 = 294.3 + (-981) = -686.7$ (J)

例題 2-2

例題 2-1 中，若上拉的時間為 5 秒，下放的時間為 12 秒，試求其功率？

解

上拉的功率 $P_1 = w_1 / t_1 = 294.3 / 5 = 58.86$ (W)

下放的功率 $P_2 = w_2 / t_2 = -981 / 12 = -81.75$ (W)

總功率 $P = (w_1 + w_2) / (t_1 + t_2) = -686.7 / 17 = -40.39$ (W)

總功率必須以所作的總功除以所經歷的時間，而不能以各區段的功率來加總，蓋因各區段所經歷的時間不同，故而各區段的功率對整體功率的占比並不一樣，所以也就不能以直接加總的方式來求得。

二、能量的形式

　　能量依其存在之型態和釋放之方式，可以區分為幾種不同的形式，這些不同形式的能量或許來源不同，或許是以不一樣的方式呈現，表面上看起來不同，但卻可以透過物理量的單位轉換加以統一，分述如下：

1. **位能(potential energy)**

所謂的位能是指受力物體因位置變化而產生的能量。位能又可以分為重力位能和彈性位能兩種。重力位能(gravitational potential energy) 顧名思義，就是一個處於重力場中的物體，因位置發生變動而產生的能量。至於彈性位能(elastic potential energy)，則是指某一個彈性體，因為受到外力的作用而造成形狀變化，該彈性體的組成元素彼此之間出現了相對位移，因為這個相對位移而產生的內含能量，就稱為彈性位能。

重力位能

依據牛頓萬有引力定律，任何兩個物體之間都存在著互相吸引的引力，如圖 2-7 所示，引力大小為

$$F = \frac{GMm}{r^2}$$

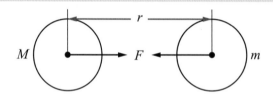

圖 2-7 牛頓萬有引力示意圖

其中 M 和 m 分別為兩個物體的質量，r 為兩者的質心間之距離，G 為萬有引力常數($G = 6.674 \times 10^{-11}$ N.m^2/kg^2)。假若是在地表上，M 為地球質量，r 為地球半徑，m 為物體質量，則物體和地球在重力場之中的相互吸引力為 $F = \frac{GM}{r^2} m = mg$，此處 $g = \frac{GM}{r^2} = 9.81$ m/s^2，其單位和加速度相同，大小與地球表面上物體自由落下之加速度相同，因而被稱為地表上的重力加速度。若設定某一高度為基準面，要把質量為 m 的物體，由基準面提昇到高度為 h 的地方，則須對物體施以向上的力 $F = mg$，然後再提升 h 的距離，如此對物體所作的功 w，依定義可以表示為

$$w = F \cdot h = mgh$$

　　由於該施力對物體所做的功，會變成該物體位能的增加，這種在重力場中因位置高度變化所產生的能量，就稱為重力位能，以 u_g 來表示，其大小為

$$u_g = mgh$$

　　圖 2-8 為常見之吊車，可以作功把重物由地面吊升到大樓高處，增加了物體的位能。也就是說，吊車對物體所作的功，在假設沒有磨擦損失的情況下，就會全部轉化成物體的重力位能。

圖 2-8　物體吊往高處後具備了重力位能

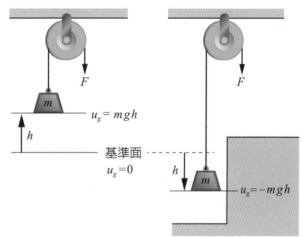

圖 2-9　重力位能示意圖

　　圖 2-9 為重力位能之示意圖，如果設定地面為基準面，重力位能為零，當物體被吊升到 h 高處，吊車對物體所作的功，就是該物體在該處的重力位能 $u_g = mgh$，又如果吊車將物體垂吊到低於地面下 h 的地下室中，此時吊車對物體作了負功，物體的重力位能 $u_g = -mgh$，為負值。

例題 2-3

質量 10 kg 的物體被作用力 F 沿光滑斜面由 A 點推移到 B 點，
試求(a)物體之位能
　　　(b)作用力 F 之大小？

解

(a) 物體由 A 點到 B 點在垂直方向上的提昇高度 $h = 10 \sin 30° = 5$ (m)

令通過 A 點之水平線為基準線，位能為零，則 B 點之位能為

$u_g = mgh = 10 \times 9.81 \times 5 = 490.5$ (kg‧m^2/s^2)

定義 kg‧m^2/s^2 = J (焦耳)，則 $u_g = 490.5$ (J)

(b) 斜面位移量 $S = 10$ m，則 $u_g = w = F \cdot S$

$F = \dfrac{u_g}{S} = \dfrac{490.5}{10} \left(\dfrac{\text{kg} \times \text{m}^2/\text{s}^2}{\text{m}} \right) = 49.05$ (kg‧m/s^2)

定義 kg‧m/s^2 = N (牛頓)，則 $F = 49.05$ (N)

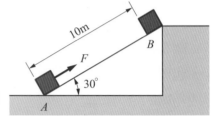

彈性位能

所謂彈性位能是彈性體變形以後，其內部元素之間因具有相對位移而蘊含在其內的能量。彈性體的材質，不管是橡膠的或金屬的，只要具有彈性，都可以在彈性限度內因變形而儲存彈性位能，如果超出彈性限度，物體就會永久變形或破裂，不再具有彈性位能。如圖 2-10 中，支撐斜張橋的鋼纜本身具有彈性，也是彈性體的一種，故而也會因受力變形而儲存彈性位能在其內部。

圖 2-10　支撐斜張橋的彈性鋼纜中蘊含有彈性位能

當一個彈性體因為受力而變形時，作用力和變形量之間的相互關係，乃是依據虎克定律而得。圖 2-11 為虎克定律之示意圖，當天花板上掛有一條彈簧常數為 K 的彈簧，若施加一個大小為 F 的作用力在其上，則彈簧會產生大小為 x 的變形量。施力大小 F、彈簧常數 K 和變形量 x 三者之間的關係式為

$$F = Kx \qquad \text{(虎克定律)}$$

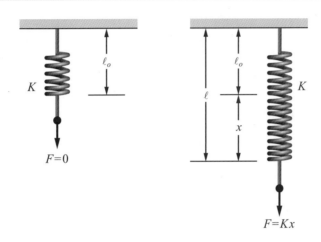

圖 2-11　虎克定律之示意圖

式中彈簧常數 K 的定義為，使彈簧伸長單位長度所需施加的作用力，或說要使彈簧伸長 1m 所需施加的作用力大小，單位為 N/m，而 $x = (\ell - \ell_o)$，是為彈性體受力後的變形量，亦即是彈簧受力變形後的長度 ℓ 與未受力前的原始長度 ℓ_o(稱為自然長度)之間的差。

當彈性體變形後，蘊含在其內部的能量，也就是其彈性位能 u_e，就是該作用力 F 對彈性體所作的功，亦即

$$w = \int_0^x F \cdot dx = \int_0^x Kx\,dx = \frac{1}{2}Kx^2$$

則彈性位能

$$u_e = \frac{1}{2}Kx^2$$

圖 2-12 之彈簧一端被固定於牆壁上，另一端則為自由端，當彈簧的自由端受到作用力拉伸時，彈簧的變形量為正值(+ x)，但若是受到壓縮，則彈簧的變形量為負值(− x)，而不管彈簧是受到拉伸或壓縮，其變形量的平方值皆相同，且皆為正值，也就是說，當彈簧受到一個力的作用時，不論該彈簧是受到拉伸或壓縮，因自體變形所蘊含在其內的彈性位能都相同，且都是正值。

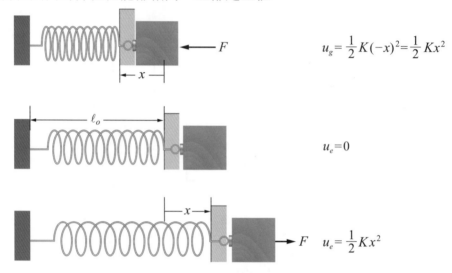

圖 2-12　彈簧受力所蘊含的彈性位能

彈簧不管是受到壓縮或拉伸都是蘊藏了正的彈性位能，但若將彈簧由變形狀態中釋放，前者會把附著在自由端的物體往右推，後者則會把物體往左拉，兩者所顯現的結果互異。另一個情況是，若牆壁突然倒塌且固定端鬆脫，此時，前者會把原本的固定端點往左推，而後者則會把原本的固定端點往右拉。這說明了能量本身並沒有方向性，系統有了內含的能量以後，該能量釋放時，物體如何運動端看系統的建構方式而定，不同系統可能會得到完全相反的呈現方式。

例題 2-4

自然長度 30 cm，彈簧常數 K = 500 N/m 的彈簧受到拉力如圖示，若 F = 100 N，試求(a)彈簧的長度　(b)彈性位能　(c)若加大作用力欲將彈簧拉長到 60 cm，須再作多少功？

解

(a) 依據虎克定律，$F = Kx$，則 $100 = 500\,x$，得伸長量 $x = 0.2$ (m)
   故彈簧長度 $\ell = 30$ cm $+ 20$ cm $= 50$ cm

(b) 彈性位能 u_e 為 $u_e = \dfrac{1}{2}K(0.2)^2 = \dfrac{1}{2} \times 500 \times 0.04 = 10\,\text{(J)}$

   單位為 (N/m) $\times$ m^2 = N $\cdot$ m = (kg $\cdot$ m/s^2) $\cdot$ m = kg $\cdot$ m^2/s^2 = J

(c) 伸長量 $x' = 60 - 30 = 30$ (cm)，$u'_e = \dfrac{1}{2}K(0.3)^2 = 22.5$ (J)，

   $w = \Delta u_e = u'_e - u_e = 22.5 - 10 = 12.5$ (J)

2. 動能(Kinetic energy)

從字面的意義上來說，動能就是運動中的物體所內含的能量。當一個質量為 m 的物體以速度 v 在作平移運動時，該物體即蘊含著能量在其系統內，稱為平移動能 T_m，將其定義為

$$T_m = \frac{1}{2}mv^2$$

其單位為 kg $\cdot$ (m/s)^2 = kg $\cdot$ m^2/s^2 = J (焦耳)

若一個質量為 m 的物體是在以角速度 ω 作轉動，也算是處於動態之中，因此有動能存在，被稱為旋轉動能 T_r，將其定義為

$$T_r = 1/2\ I\omega^2$$

其中 I 被稱為質量慣性矩或轉動慣量，是轉動物體的一種慣性，慣性越大者 I 就越大，越不容易讓它改變方向或停止下來。轉動慣量 I 的單位為 (kg.m^2)，ω 為物體旋轉的角速度，單位為 (rad/s)，則旋轉動能的單位為

$$\text{(kg.m}^2) \cdot \text{(rad/s)}^2 = \text{kg} \cdot \text{m}^2/\text{s}^2 = \text{J (焦耳)}$$

圖 2-13 中，物體做垂直方向的運動，因而具有平移動能 T_m，而兩個繞固定軸旋轉的圓盤，因為只有轉動而沒有平移運動，所以僅具有轉動動能 T_r，如果考慮整個

系統，則其動能為兩者的總和。平移動能 T_m 的大小與物體的質量成正比，旋轉動能 T_r 的大小則與質量慣性矩成正比，而質量慣性矩的大小又和物體的質量以及形狀有關，假設這兩個圓盤的質量相同，小圓盤的慣性矩會比大圓盤小一些，這和質量慣性矩的原始定義有關。

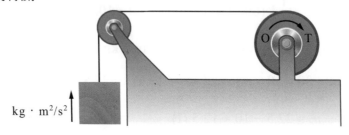

$$kg \cdot m^2/s^2$$

圖 2-13　轉動物體的旋轉動能

　　當一個圓盤在平面上或斜面上滾動如圖 2-14 所示，它同時在做平移和旋轉運動，因而所內含的動能 T 就是平移動能 T_m 和旋轉動能 T_r 的總和，亦即

$$T = T_m + T_r$$

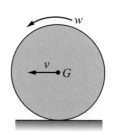

圖 2-14　同時具有平移動能和旋轉動能的物體

例題 2-5

質量 10kg 的圓盤以插銷支撐於牆壁上，(a)若該圓盤正以 3 rad/s 的轉速在做等速旋轉，試求圓盤之動能？(b)若插銷突然鬆脫，該圓盤垂直往下掉落 2m 後量得其轉速降低為 2 rad/s，試求此時圓盤之動能？假設轉動慣量 $I = 12$ kg.m^2

解

(a) 圓盤之旋轉動能為

$T_r = 1/2\ I\omega^2 = (0.5)(12)(3^2) = 54$ (J)

(b) 下降 2m 後物體掉落速度為 v，則依據自由落體運動定律公式

$v^2 = v_0^2 + 2gh = 0 + 2 \times 9.81 \times 2 = 39.24$

平移動能為　$T_m = 1/2\ m\ v^2 = (0.5)(10)(39.24) = 196.2$ (J)

旋轉動能為　$T_r = 1/2\ I\omega^2 = (0.5)(12)(2^2) = 24$ (J)

總動能為　　$T = T_m + T_r = 196.2 + 24 = 220.2$ (J)

例題 2-6

質量 10 kg 的靜止物體由高處往下掉，試求

(a)落下 10 公尺剎那間的動能及速度？(假設過程中沒有任何能量損失)

(b)若該處有 $K = 1000$ N/m 的彈簧，試求物體落於彈簧上所產生的最大壓縮量？

解

(a) 物體往下落 10 公尺，位能變化為

$\Delta u_g = mg(0 - 10) = 10 \times 9.81 \times (-10) = -981$ (J)

位能的釋出轉換為動能，或位能的減少使得動能增加。

故 $T = 981$ (J)，$T = \frac{1}{2}mv^2$，$981 = 5v^2$，得速度 $v = \sqrt{196.2} = 14$ (m/s)

(b) 若最大壓縮量為 x，此時速度為零，重力位能全部轉換為彈性位能，

亦即 $mg(10 + x) = \frac{1}{2}Kx^2$，代入得 $981 + 98.1x = 500x^2$，解之得 $x = 1.5$ (m)

在實際應用上，有時質量 m 為一變動的量，比如說水或風等流動性的流體，常以每秒鐘或每小時的流動量，或稱為流率來表示，亦即

$\dot{m} = \dfrac{\Delta m}{\Delta t}$，其單位為 kg/s 或 kg/h，

那麼「單位時間所得到的動能」亦即其功率 P 為

$P = \dot{T} = \dfrac{1}{2}\dot{m}v^2$

若流經之管道截面積為常數 A，則

$\dot{m} = \rho\dot{V} = \rho Av$

代入上式得流體的功率為 $P = \dfrac{1}{2}\rho Av^3$

而在經過一段時間 t 以後，所作的功即為功率 P 與時間 t 的乘積，亦即

$W = Pt = P = \dfrac{1}{2}\rho Av^3 t$

觀念對與錯

(○) 1. 牛頓萬有引力定律適用於任何具有質量的物體，與尺寸和形狀無關。

(○) 2. 重力位能的大小和物體所在位置的高度有關。

(╳) 3. 虎克定律在說明彈性體的彈性位能和它的長度成正比。

(○) 4. 彈簧不管是受到拉伸還是壓縮，只要它的變形量相同，所蘊含的彈性位能大小就會一樣。

(○) 5. 一個物體的動能可以將其平移動能和旋轉動能加總起來求得。

3. 熱能(heat energy)

物質微觀中的分子或其他粒子所蘊含的動能和位能總和稱爲熱能 H，在巨觀中，熱能 H 的大小以溫度的高低來表現，亦即溫度越高時物質所蘊含的熱能越大，反之則越小。一個物質所能蘊含的熱能和物質的比熱 s 有關，而所謂比熱，就是讓 1 g 物質升高 1°C 所須的熱能，其單位爲 cal/g°C，常用到之物質比熱如表 2-1 所示。水的比熱爲 1，酒精的比熱爲 0.582，比熱越大的物質，在同一溫度下所蘊含的熱能越大，同時，使其提升 1°C 溫度所需要的熱能也越多。自然界中，氫氣的比熱最大，超過水的 3 倍，另外還有氨氣，比熱略大於水，但因爲氫氣和氨氣都是氣體，雖然比熱大，但密度卻非常小，用來做爲儲熱介質並不恰當，因而在往後的熱儲存系統中，取得容易且成本又低的水，理所當然就成爲儲熱介質的不二選擇。

表 2-1　常用物質的比熱(cal/g°C)

物 質	比 熱	物 質	比 熱	物 質	比 熱
水	1	氫氣	3.11	銅	0.093
冰	0.55	氨氣	1.146	鐵	0.113
酒精	0.582	石油	0.511	鋁	0.217
熱媒油	0.473	熔鹽	0.366	奈米熔鹽	0.458

熱能的公制單位為卡(calorie，簡寫為 cal)，與前述能量之單位焦耳(J)關係為

$$1 \text{ cal} = 4.184 \text{ J}$$

使質量為 m，比熱為 s 的物體，溫度由 T_1 升高到 T_2 所需的熱能 H 為

$$H = ms \, (T_2 - T_1) \quad \text{或} \quad H = ms\Delta T$$

熱能的英制單位為 Btu，使 1 磅(ℓ b)的水升高 1°F 所需的熱量為 1 Btu，與焦耳和卡的關係為

$$1 \text{ Btu} = 1055 \text{ J} = 252 \text{ cal}$$

例題 2-7

使 1 kg 水溫度升高 30°C 所需的熱量，可以讓 5 ℓ b 的酒精溫度升高多少°F？

解

所需的熱量為 $H = ms\Delta T = 1000 \times 1 \times 30 = 30000$ (cal)

1 kg = 2.2 ℓ b 因此，5 ℓ b 酒精等於 $\dfrac{5}{2.2} = 2.27$ (kg)

由表 2-1，酒精之比熱 s 為 0.582

代入公式 $H = ms\Delta T$

$30000 = 2.27 \times 1000 \times 0.582 \times \Delta T$

得 $\Delta T = 22.71$(°C)

溫度由攝氏轉換為華氏得

$\Delta T = 22.71 \times \dfrac{9}{5} = 40.87$ (°F)

4. **質能(mass energy)**

所謂質能就是由物質的質量轉化而來的能量，依據愛因斯坦質能互換定理，質量 m 轉換成能量 E 的公式為

$$E = mc^2$$

其中 c 為光速，大小為 3×10^8 m/s。

又質量 m 之單位為 kg，光速 c 之單位為 m/s，則能量 E 之單位為

$$kg\,(m/s)^2 = kg \cdot m^2/s^2 = J\,(焦耳)$$

核能發電不管是核分裂還是核融合方式，都是將質量轉化為能量供人類使用的例子，核燃料在反應爐中所產生的能量，即是根據上述能量轉換功式計算而得。

例題 2-8

核反應過程中，若總質量減少了 0.1 kg，則系統會釋放出多少能量？若這些能量可以讓水溫升高 50°C，試求水的質量？

解

依質能互換公式，可以釋放出的能量為

$E = mc^2 = 0.1(3 \times 10^8)^2 = 9 \times 10^{15}$ (J)

單位轉換 $E = 9 \times 10^{15} \div 4.184 = 2.15 \times 10^{15}$ (cal)

$H = ms\Delta T$

$2.15 \times 10^{15} = m \times 1 \times 50$

解得 $m = 4.3 \times 10^{13}$(g) $= 4.3 \times 10^{10}$(kg)　或　$m = 4.3 \times 10^7$ (噸)

5. 化學能(chemical energy)

每一種物質都有內含能量於其組織結構中，當該物質與其他物質之間產生了化學反應，於反應後一般都會有能量釋出，此釋放出來的能量即被稱為化學能。最常見的化學能釋放反應為氧化反應，或稱為燃燒，舉凡木質材料、天然氣、化石燃料等的燃燒都是，這些物質本身內含有能量，當燃燒時可以和氧氣產生化學反應，並生成二氧化碳等物質，同時釋放出化學能。經由燃燒所產生的化學能可以進一步轉換為熱能或動能等。除此外，如圖 2-15，新式能源中的燃料電池，以及日常生活中常用的鉛酸電池，亦是化學能轉換為電能的一種應用。

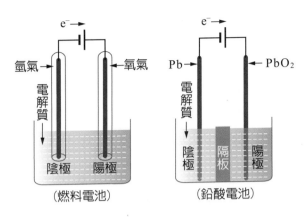

圖 2-15　燃料電池與鉛酸電池

　　鉛酸電池又被簡稱爲蓄電池或電瓶，是於 1859 年由法國科學家普朗特所發明，已經被成熟應用於汽車、家庭和工業中。鉛酸電池具備陰極和陽極，陰極以鉛 Pb 爲材質，陽極則是以氧化鉛 PbO_2 爲材質，兩者下端皆沉浸於稀硫酸 H_2SO_4 電解液中。鉛酸電池的電能產生原理，是陰極 Pb 與電解液 H_2SO_4 發生化學反應，產生硫酸鉛 $PbSO_4$ 並放出 2 個電子，當陰極與陽極接通後，陰極放出的 2 個電子就會流到陽極，與氧化鉛 PbO_2 和電解液 H_2SO_4 發生化學反應，產生水 H_2O 和硫酸鉛 $PbSO_4$。藉由上述的化學反應，產生了電子的流動，如此就成爲一種可利用的能源，是爲化學能。鉛酸電池的放電反應方程式如下：

(1)　陰極反應：$Pb + SO_4^{2-} \rightarrow PbSO_4 + 2e^-$

(2)　陽極反應：$PbO_2 + 4H^+ + SO_4^{2-} + 2e^- \rightarrow 2H_2O + PbSO_4$

(3)　化學方程式：$PbO_2 + Pb + 2H_2SO_4 \rightarrow 2PbSO_4 + 2H_2O$

　　燃料電池是另外一種形式的化學能產生電能機制，它是一種對水做電解產生氫氣和氧氣的逆向反應，其原理早在十九世紀中葉就已被提出，後續將以專章討論。

6.　電能(electric energy)

電能是現今社會使用最爲普遍也最爲方便之能源。電能的產生主要是帶電物質在電場中的不同位置獲得了電位能，如同有質量的物體在重力場不同位置獲得重力位能一般。當施加一個反抗電場的功 w 去推動此帶電物質時，就會增加它的電位能，當電子從高電位能區流向低電位能區時，就會形成電流，而當電流通過由各種電子元件如電阻、電容或晶片等所構成的設計電路時，就會產生所設定好的某種工作機能。

由於電能是屬於二次能源，因而它必定是來自某一種能源的二次加工，加工前的原始能源可以是燃燒所釋放出的熱能、物體自高處落下所釋出的位能或風的動能等。電能必須經過二次加工才能得到，且在加工過程中必定會有部分能量損失，如此就會推高其成本。用來將各種不同的能源加工轉變為電能的主要機構，就是我們熟知的發電機，任何形式的能量，只要能帶動發電機運轉，就可以順利地完成能量轉換而得到電能。

驅使電子得以流動的關鍵在於總電位能的高低，在總電荷數固定不變的情況下，總電位能越高，驅動電子的強度就越大，此正如同在總水量固定情況下，水壓越高，則對水的驅動力就越大一般。

假設一個電能系統之總電位能為 E，單位焦耳(J)，總電荷為 Q，單位庫倫(C)，則定義單位電荷所具有的電位能或稱電壓為 V 如下，單位為伏特(V)。

$$V = \frac{E}{Q} \left(伏特 = \frac{焦耳}{庫倫} \right)$$

例題 2-9

將 0.01 庫倫的電荷自 A 點推向 B 點須作功 3 焦耳，試求

(a) A、B 兩點間的電位差

(b) 若電荷為 0.05 庫倫，由 A 點推到 B 點所須作的功

(c) 若電荷的質量為 1.5×10^{-7} kg，試求將其自 B 點釋放回到 A 點處之速度？

解

(a) 由公式得 $V = \dfrac{E}{Q} = \dfrac{3}{0.01} = 300$ (V)

(b) A、B 兩點間電位差為 300V，則作功為

$w = E = VQ = 300 \times 0.05 = 15$ (J)

(c) 電位能轉換為動能 $E = T = 15$ J 代入 $T = \dfrac{1}{2}mv^2$，得

$v = \sqrt{\dfrac{2T}{m}} = \sqrt{\dfrac{30}{1.5 \times 10^{-7}}} = 1.41 \times 10^4$ (m/s)

當對一個電能系統作功 w 時，即是增加該系統的電位能 E，單位時間所作的功稱為功率，則電能的功率為 $P = \dfrac{w}{t} = \dfrac{E}{t}$，將 $E = VQ$ 代入，得 $P = \dfrac{VQ}{t}$，定義 $\dfrac{Q}{t} = I$，稱為電流，則 $P = IV$

P 的單位為瓦特 W(焦耳／秒，J/s)，I 的單位為安培 A(庫倫／秒，c/s)。

依據電學原理，電位差為 V 時，流經電阻為 R 的電路時，三者間的關係為

$$V = IR$$

因此功率 P 可以寫為

$$P = IV = I^2 R = \frac{V^2}{R}$$

例題 2-10

功率 10 W 的燈泡使用 1 個小時共耗掉多少電能？若電壓為 100 V，試求電流大小？

解

功率 $P = 10$ (W) $= 10$ (J/s)，$E = P \cdot t = 10 \times 3600 = 36000$ (J)

單位 (J/s) × (s) = (J)

$P = IV$，$I = \dfrac{P}{V} = \dfrac{10}{100} = 0.1$ (A)

單位 $I = \dfrac{\text{J/s}}{\text{J/c}} = \dfrac{\text{c}}{\text{s}} = \text{A} \left(\dfrac{\text{庫倫}}{\text{秒}} = \text{安培} \right)$

亦即 1 安培代表每秒鐘所流經的電荷數

電能在使用上非常方便，因而已經成為現今最為重要的能源運用方式。除了大量的家電用品以外，工業上也已經大量使用馬達來做驅動，包含運輸工具在內，以內燃機驅動的方式將很快會被馬達驅動所取代。很多世界級的大汽車廠，都已做了轉型規劃，甚至有些車廠，已經決定在 2030 年之前，把內燃機驅動的汽車完全排除

在生產線之外。在一開始便切入電動汽車領域的美國特斯拉公司(Tesla)，在短短幾年之間，就迅速成為汽車業的新霸主，可見汽車電動化的趨勢確實無法抵擋。而當電動汽車被大量使用以後，恐將造成電力嚴重匱乏，因此之故，電能的大量取得已經成為各先進國家的最當務之急。

電動車和油電混和車的大量使用，對於空氣汙染的控制以及噪音的減量，扮演著非常重要的角色，然而這個產業發展的成敗，很重要一個關鍵就是動力電池的品質與功能，包括其儲電量、充電速度、重量、耐用程度等，取得優良電池的穩定供應，就是參與電動車產業的資格門票。全球電動汽車的主要製造商，有美國的特斯拉(Tesla)，日本的日產(Nissan)、三菱(Mitsubishi)，中國大陸的比亞迪(BYD)，德國的寶馬(BMW)、福斯(Wolkswagen)等，這六大廠商的市場佔有率已經超過 60%以上，未來眾多其他廠商要迎頭追上，恐需費很大工夫才有機會。除了上述六大車廠外，著名日本汽車大廠豐田(Toyota)並未在內，其原因在於，豐田汽車與該六大車廠的發展方向不同，以開發氫燃料電池(Hydrogen fuel cell)汽車為主，蓋因該公司深信，氫燃料電池在燃料填充時間、成本以及使用壽命上都具有優勢，所以相信在很短的幾年時間內，其市場占有率應該就可以大大提升。

目前車用動力電池以磷酸鐵鋰電池和三元鋰電池這兩種類型為主，其次是鈷酸鋰電池和錳酸鋰電池，由於後二者的安全性、使用壽命、充電速度、工作溫度範圍以及原材料成本等五個條件，相對較前二者為差，因而已逐漸被淘汰出市場。磷酸鐵鋰電池是以磷酸鐵鋰材料為正極，以石墨為負極，而三元鋰電池則是以鎳鈷鋁或鎳鈷錳為正極，也是以石墨為負極。由於三元鋰電池具有能量高且循環性良好的特質，應該會成為鋰電池未來發展的主力方向。由於鋰離子電池在遭受碰撞時會產生高溫而起火，且火勢難以撲滅，近日美國和台灣都有特斯拉電動汽車起火燃燒的案例，消防人員花了 4 個多小時才把火勢撲滅，此已成為消防安全的新難題，有待進一步加以改善克服。

在一般情況之下，電動汽車的動力電池在剩餘容量降低至初始容量的 70%至80%時，就無法滿足車載使用要求而必須更換。在時間上，依保守估計，家用電動車的動力電池退役年限約為 7～8 年，商用車的動力電池則縮短到 5 年，而當這些電池退役廢棄後，必須要有很大規模的處理廠，否則衍生的後續環保問題，將會比想像的更加嚴重。

電能的最大問題在於產出難以隨需要隨時調節，且又儲存不易。一般來說，電廠是全天候持續發電的，因白天是用電高峰，能滿足白天需求的發電量，在晚上時必定無法全部用上，那麼多出來的部分就必須浪費掉。爲了改善這個問題，近年來電力提供企業透過調度管理，並結合政府的政策與行政手段，來降低電網的高峰負荷並提高低谷負荷，使電力負荷曲線能變得平滑一些，如此就可以在減少發電機組運轉的情況下，達成電力穩定供應的目的。這種透過管理、政策與行政手段來調節電力供需的方式，被稱爲削峰填谷(peak load shifting)。一般認爲削峰填谷的策略，除非有強制性或政策獎勵，基本上很難達到令人滿意的效果。然而在電動汽車數量逐漸增多的情況下，電力供應企業可以透過建立電池充電站的方式，大量使用離峰電力，不但可以用較低成本的電力來充電，也同時扮演了電力供應調節者的角色，可謂一舉兩得。

7. 電磁輻射能(electromagnetic radiation energy)

我們生存的空間中，電磁波無所不在，地球主要的能量來源，也就是太陽光能，就是電磁輻射能量的傳遞現象。電磁波頻譜涵蓋了極爲寬廣的頻率範圍，其頻率 v 與波長 λ 間有固定的關係存在，亦即

$$v\lambda = c$$

其中 c 爲宇宙中任何物體運動的最極限速度，也就是光速，其大小爲 $c = 3 \times 10^8$ m/s，頻率 v 的單位爲 Hz(赫茲 1/s)，波長 λ 的單位則爲 m(米)。

電磁波的頻率範圍從 γ 射線的 10^{24} Hz 到小於 10^3 Hz 的無線電波之間，有各種不同的類型。人類眼睛可以看得見的可見光，僅是電磁波頻譜中的一小段，其他如紅外線、紫外線等也都是，只是人類的肉眼無法看到而已。

電磁波是粒子(或稱爲量子)的一種波動現象，因而必定具有動能，其總能量 E 與頻率 v 成正比，亦即

$$\frac{E}{v} = h \,(常數)$$

上式乃為德國著名物理學家，量子力學創始人普朗克(Max Planck)，於 1900 年研究物體熱輻射的規律時所發現的。當他假設電磁波的發射和吸收並非連續，而是以一份一份的能量子進行時，他所計算出來的結果才能和實驗的結果相符。以上關係式被稱為普朗克關係式，而 $h = 6.62 \times 10^{-34}$ (J/s) 則被稱為普朗克常數。

例題 2-11

波長 $\lambda = 2.70$ Å 之 X 射線光子，求(a)頻率 ν 為多少？(b)每莫耳之能量為多少？
(已知每莫耳之量子數為 6.026×10^{23})

解

(a) 長度單位 1 Å $= 10^{-10}$ (m)，$\lambda = 2.7 \times 10^{-10}$ (m)

代入 $\nu\lambda = c$，$\nu = \dfrac{c}{\lambda} = \dfrac{3 \times 10^8}{2.7 \times 10^{-10}}\left(\dfrac{\text{m/s}}{\text{m}}\right)$，得 $\nu = 1.11 \times 10^{18}$(Hz)

單位 $\dfrac{\text{m/s}}{\text{m}} = \dfrac{1}{s} = \text{Hz}$

(b) 每一量子之能量 $E = h\nu = 6.62 \times 10^{-34} \times 1.11 \times 10^{18} = 7.35 \times 10^{-16}$ (J)

每莫耳有 6.026×10^{23} 個量子，故每莫耳之 X 射線能量為

$E = 7.35 \times 10^{-16} \times 6.026 \times 10^{23} = 4.43 \times 10^8$ (J)

觀念對與錯

(○) 1. 水的比熱比酒精的大，所以同樣熱量可以讓酒精加熱到較高溫度。

(✗) 2. 氫的比熱最大，所以是最好的儲熱介質。

(✗) 3. 核能發電是依據愛因斯坦的質能互換定理，將質量轉化為能量，所以愛因斯坦的質能互換定理，只適用於放射性元素。

(○) 4. 燃料電池和鉛酸電池都是化學能轉換為電能的一種應用。

(○) 5. 電子輻射能幾乎無所不在，除了可見光以外，其他人類肉眼看不見的紅外線、紫外線、微波、無線電波等也都是。

三、能量的單位與轉換

　　上面所述及的各種不同能量形式，儘管其來源可能都不同，但用來計量的單位卻都是一樣的，以公制來說，那就是焦耳(J)，它們的導出在前述例題中有部分已經被提及，將其整理如下：

1.　作用力：$F = m \cdot a = (kg) \cdot (m/s^2) = kg \cdot m/s^2 = N$ (定義為牛頓)

2.　作功：$W = F \cdot s = N \cdot m = (kg \cdot m/s^2) \cdot (m) = (kg \cdot m^2/s^2) = J$ (定義為焦耳)

3.　重力位能：$u_g = mgh = (kg) \cdot (m/s^2) \cdot (m) = (kg \cdot m^2/s^2) = J$

4.　彈簧位能：$u_e = \frac{1}{2}Kx^2 = (N/m) \cdot (m^2) = N \cdot m = J$

5.　動能：$T = \frac{1}{2}mv^2 = (kg) \cdot (m/s)^2 = (kg \cdot m^2/s^2) = J$

6.　熱能：$H = ms\Delta T = (g) \cdot (cal/g \cdot °C) \cdot (°C) = (cal) \cdot (J/cal) = J$

7.　質能：$E = mc^2 = (kg) \cdot (m/s)^2 = (kg \cdot m^2/s^2) = J$

　　除此之外，其餘三者包含化學能、電能和電磁輻射能，其原始單位都是焦耳(J)，因而不必加以導出。由上可知，儘管能量的型態不同，其單位卻都相同，此說明了我們所需要的能量可以取自任何一種形態或來源，其作用都相同。

　　能量的單位可以分為兩個不同的系統，亦即公制(SI)與英制(FPS)，因為這兩個系統的單位大小與進位規則完全不同，故而常常造成使用者的困擾。要釐清這些問題，首先必須把各自的單位和進位方式弄清楚，然後再比較兩個系統之間的倍數差異即可，對於導出單位，比如說能量，它的單位其實都是由基本單位導出而來，只要回歸到原基本單位的定義與數值，就可以很清楚的了解公制單位和英制單位之間的比例關係。為了方便使用者參考查詢，將其列於表 2-2 中。

表 2-2　能量之公制與英制單位換算表

項次	項目	公制單位(SI)	英制單位(FPS)	公英制比值
1	作用力 F	牛頓(N)，(kg · m/s²)	英磅(ℓ bf)	4.4482：1
2	功能 w 位能 u 動能 T 電能 E	焦耳(J)，(kg · m²/s²)，(N · m)	英呎–磅(ft – ℓ bf)	1.356：1
			Btu 1(Btu) = 778(ft – ℓ bf)	1055：1
3	熱能 H	焦耳(J)	Btu	1055：1
		卡(cal) 1(cal) = 4.184 (J)		252：1
4	功率 P	瓦特(W)，(J/s)	馬力(hp) 1(hp) = 550(ft – ℓ bf/s)	746：1
5	用電度	度 (千瓦–小時，kWh) 1(kWh) = 3.6 × 10⁶ (J)	Btu	1：3412

「用電度」說明：功率為 1 kW 的電器，表示每秒鐘需要耗用 1 kJ 的能量，如果這個電器被連續使用了一個小時，總能量消耗為 1 kWh 或 3,600 kJ，就稱為 1 度電。

例題 2-12

若某地區每天 6 小時之平均日照強度為 500 W/m²，所裝置之太陽能集熱器效率為 60%，面積為 4 m²(a)試求一年 300 日照天可以取得之能量值？(b)若電價為每度 3 元，試求每年可節省之電費為多少？

解

(a) 每天所得之能量為 $E = 0.5 \text{ (kW/m}^2) \times 4 \text{ (m}^2) \times 6 \text{ (h/d)} \times 0.6 = 7.2 \text{ (kWh/d)}$

全年取得之能量為 $E_T = 7.2 \text{ (kWh/d)} \times 300 \text{ (d/y)} = 2160 \text{ (kWh/y)}$

$$或\ E_T = 2160 \times (3.6 \times 10^6) = 7.776 \times 10^9 \text{ (J/y)}$$

(b) 全年取得 $E_T = 2160 \text{ (kWh/y)} = 2160 \text{ (度/年)}$

可節省之電費為 $3 \times 2160 = 6480$(元/年)

例題 2-13

假設每天達到可發電風量之時間為 6 小時，試求功率 4 kW 之風車每年可以發多少電？

解

每小時可得之電能為 $E = 4000 \times 3600 = 1.44 \times 10^7$ (J/h)

單位：$(J/s) \times (s/h) = J/h$

每年可得之電能為 $E_T = 1.44 \times 10^7 \times 6 \times 365 = 3.15 \times 10^{10}$ (J/y)

一度電相當於 3.6×10^6 焦耳電能，故得總發電量為

$n = (3.15 \times 10^{10}) \div (3.6 \times 10^6) = 8750$ (度電/年)

公制(SI)和英制(FPS)兩個系統之間，除了大小不同以外，它們的進位方式也有所不同。英制的進位方式沒有特定規則，如表 2-3 所示，因此使用時要多加留意。至於公制，全部都是十進位，每一個千倍又為大進位，當數值非常小或非常大時，書寫起來很是麻煩，也容易弄錯，所以就用特定的符號來代表，不但方便，也可以一目瞭然。國際通用的特定符號及其代表之意義如表 2-4 所示。

表 2-3 英制(FPS)單位的進位

項次	項目	進位
1	12 英吋(in)	1 英呎(ft)
2	5280 英呎(ft)	1 英哩(mile)
3	1000 英磅(ℓ bf)	1 千磅(kip)
4	2000 英磅(ℓ bf)	1 英噸(ton)

表 2-4　公制(SI)的大進位符號表示

項次	數值	指數型式	英文字首	代表符號
1	0.000,000,000,001	10^{-12}	pico	p
2	0.000,000,001	10^{-9}	nano	n
3	0.000,001	10^{-6}	micro	μ
4	0.001	10^{-3}	milli	m
5	1,000	10^{3}	kilo	k
6	1,000,000	10^{6}	mega	M
7	1,000,000,000	10^{9}	giga	G
8	1,000,000,000,000	10^{12}	tera	T
9	1,000,000,000,000,000	10^{15}	peta	P
10	1,000,000,000,000,000,000	10^{18}	exa	E

Chapter

03

能源應用與環境
生態維護

能源的應用關係到人類的生存、工商業的發展,也影響到地球環境與生態的平衡。當能源出現匱乏時,居住在高緯度地區的居民無法渡過寒冷的冬天,許多工廠無法運轉,商店無法開門營業,因此而引發的生產不足與失業問題,將給社會帶來巨大的衝擊。相反的,若能源供應充裕,人類毫無節制的開採濫用,不但使能源枯竭的那天提早到來,也會因能源的大量使用而排放出超量溫室氣體,導致地球暖化加速,環境傷害加大,生態失去平衡,人類也將同受其害。因此,能源的妥適開發利用,是現階段重要的課題。

全球目前所使用的能源,以傳統化石燃料為主,包含石油、煤礦與天然氣等,約占 80%以上。這些燃料產出能源的方式都相同,也就是利用燃燒產生的化學能轉換為熱能、動能或電能等。當燃燒反應過程發生時,會釋放出二氧化碳 CO_2、一氧化碳 CO、氧化亞氮 N_2O 和二氧化硫 SO_2 等氣體,以及未燃燒之碳氫化合物 HC 等懸浮微粒,對環境有極大的破壞性,其中溫室氣體濃度過高將導致地球暖化並引發氣候嚴重變遷,酸雨會使得土壤與水源酸化,懸浮微粒濃度過高則會造成空氣污染等。最近幾年大家所嚴重關切的,是粒徑小於 5 μm 的細小懸浮微粒對人類健康帶來的重大傷害。據醫學研究顯示,這些細小微粒可以透過細胞孔洞直接進入人體各重要器官,被認為是現代人健康的殺手,影響最為深遠,其中粒徑小於 2.5 μm 的懸浮微粒,即俗稱的 PM2.5,吸入後會停留在人體的肺泡無法排出,最終造成肺部病變,是人人談之色變的主因。

一、有害物質的排放與污染

化石燃料具有取得容易、運輸方便、儲存安全與使用便利等諸多優點,因為開採量大,所以成本相對來說較為低廉。在工商業尚不發達的年代,由於總使用量不大,這些能源在燃燒使用時所排放出來的廢氣,以及沒有完全燃燒的那些懸浮微粒,可以被大自然稀釋與吸收。但到了二十世紀中葉,全球人口急速膨脹,為了滿足並改善人類生活需求,大量消耗化石能源用以快速發展工業的結果,使得有害的排放物超過了地球的自淨能力,因而無法靠自然界的循環而加以消化,導致各種排放物質越積越多,濃度增高到了足以汙染土壤與水質的地步,直接或間接給人類的健康帶來意想不到的危害。

以最常用的化石燃料燃燒後，其所排放出的汙染物質與對環境造成的危害如表 3-1 所示。

表 3-1　化石燃料燃燒後所排放的汙染物質及其危害

燃料種類	排放汙染物	負面效應
煤	CO、CO_2、SO_X、NO_X、HC	溫室效應、酸雨、空氣汙染、霧霾
重油	CO、CO_2、SO_X、NO_X、HC	溫室效應、酸雨、空氣汙染、霧霾
柴油	CO、CO_2、SO_X、NO_X	溫室效應、酸雨、空氣汙染
汽油	CO、CO_2、SO_X、NO_X	溫室效應、酸雨、空氣汙染
天然氣	CO、CO_2、NO_X	溫室效應

汙染物依發生的型態分為氣態汙染物和固態汙染物，如依排放情形則可分為一次汙染物(primary pollutants)或二次汙染物(secondary pollutants)。所謂一次汙染物，就是直接從汙染源排放出來的汙染物，例如二氧化硫、二氧化氮、氟化物以及有機汙染物等，而所謂的二次汙染物，乃一次汙染物在大氣中經過某種反應後而得到者，如臭氧、硫酸根粒子和硝酸跟粒子等。

在工業化程度升高以後，污染物排放的總量大為增加，對人類健康和生態環境所造成的傷害，已經到了不可收拾的地步，因而必須及早加以減輕、防患，才能建立永續的生存環境。這些汙染物所造成的負面效應，以酸雨、粒狀污染物和溫室氣體為最，加以討論說明如下：

1.　酸雨(acid rain)

酸雨的形成與工業生產的酸性物質排放有關，可以分為兩部分，其一是產品製程中的酸性物質排放，其二則是能源使用後的酸性物質排放。前者包羅萬象，產品成分或製程改變甚為複雜，不在本書討論範圍。能源使用後所排放的酸性物質，成分包含一次汙染物硫氧化物 SO_X 和氮氧化物 NO_X，硫氧化物以二氧化硫 SO_2 和三氧化硫 SO_3 為主，前者約占 80%以上。這些一次汙染物會釋出硫酸根和硝酸根，SO_2 會與空氣中的水分產生亞硫酸 H_2SO_3，SO_3 則會產生硫酸 H_2SO_4，氮氧化物 NO_X 與空氣中的水分則會產生硝酸 HNO_3，該等二次汙染物與其一次汙染物相同，都是有害環境的酸性物質。其相關之反應式如下：

$$SO_2 + \frac{1}{2}O_2 \rightarrow SO_3$$

$$SO_2 + H_2O \rightarrow H_2SO_3 \qquad (亞硫酸)$$

$$SO_3 + H_2O \rightarrow H_2SO_4 \qquad (硫酸)$$

$$3NO_2 + H_2O \rightarrow 2HNO_3 + NO \qquad (硝酸)$$

　　這些酸性物質的化學性質相對穩定，大約可以在空氣中飄浮 3～4 天左右，因此會散布到很廣大的地區。當這些物質被吸入人體以後，對體內器官會產生不小的傷害，最常見的為呼吸道和肺部的疾病，而眼睛與皮膚也會感到不適，甚至有些地區的癌症患者，也常將其罹患癌症的肇因，歸咎於空氣中的這些汙染物。當這些酸性物質被空氣中的水氣吸收後，逐漸形成水滴而後下雨，雨水中因為含有這些酸性物質，所以就變成了酸雨。酸雨帶來的禍害除了土壤會遭到酸化之外，還有河川、湖泊與海洋中的水質會受到汙染，不但生存在裡面的各種生物會深受其害，農業種植的損失也必無可倖免，如果酸雨持續下太久而沒有加以改善，將會使糧食供應出現缺口，造成民生問題。以目前統計資料分析顯示，酸雨的酸性成分來源，約有 70% 來自於硫酸，其他 30%則來自於硝酸。圖 3-1 為酸雨對整體生態環境造成傷害之示意圖。

　　在十幾二十年前，工業還未大步而快速的發展之前，酸性汙染物的危害仍在可控制的範圍與程度之內，縱使發生汙染事件，大都是區域性的。然而隨著工業規模的擴張以及環保法規的逐漸嚴格，排汙企業紛紛把煙囪加高，造成汙染飄逸至更廣大之範圍，也使汙染問題由區域性發展為全面性，由國內性變成國際性，是以國與國之間因而產生紛爭也時有耳聞。

　　一般來說，雨水的 ph 值若小於 5 就被政府環保部門定義為酸雨，而較廣義的定義，則是 ph 值小於 5.6 就算是。酸雨除了直接傷害植物生長以外，還會使土壤中的礦物質流失，減少其營養價值。而酸雨也會將土壤和岩石中的有毒金屬元素溶解，隨著植物生長而被吸收，並間接由農產品的食用進入人體，危害至深。若這些溶解出來的有毒金屬，經由河流進入湖泊，則會造成水生植物以及魚蝦大量死亡，衝擊生態至鉅。

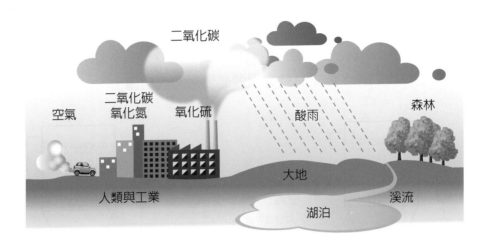

圖 3-1　酸雨對整體生態環境造成傷害之示意圖

　　使用後會排放出硫氧化物 SO_X 和氮氧化物 NO_X 的燃料，主要都是化石能源，包含煤、柴油、重油、煤油等。雖然在石油提煉過程中都會有脫硫的處理程序，但基於成本考量，往往沒有辦法做到完全無硫的地步。流動排放源如汽車等，其影響的廣度較大但強度較弱，固定排放源如工廠或電廠中的高溫鍋爐，其廣度雖然有限，但集中於某一個區域排放，其強度往往會很驚人，對當地居民健康與環境的傷害不言可喻，因而必須增建相關防汙措施，才是負責任的作法。

　　為了符合日益嚴格的環保法規，過去以洗滌塔來脫硫、脫硝的方式似已不敷要求，業界因而開發出效果更優的陶瓷纖維濾管，來有效阻絕硫氧化物和氮氧化物。目前能夠供貨的廠商有三，分別是台灣的 Flkcat 公司、德國的 Clear Edge 公司，以及丹麥的 Topsoe 公司。陶瓷纖維濾管的運用，除了有排汙問題的工廠以外，也已被考慮用於船舶之上，蓋因國際海事組織(IMO)於 2020 年初頒布了嚴格的限硫令，使得以高硫燃料油(HSFO)為燃料的各型輪船，必須改用極低硫燃料油 VLSFO)，如此預估每公秉將會增加 50～70 美元的燃料成本，負擔不可謂不重。若要免於如此，在繼續使用高硫燃料油的情況下，必須安裝廢氣淨化系統(EGCS)，而上述的陶瓷纖維濾管就是最好的施做元件，除了具有良好的脫硫、脫硝功能，也不會像洗滌塔般，把洗滌出來的這些酸性汙染液排向大海，造成不必要的二次汙染。

陶瓷纖維濾管可以分為是含有觸媒的或不含觸媒的，裝置時周邊配備稍有不同，如圖 3-2 所示。陶瓷纖維濾管在選用時，以排放源所排放的廢氣種類和溫度為選用標準，不同溫度範圍有不同的選用型號。又由於濾管材料較為脆弱，安裝時應注意環境是否有劇烈震動源，如果有就必須做必要之防震措施。

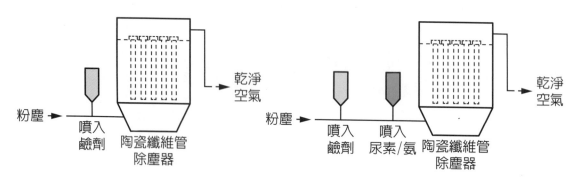

圖 3-2　陶瓷纖維濾管裝置圖

2.　粒狀汙染物(particulate matter)

粒狀汙染物又稱為懸浮微粒，其顆粒直徑大小以 μm 來量測，直徑 1μm 的微粒以 PM1.0 表示之，以此類推，小從 0.1～1μm 的燻煙，大到 1,000μm 的灰塵等，都算是懸浮微粒的範圍。這些懸浮微粒中，有些是環境自然生成的，比如說灰塵和霧氣，但也有很大部分來自工業生產的排放，以及化石燃料未完全燃燒之 HC 顆粒等的排放。

環境自然生成的懸浮微粒有些可以適度削減，比如農業和工程建造所產生的灰塵等，有些則改善不易，比如海沙、河砂和陸砂的揚塵等。這些懸浮微粒對空氣與環境雖然有些影響，但因為粒徑較大而且不含毒性物質在內，所以大都沒有致命的傷害，不過若規模過於龐大就不能等閒視之，如蒙古沙漠的揚塵，每每形成嚴重的沙塵暴，把距離數百公里外的北京城都吞沒了，甚至連遠在數千公里外的台灣，都難免身受其害。為了解決這個問題，大陸當局不得不砸下重金來整治沙漠，開啟了全球最大的「治沙工程」，除了引黃河水入內蒙古的庫布齊沙漠外，也大量種植樹木與草皮，把沙漠變成了綠洲，並在當地輔導農民從事畜牧業與養殖漁業，如圖 3-3 所示。過去十年來，新增加的森林、綠地與湖泊面積約有 2,000 萬公頃，此一綿延 200 公里的綠色長城，不但阻止了沙漠化的繼續擴展，也消除了部分沙塵暴的困擾，相信這樣繼續努力下去的話，在十幾二

十年後，必然可以完全解決這個問題，對於人類生存環境的改善，此舉可謂是逆天而行的偉大成就，值得大大加以肯定。

圖 3-3　內蒙古庫布齊沙漠整治後之樣貌圖

至於工業生產過程中所產生的粒狀汙染物，主要是化石燃料使用後的排放，其量極為巨大，影響環境至為深遠。又工業、農業、家庭等所製造的廢棄物，大都以以燃燒方式處理，其所排放出來的，除了可能含有化學毒物成分以外，還有粒徑極其微小的顆粒可以直接進入人體，對人類健康影響較大。懸浮微粒的來源，大小及其對健康的影響整理如表 3-2 所示。

表 3-2　懸浮微粒分類與來源

分類	可能來源	對健康之影響
PM100 以上	工程施工、木材加工、軟金屬研磨	鼻腔、口腔、咽喉、呼吸道
PM25～PM100	棉屑、灰塵、黴菌苞子	氣管、支氣管
PM10～PM25	石英或硬金屬研磨，工業粉塵、沙塵	氣管、支氣、管肺部
PM5～PM10	沙塵、工業粉塵、噴霧、化石燃料燃燒	肺泡、肺泡囊、支氣管
PM1～PM5	化石燃料燃燒、土塵、煙塵、細菌	肺泡、肺泡囊、支氣管
PM1 以下	油煙、煙塵、病毒	肺泡、肺泡囊、支氣管(輕微)

依據醫學研究結論顯示，將粒徑大於 5μm 的粒子吸入以後，可以被氣管的纖毛攔截而排出，粒徑小於 1μm 的粒子則可以隨呼出的氣體一同帶出，因而對身體比較不會有傷害。反觀粒徑介於 1～3μm 的顆粒，卻容易停留於肺泡中引起肺病

變，而粒徑介於 $3\sim5\mu m$ 的顆粒，則容易停留於呼吸道和支氣管，所以對於粒徑介於 $1\sim5\mu m$ 的懸浮微粒排放，有必要加以嚴格管控以利大眾健康。

3. **溫室氣體(greenhouse gas；GHG)**

所謂溫室氣體，是指存在於大氣層中的某些氣體，它們的分子白天可以吸收太陽光中的紅外線輻射使溫度升高，然後於夜晚再慢慢釋放出能量，使夜晚未受日照仍能保持一定的溫度，如此，地表上的動植物才能夠生存下去。由此可知，溫室氣體不但不是壞東西，還是地球上生物得以持續生存的重要元素之一。幾萬年來，自然界產生的溫室氣體濃度始終保持在一個穩定範圍內，雖然地球表面溫度會因地球繞太陽公轉而產生四季的差異，但卻也都能穩定的在某一個範圍內作有規律的變化，此即與溫室氣體的穩定存在有關。

然而，自十八世紀工業革命以後，能源需求日益增加，且大都依賴化石燃料如石油、煤和天然氣等，這些化石燃料一經燃燒，就釋放出了大量的溫室氣體，包括二氧化碳 CO_2、氮氧化物 NO_X 等。過量的溫室氣體形成了溫室效應如圖 3-4 所示，而溫室效應被認為是導致地表溫度快速上升的元凶，我們可以把近兩百年來溫室氣體濃度和地表溫度變化的趨勢作一比較，如圖 3-5 所示，就可以確認兩者具有正比的相關性。

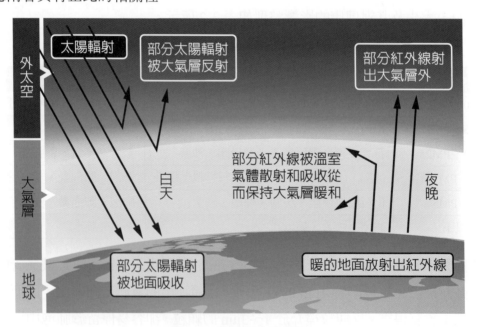

圖 3-4　溫室效應示意圖

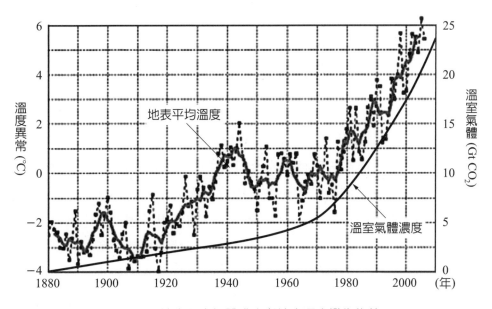

圖 3-5　地表溫室氣體濃度與地表溫度變化趨勢

地表溫度快速上升的結果，除了導致冰山融化、海平面上升以外，氣候的嚴重異常也給人類帶來了莫大的災難，因此，若不立即加以減緩改善，在本世紀中期，包括馬爾地夫、吐瓦魯、斐濟、吉里巴斯等多個印度洋和太平洋島國即將沉入海水之中。除此外，全球暖化引發的極端氣候如熱浪與乾旱也不時在各地發生，就在 2022 年夏季，乾旱席捲北半球各地，導致亞洲、北美洲和歐洲六大河流水位創新低，部分河段甚至已經見底，大大影響依賴河流生活的人民。美國西部歷史性大旱，導致美西主要河川科羅拉多河部分乾涸，兩大主要水庫之一的米德湖水位已經降到低點，危及該地區約四千萬人的飲水供應、灌溉及發電。中國大陸則罕見發出全國乾旱警報，因長江部分河段已現出河床，多條支流乾涸見底，受影響居民達八千四百萬人之多，而長江等河川水量減少也影響了水力發電量，當地政府不得不下令所有工廠關閉兩周以為因應。而作為歐洲航運要道的萊茵河，也面臨嚴重乾旱，導致部分河床露出無法通航，船隻須繞行以免擱淺。

再依據世界銀行的報告，地球持續快速暖化的問題如果不趕快加以解決，至 2050 年，水災、風災與乾旱等氣候異常現象將嚴重襲擊非洲、拉丁美洲和南亞地區，部分地勢較低之土地恐遭淹沒，當地人民會因為失去了生存條件而被迫出走成

為氣候難民，人數預估恐將達 1 億 4,000 萬人之多。對於如此大量的氣候難民可能出現，如果不設法加以事先防範，將給世界帶來極度不安。

4. 輻射污染物排放

核能發電僅次於火力發電，是全球第二大電能產生方式，雖然發電過程不會產生溫室氣體、有害氣體以及懸浮微粒，但卻會有輻射汙染物的排放。一般來說，這些輻射汙染物都存在於反應爐的冷卻水中，被稱為「核廢水」，在確認其強度與濃度低於法定標準值後，才允許其排放至大海中，再經過廣大海域的稀釋，就不會對海洋生物與環境造成不良影響，目前世界各國對核電廠冷卻水都是這樣處理的。由於冷卻水並沒有與核燃料有直接性地接觸，所以核汙染物相當稀薄，其對海洋生物與環境的傷害，遠不及高溫排放水的效應來得大。台灣前幾年在石門、金山海域發現的變形魚，以及在墾丁海域發生的珊瑚白化現象，最終證明都與排放水的溫度過高有關，經過適度的改善以後，這種情況已不復見。

除了核反應爐的冷卻水以外，核電廠工作人員所穿過的防護衣清洗，也會有核廢水產生，但因為量體相對較少，因而並不會造成處理上的困難，所以基本上並不存在核污染的問題。

從上述分析中可知，核能電廠只要是在正常的營運狀態下，以法定規範來處理受到汙染的「核廢水」，基本上不會對環境或人類健康產生不良的影響與傷害。但假如情況不這麼完美，核電廠所產生的不僅是核廢水，還有與核燃料直接混合過的「核汙水」，那就不能等閒視之，因為萬一不當排放，對地球來說可能會是無可挽回的浩劫。近日全球最關注的，莫過於日本於 2021 年 4 月 15 日正式拍板，將於 2023 年開始，要把福島第一核電站的「核汙水」分 10 年排放至太平洋中，此舉一出，立刻引發韓國、中國大陸以及東南亞國家的緊張與不滿，而一向以維護地球環境為己任的歐盟國家與美國，卻默不作聲，處於共同海域且離日本甚近的台灣，除了少數環保團體與漁民外，也像是置身於事外一般，默許日本這種不應該且不道德的惡劣行為。

依據資料顯示，日本福島第一核電站的「核汙水」，從 2011 年核事故以來的總累積量已經超過 123 萬公噸，而且每天還以大約 140 公噸的量在增加，如果從 2023 年起分 10 年排放，那麼到 2032 年底，總共將會有大約 200 萬噸的「核汙

水」被排入太平洋中。此舉之所以會引起如此多人的緊張，是因為「核汙水」中的主要汙染物氚與碳-14，會造成生物細胞病變與 DNA 變異，對海洋生物與人類健康的傷害難以估計，也將激烈衝擊海洋漁業的生存。雖然日本當局宣稱，「核汙水」在經過核素去除裝置(ALPS)處理後，大部分放射性物質都可以被除去，幾乎已經達到可以飲用的地步。既然是如此乾淨，那日本何不把這些處理過的水留在日本土地上作為植物澆灌之用，而非得排放到太平洋中？由此便可以知道，已經處理到幾乎可以飲用之說，基本上就是謊言，世人如何能信？

觀念對與錯

(○) 1. 目前所使用的能源約有 80% 是化石燃料，而且都以燃燒來取得化學能，這可以說是環境污染與生態破壞的主要殺手。

(╳) 2. 燃燒排放出的粒狀汙染物，粒徑越大的對人類健康殺傷力越大，所以需要加以過濾，粒徑小的無害，直接排放就可以了。

(○) 3. 酸雨是廢氣中的硫氧化物和氮氧化物，與空氣中的水分產生反應，生成硫酸和硝酸所致。

(╳) 4. 空氣中的硫氧化物和氮氧化物，只能短時間存在，所以不太會擴散到廣大地區。

(╳) 5. 溫室氣體百害而無一利，這是現今我們之所以要想方設法減少溫室氣體排放的主要原因。

(○) 6. 溫室氣體可於白天吸收太陽輻射能，並於夜間緩緩釋放出，可以讓大氣層維持暖和狀態。

(╳) 7. 全球氣候暖化會使堅冰溶解而露出許多陸地，不但不會對人類生存環境造成衝擊，反而有利於人類生存發展。

(○) 8. 地表的溫度變化趨勢與溫室氣體濃度變化的趨勢一致。

二、溫室效應與溫室氣體排放管制

有鑑於溫室氣體排放過量會給地球帶來如此大的災難，聯合國世界氣象組織和聯合國環境署因而共同發起，於 1988 年成立了「氣候變化政府間專家委員會」(Intergovernmental Panel on Climate Change, IPCC)，針對與氣候變化有關的各種議題

展開定期評估,並於 1992 年制定了「聯合國氣候變化綱要公約」(United Nations Framework Convention on Climate Change, UNFCCC),以便喚起各國對全球氣候暖化的注意,並共同因應處理所導致的種種危機。

從 1995 年開始,聯合國依據氣候變化綱要公約在德國柏林舉行了第一次大會(稱 COP1),以後每年舉行一次大會,討論氣候變遷引發的相關議題,截至目前已經舉辦了 26 屆,最近的一次是 2021 年 11 月在蘇格蘭舉行的 COP26。在歷年的會議中,得到最大成果的莫過於 1997 年在日本京都舉行的第三屆會議,通過了「京都議定書」(Kyoto Protocol),規定附件一中的各主要工業國家如美國、日本、歐盟、加拿大等,必須逐年減低溫室氣體的排放,使得能在 2012 年末,各國的溫室氣體排放量,能夠回復到比 1990 年再降低 5.2%的排放水準。為了讓世界各國能落實京都議定書的減碳精神,國際標準化組織 ISO 於是制訂了企業盤查量化標準 ISO14064,為自願的或是強制性的溫室氣體 GHG 盤查對象,提供一個靈活而中立的工具,以得到最佳做法而利於推廣,其內涵包括從環境角度完善溫室氣體 GHG 相關聲明,協助組織管理與溫室氣體 GHG 有關的風險,並對溫室氣體 GHG 的交易與市場提供必要的支持。2018 年 12 月於波蘭卡托維茲舉辦的 COP24 決議,全球工業國家與發展中國家應採用統一標準來量化溫室氣體排放量,故而 ISO 遂於同月公布了 ISO 14064:2018 標準,使未來組織在進行溫室氣體盤查或計畫的量化、監督、報告、確證與查證,都得以採用清晰度及一致性皆相當的標準。

依據「京都議定書」規定,全球必須管制的溫室氣體有六種,及至 2018 年 COP24 決議,增加為七種,故而 ISO14064:2018 即須針對該七種加以盤查,如表 3-3 所示。由於這七種溫室氣體對促成溫室效應的促成量能不同,因此將他們依其產生溫室效應的潛力(potential)訂出與 CO_2 之間的比值,稱為「全球暖化潛勢」(Global Warming Potential, GWP),GWP 值越大的溫室氣體,越有潛力促成溫室效應,所以對 GWP 值大的溫室氣體排放,必須更嚴格加以管制,又 GWP 值每隔幾年會被重新量測修正,運用時應採最新版本之數據,才能得到最準確的結果。

表 3-3　聯合國管制之七種溫室氣體及其 GWP 值(AR6：2021)

溫室氣體	GWP	主要排放來源
二氧化碳(CO_2)	1	木質物燃燒、化石燃料燃燒
甲烷(CH_4)	27.9	天然氣、動物排泄物、有機物發酵、化石燃料燃燒
氧化亞氮(N_2O)	273	化石燃料燃燒、氮化肥料
全氟碳化物(PFC_S)	5,700～11,900	鋁製品、滅火器、半導體生產及使用
氫氟碳化物(HFC_S)	12～12,000	滅火器、半導體、噴霧劑生產及使用
六氟化硫(SF_6)	25,200	半導體、鎂製品、電力設施生產及使用
三氟化氮(NF_3)	17,400	液晶面板、太陽能板生產製造

　　當要計算某種溫室氣體對溫室效應的引發強度時，一般都將其轉換成相當之 CO_2 排放量，也就是所謂的二氧化碳當量(carbon dioxide equivalent；CO_2e)來評定。因此，某種溫室氣體的二氧化碳當量 CO_2e，就是該溫室氣體的實際排放量乘以 GWP 比值，亦即

$$CO_2e = 溫室氣體實際排放量 \times GWP$$

　　表 3-3 中顯示，甲烷的 GWP 為 27.9，也就是相同排放量的甲烷，對於溫室效應的引發強度是二氧化碳的 27.9 倍。美國新任總統拜登於 2021 年元月就任時，立即簽署法令，禁止頁岩油廠商在聯邦土地上進行新的探勘開採，這是因為現在許多礦區都是採水力壓裂法，在逼出油質和油氣的同時，也可能逼出存封於地底下的溫室氣體甲烷，如此任由其逸散至大氣中，有如排放大量的溫室氣體，對溫室效應的加速、加劇都有極大的負面效果。

　　又表 3-3 中的全氟碳化物 PFC_S 和氫氟碳化物 HFC_S，因具有許多種不同的組成方式，因而對溫室效應的促成潛力也有差異，故它們的 GWP 值並非定值，而是分布在某個範圍之內，數值大小相差甚鉅，於計算選用時必須先對種類加以釐清，才不至於有過大的誤差。

例題 3-1

某公司估計其 CO_2、CH_4 及 SF_6 每日之排放量分別為 12 公噸，0.2 公噸和 0.0001 公噸，試估算其二氧化碳當量 CO_2e 為多少？

解

$Q = 12 \times 1 + 0.2 \times 27.9 + 0.0001 \times 25200 = 12 + 5.58 + 2.52 = 20.1$ (公噸 CO_2e)

在一般情況下，人們很難去量測溫室氣體的排放量，但對於其能源的使用量，卻很容易得知，比如說一天用了幾度電量、用了幾公升汽油等。因為如此，國際上基於評估計算的方便，對於某一種燃料使用後所排放出的溫室氣體，都訂有標準的排放係數，如表 3-4 所示。當計算時，只要將實際的能源消耗量(或稱為活動數據)乘以排放係數，就可以得到各種溫室氣體的排放量。亦即

溫室氣體排放量 = 活動數據 × 排放係數

此處所謂的排放係數，可以定義為每單位重量或單位體積，於燃料完成燃燒後所排放出的溫室氣體的重量，現今常用的各種燃料之排放係數如表 3-4 所示。由表 3-4 中顯示，一種燃料經過燃燒使用後，往往不只排放出一種溫室氣體，而每種溫室氣體都會有個別的排放係數，比如說汽油燃燒後會排放出三種溫室氣體，其中 CO_2 的排放係數為 2.26、CH_4 的排放係數為 9.81×10^{-5}、N_2O 的排放係數為 1.96×10^{-5}，這表示燃燒 1 公升的汽油會產生 2.26 公斤的 CO_2 氣體，以及 9.81×10^{-5} 公斤的 CH_4 氣體和 1.96×10^{-5} 公斤的 N_2O 氣體。

表 3-4　常用燃料之排放係數

燃料名稱	CO_2	CH_4 ($\times 10^{-5}$)	N_2O ($\times 10^{-5}$)	單位
原料煤	2.69	2.85	4.27	(kg/kg)
焦碳	3.14	2.93	4.41	(kg/kg)
原油	2.76	11.3	2.26	(kg/l)
柴油	2.73	11.1	2.21	(kg/l)
汽油	2.26	9.81	1.96	(kg/l)
航空燃油	2.39	10.1	1.43	(kg/l)
液化石油氣	1.75	2.78	0.28	(kg/l)

表 3-4　常用燃料之排放係數(續)

燃料名稱	CO_2	CH_4 ($\times 10^{-5}$)	N_2O ($\times 10^{-5}$)	單位
天然氣	2.09	3.73	0.37	(kg/m^3)
生質柴油	1.68	7.13	1.43	(kg/l)
一般廢棄物	0.65	21.2	2.83	(kg/kg)
乙烷	2.86	4.61	0.51	(kg/l)
電力	0.61	0	0	(kg/度)

電力的來源有很多種，包含燃煤、重油、柴油、天然氣、核能等，一般都是以某個國家電力取得的能源使用配比去作平均，算是一種公平的估算值。近幾年來，電力取自再生能源的比例提高，因此其排放係數將會再向下作適度修正。

　　個別溫室氣體的二氧化碳當量 CO_2e，在前面已經提及，為溫室氣體排放量再乘以它們的 GWP 值即得，而溫室氣體排放量又等於活動數據乘以排放係數，故而可以將其整合為

$$CO_2e = 活動數據 \times 排放係數 \times GWP$$

　　如果要計算某種燃料燃燒使用後的總溫室氣體之二氧化碳當量，那就必須先求出個別溫室氣體的二氧化碳當量然後再加總起來即可。一般來說，排放係數會隨燃料產地、燃料品質以及是固定源排放還是移動源排放而有些許差異，因此表 3-4 中所示者，為概略值，如要精確估算，可進 IPCC 或相關網站(http://www.ipcc.ch)查詢國際單位公布的最新標準值。

觀念對與錯

(○)　1. 西元 1992 年所制定的「聯合國氣候變化綱要公約 UNFCCC」，主要是在喚起各國對全球氣候暖化的注意，並加以共同因應。

(✗)　2. 依 UNFCCC 在日本京都舉行第三屆大會，通過的「京都議定書」中，對全世界各國的溫室氣體排放訂定了統一標準。

(○)　3. 依據「京都議定書」規定，必須加以管制的溫室氣體共有六種。

(○) 4. 不同的溫室氣體對溫室效應的激發潛力不同,與 CO_2 之間的比值被稱為「全球暖化潛勢 GWP」。

(○) 5. 甲烷的 GWP 值為 27.9,意謂著 1 kg 的甲烷,與 27.9 kg 的二氧化碳 CO_2,具有相同的溫室效應激發效果。

例題 3-2

試估算燃燒 1 公噸一般廢棄物所排放溫室氣體 CO_2e 的量?

解

由表 3-3 及表 3-4 中,可以查得一般廢棄物燃燒所排放物質的排放係數,以及其 GWP 值。故 CO_2e 可以估算為

$Q = 1 \times (0.65 \times 1 + 21.2 \times 10^{-5} \times 27.9 + 2.83 \times 10^{-5} \times 273)$

$= 1 \times (0.65 + 0.0059 + 0.0077) = 0.6636$ (公噸 CO_2e)

例題 3-3

若將使用柴油的鍋爐改為燃燒液化石油氣的鍋爐,試計算溫室氣體排放的減少比率?

解

由表 3-3 及表 3-4 可估算使用每公噸燃料的二氧化碳當量為

使用柴油

$Q_柴 = 1 \times (2.73 \times 1 + 11.1 \times 10^{-5} \times 27.9 + 2.21 \times 10^{-5} \times 273)$

$= (2.73 + 0.00310 + 0.00603) = 2.74$ (公噸 CO_2e)

使用液化石油氣

$Q_氣 = 1 \times (1.75 \times 1 + 2.78 \times 10^{-5} \times 27.9 + 0.28 \times 10^{-5} \times 273)$

$= (1.75 + 0.0008 + 0.0008) = 1.75$ (公噸 CO_2e)

二者比值為 $n = \dfrac{1.75}{2.74} = 0.639 = 63.9\%$

故排放減少比率 $n_r = 100\% - 63.9\% = 36.1\%$

例題 3-4

行駛中的汽車排放出的溫室氣體包含 CO_2、CH_4 和 N_2O，試求消耗 3 公升汽油所排放的 CO_2e 為多少？

解

由表 3-3 及表 3-4 可估算二氧化碳當量為

$$Q = 3 \times (2.26 \times 1 + 9.81 \times 10^{-5} \times 27.9 + 1.96 \times 10^{-5} \times 273)$$

$$= 3 \times (2.26 + 0.00274 + 0.00535) = 6.80 \ (kgCO_2e) = 0.0068(公噸 \ CO_2e)$$

例題 3-5

飛機由 A 地飛往 B 地須耗費 5 公噸航空燃油，若改用生質柴油，可減少排放多少 CO_2e 的量？(設生質柴油熱值為 90%)

解

由表 3-3 及表 3-4 可估算二氧化碳當量為

使用航空燃油 5000 公噸所排放之二氧化碳當量為

$$Q_{航} = 5 \times (2.39 \times 1 + 10.1 \times 10^{-5} \times 27.9 + 1.43 \times 10^{-5} \times 273)$$

$$= 5 \times (2.39 + 0.00282 + 0.00390) = 11.98(公噸 \ CO_2e)$$

使用生質柴油量為 $5 \div 0.9 = 5.556$ 公噸，所排放之二氧化碳當量為

$$Q_{生} = 5.556 \times (1.68 \times 1 + 7.13 \times 10^{-5} \times 27.9 + 1.43 \times 10^{-5} \times 273)$$

$$= 5.556 \times (1.68 + 0.00199 + 0.00390) = 9.37(公噸 \ CO_2e)$$

減少排放量 $\Delta Q = Q_{航} - Q_{生} = 11.98 - 9.37 = 2.61(公噸 \ CO_2e)$

註：運用生質柴油所生成之 CO_2 雖為生物溫室氣體，然因係人為造成的排放，故須加以計算。

　　由例題可知，燃燒所排放的溫室氣體以 CO_2 為主，CH_4 和 N_2O 僅為少量，因而為方便計算，常將此二者加以忽略，但假若所使用的燃料量非常巨大，比如說火力

發電廠，則 CH_4 和 N_2O 的排放比例雖僅爲少量，但活動數據與 GWP 的乘積卻會大到不可忽略。

三、綠色能源的開發與應用

傳統使用的能源如煤礦、石油、天然氣和木質燃料等，都必須經由燃燒才可以取得其化學能或稱爲熱能，這些化學能可以直接拿來使用，或將其轉換成機械能、電能等再加以利用。如前所述，燃燒反應過程中所排放出的 CO_2、CH_4 以及 N_2O 等，都是會導致地球暖化的溫室氣體，其他如 SO_x 和 HC 等排放物，對環境、生態和人類的居住環境也有極大的破壞力，因此，這些燃料使用後都會有或多或少的污染，因而不能算是乾淨的或稱爲綠色的能源。

所謂綠色能源，一般都將其定義在三個基礎上，第一爲使用時不會釋放出對地球永續生存有傷害的物質，如溫室氣體、廢氣、廢熱等。第二爲可以自然再生，取之不盡，用之不竭。第三爲使用後不會有廢棄物產生，不會增加地球的負擔。依據上述定義，綠色能源的生成可以說是極爲困難的事，因此，常將認定標準加以適度放寬，只要是在其量不大，而且地球本身也可以自然調節消化的範圍內，都可以將其視爲廣義的綠色能源。在諸多被認爲是綠色的種種能源中，除了乾淨以外，又具有生生不息的特質，則被稱爲「可再生能源」。

可再生能源依其字面上的意義，就是取用後可以重新再生的能源，有取之不盡用之不竭的涵義在，然而嚴格來說，包括太陽在內的所有能量都有用盡的一天，但因爲其時間長達數億年，相較於人類的生命或人類的歷史，可以說就是永恆。可再生能源依其原始能量來源，大致可以分爲如下四種類型，分述如下。

1. 原始能量來自於太陽

太陽熱能與太陽光能：太陽強大的能量照射到地球表面上時，所有的生物均會受到光與熱的恩澤，這是太陽能量在自然界中的應用。如果要將照射到地球表面上的能量加以儲存，或將其轉換爲別種應用方式，就必須要開發設計出一些元件或機構來輔助，因此有了太陽熱能應用系統和太陽能光伏發電系統的開發，短短數十年內，應用技術突飛猛進，成爲最有潛力的能量來源。

風力能：當太陽能量照射到地球表面各處之不同物質上時，會因爲各種不同物質的吸熱與放熱效率差異而產生溫度差，當兩個區域之間有明顯的溫度差異

時，兩個區域間的空氣密度也會不同，因而造成空氣流動產生了風。風是一種流動的物質，因為有速度所以內含有動能，動能可以驅動發電機來發電，因而有風力發電系統的出現。

海洋波浪能：風的動能可以驅動任何物體，如果陣風吹到了海面就會產生波浪，也開啟了波浪發電的研究熱潮，雖然目前還未廣泛被使用，但對於濱臨海洋的國家，總能呈現無比的希望。以上這些能量都是源自於太陽，開發時幾乎沒有任何負面物質釋出，使用後的設備處理雖然會有廢棄物產生，但因為這些設施可以使用的時間很長，加以大部分的廢棄物都可以回收再利用，因此也算符合綠色能源的要求標準。

2. **原始能量來自於地球**

地球本身是一個質量超大的旋轉體，外殼是堅硬的岩石和土壤，內部為高溫的熔岩物質，基於這些成分與條件，可以提供的能量有三種。第一種是源於地球的自轉，第二種是源於萬有引力，第三種則是源自於地心高溫熔岩的地熱。這三種能量如果能夠善加開發利用，也能取之不盡，用之不竭。

海流能：地球自轉會使地殼與海水之間產生相對速度，繼而在海洋中產生洋流，其示意圖如圖 3-6 所示。就如同地面上的河流一般，洋流有其固定的流向與流速，近年來，人類已經開始應用洋流來發電，但基於成本和材料因素的限制，洋流發電到目前為止尚未被大量採用。

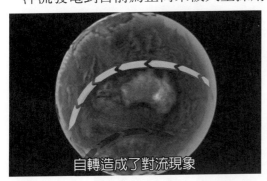自轉造成了對流現象

洋流繞行路徑

圖 3-6　洋流產生示意圖

水力能、海洋潮汐能與地熱能：相對於此，因萬有引力而產生的位能如水力能和潮汐能，已經較大量且成熟的被應用於發電系統中。當然，水力能中的水被從低處帶往高處的能量源自於太陽熱能對水的蒸發，但水被帶往高處後凝結成

水滴而下雨，有些落在平地上，有些落在高山上，前者已不具有可利用的位能，而後者因為高山與平地之間的高度落差而產生了可利用的位能，因而都把該位能歸源於地心引力。至於地熱，則是地殼下高溫岩漿所逸散出的高溫熱量，在地熱充足的地區，也將會是非常理想的能量來源。

3. 原始能量來自於生質物

生質能：地球上的生質物從大氣中吸收二氧化碳，從土壤中吸收水分和養分，經光合作用後生成纖維素、醣類、澱粉、油脂等儲存在其細胞中，可以進一步將其轉化為能源。目前已經商業化的項目有將醣類、澱粉甚至纖維素轉化為生質酒精，將油脂轉化為生質柴油，以及將生質物發酵轉化為生質燃氣等。這些燃料應用的模式都是燃燒，使用後會釋出溫室氣體 CO_2，但因為生質物中主要成分「碳」來自於大氣中的 CO_2，一進一出其量相等，僅是形成碳循環而已，如圖 3-7 所示，故而可以視為零排放。不過，為了能減少透過燃燒來取得能量，來自生質物的碳被重新定義為"生質炭(Biochar)"，若是因自然災害或自然進化引起的溫室氣體排放可以不計，而若是人為因素所引起，新的觀念趨向於須加以計算並揭露。由例題 3-5 中顯示，利用生質燃油來取代化石燃油，雖然其排碳仍被加以計算，但依然可減少超過 20%的溫室氣體排放。

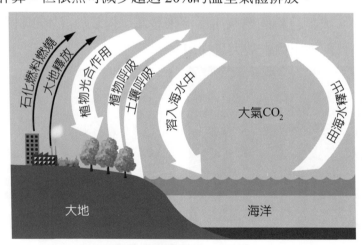

圖 3-7　植物吸收大氣中的二氧化碳進行光合作用

4. 其他類型

燃料電池與廢棄物再利用：除了上述三種類型的可再生能源以外，燃料電池和廢棄物再利用則是另一種類型。燃料電池是一種電化學反應，以適當的元素在

設計好的系統中產生電流，過程中沒有負面效應，也不會釋放出有害物質，因此亦是不折不扣的乾淨能源。至於廢棄物再利用，是把即將廢棄的固態或液態物質加以再利用，譬如把垃圾掩埋產生的沼氣收集利用，或把焚化產生的熱量做為汽電共生之用，雖然無法達到零污染、零排放的目標，但將原有的廢棄物轉化為能源再利用，並且減輕了對環境及生態的傷害程度，或許也可算是可再生能源的一員。

將上述的可再生能源整理列於表 3-5 中，可以清楚現階段人類致力開發的能源來自何方，發展潛力與開發的限制條件為何，以做為研究、開發的參考。

表 3-5　可再生能源的類型與應用

能量來源	能源型態	開發應用項目	能量轉換
1. 原始能量來自於太陽	太陽熱能	a. 太陽熱能應用	輻射能 → 熱能、電能
	太陽光能	b. 太陽能光伏發電	輻射能 → 電能
	風力能	c. 風力發電	動能 → 電能
	海洋波浪能	d. 波浪發電	動能 → 電能
2. 原始能量來自於地球	海洋潮汐能	e. 潮汐發電	位能 → 電能
	海流能	f. 洋流發電	動能 → 電能
	水力能	g. 水力發電	位能 → 電能
	地熱能	h. 地熱發電	熱能 → 電能
3. 原始能量來自於生質物	生質能	i. 生質酒精	生物能 → 熱能
		j. 生質柴油	生物能 → 熱能
		k. 生質燃氣	生物能 → 熱能
		l. 生質物直接燃燒	生物能 → 熱能
4. 其他	燃料電池	m. 燃料電池	化學能 → 電能
	廢棄物再利用	n. 沼氣發電	生物能 → 電能
		o. 化石廢棄物裂解	化學能 → 熱能
		p. 垃圾焚化汽電共生	生物能 → 熱能、電能

四、能源轉換與效率

在研究能源問題時，熱力學第一定理和第二定理必須加以遵循。熱力學第一定理講的是能量守恒，亦即在一個封閉的系統中，假若沒有能量的流入或流出，則不論能量如何轉換，系統中的總能量必定維持不變。對於開放的系統來說，能量守恒定理也依然成立，如圖 3-8 所示。圖 3-8 中，總能量 Q_1 自高溫熱源流出，透過一個機構將部分能量轉換為功，其他部分能量 Q_2 則流入低溫熱源中。在這個過程中，有效的作功能量為 $W = Q_1 - Q_2$，所以總能量 $Q_1 = Q_2 + W$，亦即能量維持守恆，或能量不會無中生有，也不會憑空消失。

至於熱力學第二定理，講的則是能量轉換效率必定小於 100%，也就是永動機不可能存在的意思，如圖 3-9 所示。圖 3-9 中的低溫熱源為零，也就是來自高溫熱源的能量 Q_1 全部做了功，這是不合理的，因為在作功的過程中有很多效應會把能量釋放到外界低溫環境中，比如摩擦所產生的熱能，其大小與克服摩擦所消耗的能量相同，因此可以將其視為是來自高溫熱源的能量，這些摩擦熱會流入到冷卻液或大氣等低溫熱源中，是無法作功的部分。因此，在各種能源轉換系統中，部分能量是有效的，或說是可以做功的，部分能量則是無效的。對於任何一個作功機構，它所作的功可以用另外一種能源型式來加以顯現，因為過程中有部分能量損失，它的效率小於 100%，所以每經過一次轉換，有效能源的比率就會再次降低，這意味著永動機是不可能存在的，也就是滿足熱力學第二定理。

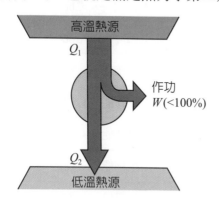

圖 3-8　熱力學第一定理($W = Q_1 - Q_2$)

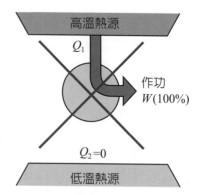

圖 3-9　熱力學第二定理($W = Q_1$，效率 100% 情況不可能存在)

工業上常用的能源轉換機構或說作功機構很多，包含引擎、馬達、發電機、鍋爐等等，雖然能量轉換的方式不盡相同，但卻都必須滿足熱力學第一定理和熱力學

第二定理,也就是能量守恆以及效率小於 100%的規範。至於各個作功機構的效率高低,與能源轉換之型式有關,也與作功機構的設計方式以及製造品質好壞有關,因而沒有固定的數值,但是可以依據過去所得到的經驗,大致估計在一個範圍之內。

各種常見設備之能源轉換過程和效率如表 3-6 所示,表中的任何一個作功機構之效率,其定義皆相同,為輸出能量 E_{out} 與輸入能量 E_{in} 的百分比值,亦即

$$\eta(\%) = \frac{E_{out}}{E_{in}} \times 100\%$$

當能源轉換必須經過數個階段,或必須以多個作功機構串聯才能完成之時,則其總效率為該等轉換效率的相乘積,亦即

$$\eta_T = \eta_1 \times \eta_2 \times \eta_3 \times \cdots$$

表 3-6　常見設備之能源轉換方式及效率

項　目	能　源　轉　換	效　率 (%)
發電機	機械能 → 電能	70～90
馬達	電能 → 機械能	70～90
燃氣鍋爐	化學能 → 熱能	70～90
燃油鍋爐	化學能 → 熱能	50～75
木質燃料鍋爐	化學能 → 熱能	30～40
汽柴油引擎	化學能 → 機械能	25～30
白熾燈泡	電能 → 光能	5～6
日光燈管	電能 → 光能	15～20
LED 燈泡	電能 → 光能	30～40
太陽能電池	光能 → 電能	10～25
燃料電池	化學能 → 電能	40～60
汽渦輪機	熱能 → 機械能	50～70
水渦輪機	位能 → 機械能	50～70

　　圖 3-10 爲德國波昂大學對汽車使用汽油驅動的研究數據，最終得到引擎至車輛之間的能源轉換效率，約只有 17.9%左右，其餘都在摩擦與廢熱排放中損耗掉了。此外在原油提煉成爲燃油過程中，一般都會有 15%損耗，亦即提煉效率爲 85%，因而燃油車生命週期的能源轉換效率應該只有

$$\eta = 0.85 \times 0.179 = 15.2\%$$

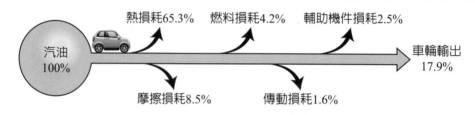

圖 3-10　汽車燃油使用效率示意圖

　　在電動汽車逐漸普及之際，它的電能供應系統也臻於完備，其中尤以磷酸鐵鋰電池和三元鋰電池最被看好。鋰離子電池的能源使用效率，相較於燃油內燃機來說要高出許多，加以它在使用時不會排放汙染物，不若燃油汽車一般，走到哪裡排到哪裡，令人頭痛。或許有人會質疑，電力的產生一樣會有溫室氣體和汙染物的排放，但差異在於，內燃機燃燒時的排碳和排汙無可避免也無從防治，而電能可以是來自無汙染的太陽能或水力能等，若是來自於燃煤或燃油電廠，因爲是固定汙染源，可以透過各種設施來進行碳捕捉和污染防治，也就能夠把各種負面效應減到最低。

　　除了減少碳排放和阻絕汙染源之外，以電能驅動的電動車，在能源使用的效率上，要比燃油車提高許多。依據美國能源局(Department of Energy)能源效率暨永續能源部門於近期所發布的一份研究報告顯示，在實際測試之下，電動車的能源轉換效率可以達到 77～82%之間，而純內燃機汽車的能源轉換效率則僅有 12～30%。我們來看看，電動車到底是如何達到高達 80%的能源轉換效率。首先是在充電時，注入電池內的電力會在傳輸過程當中耗損 16%左右，而空調系統、燈組等電子零件的能量損失大約爲 4%，車上其他附加系統所造成的能量轉換耗損則大約 3%，車輛運轉的過程裡電動馬達驅動系統的能量損失則約爲 15%，總耗損約在 38%左右，也就是實際電能轉換效率約在 62%左右，示意圖如圖 3-11 所示。

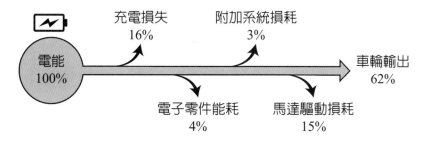

圖 3-11　汽車電能轉換效率示意圖

　　然而最關鍵的是，幾乎所有電動車都會配備動能回收系統，能夠回收高達 16～18%的補償電力，使得總電能耗損降至 20～22%之間，也就是讓電動馬達驅動車可以維持大約 78～80%的能量轉換效率。又如在假設電廠發電機的平均效率為 70%前提下，電動汽車生命週期的有效總能源轉換效率大約為

$$\eta = 0.7 \times 0.62 + 18 = 61.4\,\%$$

　　此數值要比燃油車的 15.2%高出 3 倍以上，無疑的，發展、推廣電動車，不管在環境的永續或能源的有效利用上，都是理想的選擇。

觀念對與錯

(○) 1. 所謂綠色能源，通常是被定義在使用時不會釋出有害物質、可以自然再生、使用後沒有留下廢棄物等三個基礎上。

(✗) 2. 可再生能源的原始能量來自於太陽的有光能、風能、波浪能以及潮汐能等。

(○) 3. 可再生能源的原始能量來自於地球的有水力能、地熱能、洋流等。

(○) 4. 研究能源時必須遵守熱力學第一定理以及熱力學第二定理。

(○) 5. 不同能源型態在轉換過程中會有損失，所以能源使用效率必定小於 100%，這就是熱力學第二定理的內涵。

例題 3-6

地熱發電是以地熱蒸氣來帶動汽渦輪機，再由汽渦輪機帶動發電機，試估算其轉換效率？

解

以最大值估算

則 $\eta_1 = 70\%$，$\eta_2 = 90\%$ 得

$\eta_T = \eta_1 \times \eta_2 = 0.7 \times 0.9 = 63\%$

例題 3-7

試估計燃油火力發電廠的發電效率？

解

發電程序為燃油鍋爐將化學能轉為熱能，汽渦輪機將熱能轉為機械能，然後再經發電機把機械能轉換為電能，故最大發電效率為 $\eta_T = 0.75 \times 0.7 \times 0.9 = 47.25\%$

例題 3-8

接續例題 3-7，若電由電廠傳輸到家庭中的傳輸效率為 85%，試求家庭中使用白熾燈泡、日光燈和 LED 燈泡之能源轉換最大效率？

解

最大發電效率 $\eta = 47.25\%$

則三種燈泡的效率分別為

$\eta_{白熾} = 0.4725 \times 0.85 \times 0.06 = 2.41\%$

$\eta_{日光} = 0.4725 \times 0.85 \times 0.2 = 8.03\%$

$\eta_{LED} = 0.4725 \times 0.85 \times 0.4 = 16.07\%$

例題 3-9

某家庭日平均開燈 5 小時，使用白熾燈泡每月須 90 元電費，(a)若全部改用 LED 燈泡，則每個月電費為多少？(b)若白熾燈泡總成本為 300 元，壽命 1000 小時，LED 燈泡總成本為 2800 元，壽命 4000 小時，試問使用何者較省錢？

解

(a) 改用 LED 燈泡後每月所需之電費為

$$90 \times \frac{0.06}{0.40} = 13.5 \, (元/月)$$

(b) 白熾燈泡日成本 $300 \div 1000 \times 5 = 1.5$ (元/日)

　　每日電費 $90 \div 30 = 3$ (元/日)

　　合計成本 $1.5 + 3 = 4.5$ (元/日)

　　LED 燈泡日成本 $2800 \div 4000 \times 5 = 3.5$ (元/日)

　　每日電費 $13.5 \div 30 = 0.45$ (元/日)

　　合計成本 $3.5 + 0.45 = 3.95$ (元/日)

　　故使用 LED 燈泡較省錢

例題 3-10

試比較燃油引擎汽車和電動馬達汽車的能源使用效率？(假設以燃油鍋爐發電，且不計電力傳輸損失)

解

燃油引擎汽車的效率介於 25%～30%之間，電動馬達汽車的效率，

最低為 η_L，最高為 η_H，則

$\eta_L = 50\% \times 70\% \times 70\% = 24.5\%$ (燃油鍋爐 → 發電機 → 馬達)

$\eta_H = 75\% \times 90\% \times 90\% = 60.75\%$

由此可知，電動馬達汽車的能源使用效率，可能接近或高於燃油引擎汽車。

例題 3-11

某工廠之用電每度價格為 4 元，今要全部改用綠電，每度之價格為 7 元，如果電力公司向太陽能業者購買之綠電每度為 8.5 元，請問電力公司每度電損失金額為多少?(假設電力傳輸效率為 85%且不考慮直流電轉交流電所增加之成本)

解

可以直接用購買價與售出價的差額計算，亦即

$a = 8.5 - 7 = 1.5$　(元)

但這只是表面數字，因為電從太陽能業者處輸送到電廠再由電廠輸送到工廠，傳輸會有損失，實際計算時必須加以考量

電力公司取得之實際成本為　$p = 8.5 / 0.85 = 10$　(元)

故每度電實際損失金額為　$a = 10 - 7 = 3$　(元)

例題 3-12

上題中，若該工廠在廠房屋頂裝設太陽能板，產出所需綠電的 40%，先以每度為 8.5 元售予電力公司，經電力公司於當地整併後再以每度 7 元賣給該工廠使用，請問電力公司每度電損失金額為多少?(假設電力傳輸效率為 85%且不考慮直流電轉交流電所增加之成本)

解

有 60%的電從太陽能業者處輸送到工廠，加計傳輸的損失後每度電的成本為 10 元，另外自發之 40%每度電的成本為 8.5 元，因為不必外送，故沒有傳輸損失，因此，每度電實際成本為

　$p = 10 \times 0.6 + 8.5 \times 0.4 = 9.4$　(元)

故每度電實際損失金額為　$a = 9.4 - 7 = 2.4$　(元)

Chapter

04

太陽輻射能的熱應用

太陽是地球最主要的能量來源，因為有太陽光的照射，才有動物和植物的生存環境。太陽對於地球上生物所提供的生命元素包含兩種，一種是光能，另一種是熱能。太陽光能提供給動物照明，也提供給植物行光合作用，讓植物能夠生長，如圖 4-1 所示。近年來，太陽光能還被開發應用來發電，產生了乾淨而寶貴的電能。至於太陽的熱能除了提供生物維持生命所必需的溫度以外，也提供了諸多在工業和農業方面的應用，包括熱水、電能以及如圖 4-2 所示寒冷地區的暖房在內。

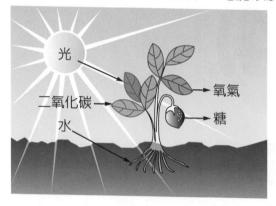

圖 4-1　太陽光與植物光合作用圖

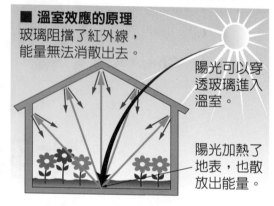

圖 4-2　太陽能農業暖房

以能量的運用而言，太陽能具有某些優點，但也有其弱點，我們在運用時，除了要據以做為評估標準以外，也要設法放大優點並克服弱點，如此才能夠在開發利用時，得到最大的效益。優點方面有如下幾項：

1. 太陽能是永久性的穩定能源，不會因為任何地球上的任何變動而失去能量，或改變它的照射強度與方式。

2. 太陽能照射在地球上各不同地域的時間與強度有所不同，可以依四季變化而加以預測取用，不會讓人捉摸不定。

3. 太陽能的供應不分貧富貴賤，一律免費。

4. 太陽能所到之處皆有，因而不需要運輸，也不需要儲存。

5. 太陽能不管有沒有被拿來運用，它都是存在那邊的，所以將它拿來運用時，並不會增加環境的負擔，也就是沒有汙染物和廢熱釋出。

有了上述諸多優點，可知太陽能具有永續性、穩定性、可預測性、公平性、普及性以及無害性等特點，值得好好加以開發。雖然如此，它還是具有一些難以克服的弱點，此乃太陽能始終無法取代化石能源成為基載能源的主要原因。

1. 太陽能的能量密度低，需要廣大土地面積才能收集到足夠的需求量，對於地小人稠或土地成本昂貴的地域，幾乎難以設置開發使用，然這些地區，往往又都是能源需求最為殷切之處，實屬無奈。

2. 太陽能雖然具有永續的特性，但卻因為地球自轉產生日間與夜晚的因素，而只能間歇供應，無法持續，加以日照強度、長短與日射角度隨四季而變動，難得穩定。因此若要提供持續而穩定的太陽能源，就必須要有理想的儲存系統。

3. 太陽光線照射到地表時，會受到大氣層中水氣、懸浮物質等各種成分的干擾，然這些干擾物質會隨氣候變化與人類活動狀態而變化，難以改變或掌握。

4. 目前對於太陽能源的擷取，不管是以熱能方式或以電能方式，其效率都不太高，且設施費用相較於化石燃料，仍然偏高。

有了上述幾項優點與弱點，太陽能到底是理想的能量來源還是難謂理想，端看個人所處的地域與想法而定。其實最關鍵的點在於擷取的效率，如果能夠將它提高至目前的兩倍，相信其他弱點都是可以接受的。

一、太陽輻射能的來源

太陽是離地球最近的一顆恒星，與地球間平均距離約為 1.5 億公里，直徑則約為 139 萬公里，是地球的 109 倍，體積則約為地球的 130 萬倍。太陽內部具有無比的能量，無時無刻對外發射，表面溫度可以達到 5500°C 左右。這樣一個高溫而巨大的火球，它對地球的輻射能量估計約為 1367 W/m²，稱為"太陽常數 E"。依據太陽常數的單位，可以將其進一步定義為：「每秒鐘太陽照射在地表每平方米面積上的熱量」，其大小為 1367 焦耳。因此，要計算單位時間照射在面積為 A 的太陽輻射總照度 ϕ，或稱為輻射通量為

$\phi = EA$ ， 單位為 $(W/m^2)(m^2) = W$

經過時間 t 以後，其總輻射能量 H 為

$H = \phi t = EAt$， 單位為 $(W)(s) = (J/s)(s) = J$

從上述關係中可知，所謂的輻射通量就是指單位時間內的輻射能的通過量，亦即

$$\phi = \Delta H / \Delta t = \dot{H}$$

例題 4-1

假設沒有任何輻射能在過程中損失，求面積 900 m² 的球場，中午 12 時到 12 時 30 分之間所得到的最大可能輻射能量為多少？

解

太陽常數 $E = 1367$ (W/m²) (輻射照度)

投射到球場的最大總輻射照度(輻射通量)為

$$\phi = EA = 1367 \times 900 = 1.230 \times 10^6 \text{ (W)}$$

最大總輻射能量為

$$H = \phi t = 1.230 \times 10^6 \times 30 \times 60 = 2.2 \times 10^9 \text{ (J)} = 2.2 \times 10^3 \text{ (MJ)}$$

太陽的輻射能量實際上並沒有辦法完全投射於地表上，因為大氣層中的各種存在粒子如灰塵、水蒸氣等，會中途攔截部分輻射能，因此，陰天或空氣品質極差的天氣，穿透到達地表的能量就會很有限。對於太陽能的利用品質來說，高海拔地區因空氣的透明度較高，品質越好，乾旱地帶空氣中的水蒸氣含量較少，故要比潮濕地帶好。如中國大陸的西藏地區因海拔高且氣候乾燥，其太陽能輻射量比空氣污濁的華中、華南地區要優良得多，潮濕多霧的四川當然就是最差的地區了。台灣雖然南北差距只有約四百公里，但是南北還是有差異，在空氣品質差不多的情況下，南部濕度較低，因而會有較好的太陽輻射能量。

另外，因太陽在地球的不同方位上，光線穿透大氣層的厚度不同，與太陽光線垂直的地區受到直射，其他地區受到斜射，緯度越大的地區斜射角度越大，日照面積也就越大，投射到的太陽輻射能量就會越小，如圖 4-3 所示，太陽光斜射的平面 DB 相對於直射的平面 DB′ 要大一些，以相同大小的太陽輻射能量投射，兩者接收到的投射能量會有差異。因此，早晨和中午會有差別，中午太陽在正上方，是為直射，早晨和傍晚斜射角很大，因此投射到的太陽輻射能量就會很小。

　　緯度差異對輻射能量的影響除了直射和斜射有所不同以外，太陽光穿透大氣層的厚度也不一樣，緯度越高，該處與太陽之間的直線距離就越遠，受到灰塵、水蒸氣等粒子攔截的輻射能量就會越多，此乃赤道和北極地區氣溫有如此巨大差異之原因，不同地區的日照差異如圖 4-4 所示。圖中兩點間的距離 $AB > CD > EF$，所以太陽能輻射能的量 B 點會小於 D 點，於 F 點最大。

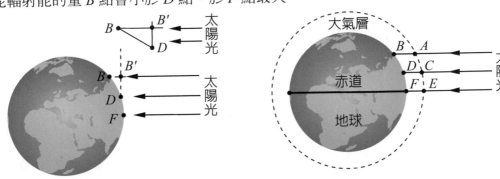

圖 4-3　直射與斜射日照面積不同　　　　圖 4-4　高低緯度陽光穿透厚度不同

　　太陽能輻射到地表上某處的強度，常被誤認為與該地區的氣溫有關，其實不然，氣溫高熱的地區，不見得其太陽輻射能量就大，因為氣溫受到很多因素的影響，比如濕度高低、有無風吹、附近地區排放廢熱的工廠多寡、空氣品質好壞、有無池塘、滯洪池或廣植綠色植株等，因而，氣溫高低不能與太陽輻射能量大小混為一談，才不至產生誤解與誤判。

觀念對與錯

（○）1. 太陽提供給地球生物的能量包含光能和熱能兩種，其中光能可以讓生質物進行光合作用，而熱能則是維持地表及大氣層溫度。

（○）2. 太陽能對地球的輻射能量強度稱為「太陽常數 E」，其大小約為每 m^2，1367 瓦特(W)左右。

（○）3. 太陽輻射能量投射到地面時，會被大氣層中的灰塵和水氣所吸收，因此，離地面越高且越乾燥的地方，太陽能的實際投射量越大。

（○）4. 緯度越高的地區斜射角越大，日照面積也越大，因此單位面所接受到的太陽輻射量就會越小。

（✗）5. 太陽輻射到地表上某處的強度，和該地區的溫度正相關，所以越熱的地方越適合發展太陽能產業。

二、太陽輻射能的吸收

當太陽光照射到一個物體如太陽能吸熱板時，基本上僅有一部分輻射熱會被吸收，有一部分則會被反射，或穿透物體而過。若吸收分率為 α，反射分率為 ρ，穿透率為 τ，則

$$\alpha + \rho + \tau = 1$$

玻璃或塑膠等材料在某個波長範圍內具有光穿透性，其穿透分率 $\tau \neq 0$，但對於光輻射能不容易穿透的某些材質如鋼鐵或石材等，穿透分率極小，可以設定為 $\tau = 0$，故而得

$$\alpha + \rho = 1$$

對於一個既不會被穿透，也不會產生反射的物體，不但 $\tau = 0$，而且 $\rho = 0$，因而得到 $\alpha = 1$，具有這種理想狀態的物體，我們稱之為黑體(black body)。影響一個物體的吸收分率 α、反射分率 ρ 以及穿透率 τ 等熱輻射性質的最主要因素，為物質的成分以及其表面狀態，不同材料具有不同的反射分率與穿透率，須加以查詢才能得到理想的太陽能集熱板製作材料。

例題 4-2

面積 4 m² 之太陽能集熱板溫度保持在 120°C，設點發射率 $\varepsilon = 0.4$，試求 (a)總輻射功率，(b)於 10 分鐘內放射出之總輻射能量？

解

(a) 依波茲曼定律，總輻射功率為

$$\dot{Q}_R = A\dot{q}_R = \varepsilon\sigma AT^4 = (0.4)(5.67\times10^{-8})(4)(120+273)^4$$
$$= 2.164\times10^3 \text{ (W)} = 2.164 \text{ (kW)}$$

(b) 總輻射能量

$$Q_R = \dot{Q}_R t = 2.164\times60\times10 = 1298.4 \text{ (kJ)} = 1.3 \text{ (MJ)}$$

一般來說，太陽能吸熱板材料很難是反射分率 $\rho = 0$ 的情況，也很難是穿透率 $\tau = 0$ 的情況，也就是說黑體只是材料的一種理想狀態，實務應用上並不存在。物體的反射表面可概分為如下三種不同型態：

1.　鏡反射表面：物體表面光潔平整如鏡子一般者稱之，當太陽輻射入射到該表面時，就如同照射在鏡子上面一樣會被反射，且其入射角會等於反射角，也就是性質符合反射定律。

2.　漫反射表面：物體表面異常均勻，當太陽輻射入射到該表面時，會被無差別的往所有方向反射。

3.　混合型反射表面：當太陽輻射入射到該表面時，會同時有鏡反射和漫反射的情況發生。

至於透射，與反射的情況相同，也是具有鏡透射表面、漫透射表面與混合型透射表面三種，差別只是在經過反射與經過透射後的太陽輻射傳遞方向不同而已，如圖 4-5 所示。

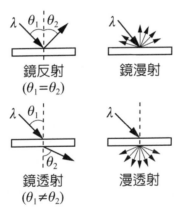

圖 4-5　反射與透射示意圖

太陽能吸熱板的材料特性以及表面狀態，關係到吸熱效果的好壞，因此必須考量下列幾個因素：

1.　具備良好的吸收比，盡可能把吸收太陽輻射能的比例提到最高。

2.　要有良好的熱傳遞性，如此才可以把吸收到的太陽輻射能傳遞進去。

3.　須與所使用的熱傳遞介質具相容性，不會造成腐蝕或材料破壞。

4. 具備良好的加工性，便於大量製造並減低成本。

5. 具有足夠的強度可以乘載其他零配件，便於整體做系統整合。

6. 材料廢棄後可以回收再利用，或至少能夠無害處理。

　　要符合以上條件的材料非常多，一般以銅、不鏽鋼、高強度塑膠或橡膠等為主，講究一些的則選擇鋁合金，具有質輕、強度大又易加工的優點，而且廢棄後也可以回收再利用，可以說是一種相當理想的材料。

三、太陽輻射能的傳遞

　　太陽輻射能照射在物質上以後，物質會吸收該輻射能的一部分，其餘會經由反射或透射發散到周遭空間中，而當物質吸收了輻射能以後，被照射的部分溫度會立即升高，然後慢慢傳遞到物質的內部或其他未照射到的位置，導致物質整體溫度升高，這種經由物質成分當介質來傳遞熱能的方式，稱為熱傳導(conduction)。當該物質周遭環境中有溫度較低的空氣或流水等流體在流動時，則該物質上的部分熱能會被空氣或水流帶走傳遞到他處，這種以流體來傳遞熱能的方式，稱為熱對流(convection)。此外，還有一部分會以輻射方式將熱能從物質上直接釋放到空間中，稱為熱輻射(radiation)。這個物質上所發生的熱傳導、熱對流以及熱輻射，正是熱能傳遞的三種基本型式，如圖 4-6 所示。

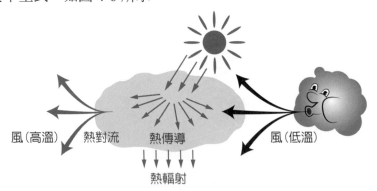

風(高溫)　　熱對流　　　熱傳導　　　　風(低溫)

熱輻射

圖 4-6　熱傳導、熱對流與熱輻射示意圖

　　熱的傳導、對流與輻射可以讓熱能由某處傳遞到他處，這三種傳遞方式本質上是不同的，也各有其理論依據，說明如下。

1. 熱傳導

熱傳導是一種質點與質點之間互相接觸來傳遞熱能的型式，兩個質點之間必須存在有溫度梯度(temperature gradient)，熱能的傳遞才會發生。所謂溫度梯度，簡單來說就是一個物體的兩端，有一端溫度較高，一端溫度較低，那麼這個物體的兩端之間，就有溫度梯度存在。所以說，所謂溫度梯度就是位置變化而存在的溫度變化，如圖 4-7 所示。當物體上所有點的溫度都相同時，那就沒有溫度梯度，但如果物體的左側和右側溫度不同，或表面和裡面溫度不同，就具有溫度梯度。一般來說，產生熱傳導的物質可以是固體或靜態流體，能量必定是由高溫區傳遞到低溫區，如圖 4-8 所示。

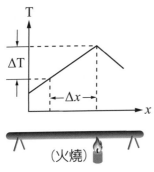

圖 4-7　溫度梯度示意圖

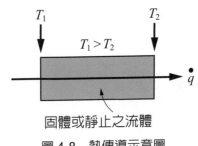

圖 4-8　熱傳導示意圖

$$M = \frac{\Delta T}{\Delta x} \text{(溫度梯度)} \quad 當 \Delta x \to 0 時 \; m = \frac{dT}{dx}$$

若某時間 t(s)內流過某截面積 A(m^2)的總熱能為 Q(J)，則流經單位面積(1 m^2)的熱能為 $q = \frac{Q}{A}$(J/m^2)，單位時間(1 s)流經此單位面積的熱能為 $\dot{q} = \frac{q}{t}$(W/m^2)，此處 $\dot{q}$ 被稱為熱通量，亦即每單位時間內單位面積的熱傳量。依據科學等研究，熱通量 $\dot{q}$ 與溫度梯度之間存在著正比關係，以圖 4-8 中僅有一個軸向的線材或棒材為例，即

$$\dot{q}_x \propto \frac{\partial T}{\partial x} \quad 或 \quad \dot{q}_x = -k\frac{\partial T}{\partial x}$$

其中 k 為材料的導熱係數(thermal conductivity)，不同材料的導熱係數互異，式中的負號代表熱能是由高溫區流向低溫區，此方程式被稱為「熱傳導的傅立葉定律」(Fourier's law)。導熱係數 k 的單位為

$$-k = \dot{q}_x \frac{\partial x}{\partial T} = (\text{W/m}^2)\left(\frac{m}{\text{K}}\right) = \frac{\text{W}}{m\text{K}}$$

此處 K 為凱氏溫度，依物理定義，凱式零度等於攝氏-273℃，其單位大小與℃ 相同，亦即凱氏溫度 K = ℃ +273，因而導熱係數 k 的單位亦可寫為 W/m℃ 。常用 材料之導熱係數如表 4-1 所示。

表 4-1　在 0℃ 時材料的導熱係數

材料	k (W/m℃)	材料	k (W/m℃)
純鐵	73	混凝土	1.84
純銅	385	平板玻璃	0.78
純鋁	202	玻璃棉	0.038
純鉛	35	大理石	2.1～2.9
純鎳	93	砂石	1.8
純銀	410	木質物	0.06
碳鋼	43	潤滑油	0.15
鎳鉻鋼	16.3	水	0.56

例題 4-3

長 3 m，半徑 2 cm 的純銅棒一端與常溫 4℃ 的水接觸，另一端的溫度為 40℃， 試求其熱通量和每小時的熱傳導量。(設 0℃～40℃ 間 k 為 385 W/m℃)

解

溫度梯度 $\dfrac{\partial T}{\partial x} = \dfrac{\Delta T}{\Delta x} = \dfrac{4-40}{3} = -12$ (℃/m)

熱通量 $\dot{q} = -k\dfrac{\partial T}{\partial x} = -385(-12) = 4620$ (W/m²)

截面積 $A = \pi r^2 = (0.02)^2\pi = 1.257 \times 10^{-3}$ (m²)

單位時間熱通量

$\dot{Q} = \dot{q}A = 4620 \times (1.257 \times 10^{-3}) = 5.81$ (W)

每小時熱傳導量

$Q = \dot{Q}t = 5.81 \times 3600 = 20916$ (J) $= 20.9$ (kJ)

例題 4-4

厚度為 10 mm 的一大銅平板，兩面溫度分別為 300°C 與 100°C，試求通過平板的熱通量。(假設平均熱傳遞係數 k = 400 W/m°C)

解

平板的長寬相較於厚度皆非常大，因而可以視厚度方向為一維熱傳遞方向，通過平板之熱通量為

$$\dot{q} = -k\frac{dt}{dx} = -(400)\frac{100-300}{0.01} = -(400)(-20000) = 8\times10^6\,(\text{W/m}^2) = 8(\text{MW/m}^2)$$

如果物體的幾何形狀並非線性，而是一個二維的平板，或是一個三維的體，熱傳導的公式導出與一維的情況相同，只是將 x 軸擴大為 x – y 軸或 x – y – z 軸罷了。就以二維平板的熱傳導來說，沿 x 軸和 y 軸方向的熱通量分別為

$$\dot{q}_x = -k_x\frac{\partial T}{\partial x} \; ; \; \dot{q}_y = -k_y\frac{\partial T}{\partial y}$$

平板的熱傳導方程式可以寫成

$$\dot{q} = \dot{q}_x + \dot{q}_y = -\left(k_x\frac{\partial T}{\partial x} + k_y\frac{\partial T}{\partial y}\right)$$

一般來說，平板的材料整體都是相同的，除非為了特殊用途而加以變換設計，故而可以把熱傳遞介質視為等向性，亦即 x 軸方向的熱傳導係數與 y 軸方向相同，此時可以設定 $k_x = k_y = k$，則二維平板之熱傳導方程式可以簡化為

$$\dot{q} = \dot{q}_x + \dot{q}_y = -k\left(\frac{\partial T}{\partial x}\vec{i} + \frac{\partial T}{\partial y}\vec{j}\right)$$

上式中，x 軸和 y 軸方向的溫度梯度分別為 $\dfrac{\partial T}{\partial x}$ 和 $\dfrac{\partial T}{\partial y}$，二者不一定相同，如圖 4-9 中所示，$x$ 軸的末端溫度與 y 軸的末端溫度可能不同，或兩者的末端溫度雖然相同，但兩個方向的長度不一樣，如此也會得到不同的溫度梯度。

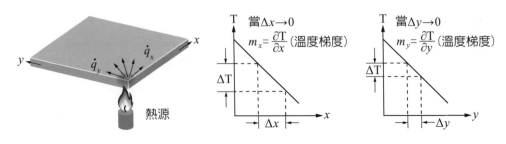

圖 4-9　雙軸向材料之熱傳導

對於三維物體的熱傳導，沿 x 軸、y 軸和 z 軸方向的熱通量可以分別為

$$\dot{q}_x = -k_x \frac{\partial T}{\partial x} \ ; \ \dot{q}_y = -k_y \frac{\partial T}{\partial y} \ ; \ \dot{q}_z = -k_z \frac{\partial T}{\partial z}$$

當物體的材質為均一時，可以將熱傳遞介質視為等向性，則三個軸向的熱傳導係數都相同，亦即 $k_x = k_y = k_z = k$，則三維等向性材料的熱傳導方程式可以寫為

$$\dot{q} = \dot{q}_x + \dot{q}_y + \dot{q}_z = -k \left(\frac{\partial T}{\partial x} \vec{i} + \frac{\partial T}{\partial y} \vec{j} + \frac{\partial T}{\partial z} \vec{k} \right)$$

或寫為　$\dot{q} = -k \nabla T$

與二維平板的情況相同，三維物體的材料如果均一，則三個軸向的熱傳導係數相同，但溫度梯度可以是互異的。

2.　熱對流

熱對流是流體中因兩區域溫度差異，造成密度不同而導致的內部粒子流動現象，被稱為自然對流。如果熱對流的發生不是肇因於流體內部兩區的溫度差異，而是藉由外力的驅使，那就非自然對流，而被稱為是強迫對流。在太陽能熱應用系統中，常利用幫浦使流體流動，就是一種強迫對流。在這兩種對流型式發生時，熱能依附在流體上流動，就會產生對流傳熱的效果，如圖 4-10 所示。

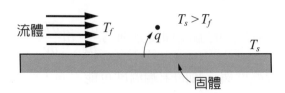

圖 4-10　熱對流示意圖

　　熱對流的效益是依據「牛頓冷卻定律」來計算，在對流傳熱的情形中，每單位面積的熱傳遞量依牛頓冷卻定律可以列為

$$\dot{q} = h(T_s - T_f)$$

　　其中 T_s 為平面的表面溫度，T_f 為流體的溫度，h 為對流熱傳遞係數。對於一個總面積為 A 的區域，其總熱傳遞量為

$$\dot{Q} = \dot{q}A = hA(T_s - T_f)$$

　　若 T_s 與 T_f 的單位為°C，A 的單位為 m²，則依據上式，h 的單位可以為

$$h = \dot{q}\left(\frac{1}{\Delta T}\right) = (\text{W/m}^2)\left(\frac{1}{°\text{C}}\right) = \frac{\text{W}}{\text{m}^2°\text{C}}$$

　　表 4-2 為對流熱傳遞係數 h 的近似值，之所以稱其為近似值，是因為同一種流體會因外在環境的不同而產生性質差異，除此之外，與流體接觸的接觸面材質及表面條件，只要有差異都會導致對流熱傳遞係數的不同。因而對流熱傳遞係數 h 並非是一個固定值，有時甚至會有很大的差異，計算前必須要先加以判定，依據過去紀錄所留下的經驗數據，訂定一個適宜的熱傳遞係數，這樣才不會產生過大的誤差。

表 4-2　對流熱傳遞係數 h 之近似值

對流方式	h [W/(m²°C)]
空氣、自然對流	6～30
空氣、強迫對流	30～300
水、強迫對流	300～6000
油、強迫對流	60～1800
沸水、池中沸騰	2500～35000
沸水、管內流動	5000～100000
蒸氣凝結、垂直表面	4000～11300
蒸氣凝結、水平管外部	9500～25000

例題 4-5

以空氣強迫對流方式將熱由太陽能儲熱裝置之熱交換管中帶入房間，若管壁之溫度為 200°C，表面積為 0.3 m^2，空氣溫度為 20°C，h_a 為 30 W/(m^2 °C)，試求每小時帶進之熱能為若干？

解

$\dot{Q} = hA(T_s - T_f) = 30 \times 0.3(200 - 20) = 1620(\text{W}) = 1.62(\text{kW})$

$Q = \dot{Q}t = 1.62 \times 3600 = 5.832 \ (\text{MJ})$

例題 4-6

面積為 4 m^2 之太陽能集熱板，其外壁受太陽照射之平均熱源為 20 kW，若以 10°C 的水由內壁作強迫對流來取熱，設水之 h_f = 1000 W/(m^2 °C)，試求內壁之溫度？

解

熱源 $\dot{Q} = 20$ kW

面積 $A = 4$ m^2

則 $\dot{q} = \dfrac{\dot{Q}}{A} = 5 \dfrac{\text{kW}}{\text{m}^2}$

又 $\dot{q} = h_f(T_s - T_f)$

$\quad 5000 = 1000(T_s - 10) = 1000\,T_s - 10000$

$\quad 1000\,T_s = 15000$

$\qquad T_s = 15 \ (°C)$

3. **熱輻射**

當物體具有高於 0 K(-273°C)的溫度時，物體所含的部分熱能會轉變成電磁波向外發射，這種以電磁波發射方式發射出來的能量，就稱為輻射能。當電磁波碰到物體時，又可以轉變成為熱能，並且把這些熱能傳遞到該物體的各個分子上，並提高它的溫度。

因為當物體的溫度高於 0 K(− 273°C)時，它就會發射出電磁波，或稱之為熱輻射，所以說存在於我們生活周遭中的任何物質幾乎都會釋放出熱輻射，而且溫度越高，強度就越大。電磁輻射和傳導以及對流最大不同的就是，它不需要依靠任何介質傳遞，即使是真空狀態也能穿越，如圖 4-11 所示。

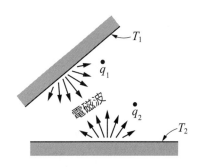

圖 4-11　熱輻射示意圖

熱輻射所包含的波長範圍約在 0.3～50 μm 之間，橫跨紅外線、可見光和紫外線三個波段，但絕大部分都在紅外線波段範圍內。對於物體的輻射功率，是依據「波茲曼定律」來計算的，其意為「某物體所發射的輻射功率，與該物體的輻射發射率 ε 和表面溫度 T 的四次方成正比」，兩者間的比值 σ 稱為波茲曼常數，其數學方程式為

$$\dot{q}_R = \varepsilon\sigma T^4 \quad 或 \quad \dot{Q}_R = \dot{q}_R A = \varepsilon\sigma A T^4$$

其中 $\dot{q}_R$ 為輻射功率(W/m^2)，$\dot{Q}_R$ 為總輻射功率(W)，ε 為發射率，σ 為波茲曼常數(5.669×10^{-8} $W/(m^2\ K^4)$)，A 為表面積(m^2)，T 為表面積溫度(K)。所謂的發射率 ε 是某種物體發射的輻射功率與同溫度下黑體(black body)輻射功率的比值。而所謂的黑體，則是指一種理想化的黑色物體，能完全吸收外來的電磁波而沒有任何的反射與穿透。進一步說，假設在同樣溫度下，黑體的輻射功率是 P0，另一個物體的輻射功率是 P1，則該物體的發射率 ε = P1 / P0。由上述定義可知，由於輻射是將物體本身的能量發射出去，因此材料以選用發射率 ε 越小的為佳，可以減少輻射導致的能量損失。

發射率可以區分為法向發射率與半球向發射率，半球向發射率，是能量以物體表面上某一個點為中心，向空間中各個方向發射，比較接近實際狀況，而法向發射率則把能量集中，從物體表面的垂直方向發射出去，兩者僅有小小的差異，因此，為了簡便起見，工程計算上都取近似的法向發射率來做為應用。表 4-3 為工程應用上幾種常使用材料的法向發射率 ε，由表中數值可知，同一種材質若其表面狀態不同，法向發射率 ε 會有差異，光滑表面的數值要比粗糙面的小一些，能量對外輻射的損失量也會少一些。

表 4-3　材料表面輻射能的法向發射率 ε

材料	ε	材料	ε
純金(拋光)	0.02	平板玻璃	0.94
鋼板(拋光)	0.07	嚴重氧化鋼鈑	0.80
純銅(拋光)	0.02	嚴重氧化銅	0.76
純鋁(拋光)	0.04	嚴重氧化鋁	0.30
油漆	0.10〜0.90	硬質橡膠	0.94

觀念對與錯

(○) 1. 太陽輻射能照射在物質上以後，熱的傳遞方式有傳導、對流與輻射等三種基本形式，且有可能同時發生。

(○) 2. 單位時間內單位面積的熱傳量稱為"熱通量"，熱通量與材料的導熱係數以及該材料的溫度梯度成正比。

(○) 3. 相同尺寸與溫度的純銅和純鋁，放置在同一空間中，純銅的散熱要比純鋁快，因為純銅的導熱係數較大之故。

(○) 4. 熱對流的效率是依據「牛頓冷卻定律」來計算的，效率好壞與物體表面和流體之間的溫度差有關，溫差越大效率越高。

(✗) 5. 當物體的溫度高於 0°C 時，它們就會發射出電磁波，並且不需要任何介質就能傳遞，即使是真空狀態也能穿越。

四、太陽輻射能的熱應用

　　太陽輻射熱能應用於家庭、工業及農業領域早有成功案例，最常見的是家庭中使用的太陽能熱水器，以及中高緯度地區冬天具有取暖效能的太陽能暖房和農業種植用的太陽能溫室等，工業上則應用於製冷與空調，領域廣泛，確實能夠在不使用其他型式能源的條件下，達到需求效果。又由於太陽能取之不盡用之不竭，除了設備成本以外，沒有能源的原料成本，尤其是上述該等設施可以在地製作直接取熱，沒有化石能源的運送或電力輸送的需要，可以節省巨額成本。

在太陽能的熱應用中，透過熱能的傳導而設計的主要核心機構是「太陽能集熱器」，它是利用太陽照射時將輻射能透過熱傳導傳遞至內部的傳熱介質中，再經由傳熱介質的流動將熱能帶往需要的地方。影響太陽能集熱器效率的因素包含其材質，傳熱介質的性質，以及環境中用來減低對流和輻射效應的裝置設計等。

1. **太陽能集熱器的分類與構造**

太陽能集熱器本身並非一個完整的終端產品，而是太陽能熱應用系統中一個關鍵性的主要元件，可以依不同方面來分類。

a. 依熱傳遞介質分類：可分為液體集熱器和空氣集熱器兩種，前者大都以水或熱媒油為傳熱介質，而後者則以乾燥空氣，液體介質熱傳遞效率較佳但須防止管道腐蝕，空氣則只能有較低的熱傳遞效率，但設置成本較低。

b. 依是否有追日設計分類：可分為追日型集熱器與非追日型集熱器，非追日型就是固定在某處，以事先設定好的方向與角度面對天空接受太陽輻射，追日型則是繞單軸或雙軸旋轉，讓集熱器表面與太陽輻射保持垂直，以吸取最大值的輻射能。

c. 依是否具有真空的空間設計分類：可分為平板型集熱器與真空管型集熱器，其構造與性能說明於後。

d. 依集熱器的工作溫度分類：可以分為低溫、中溫和高溫集熱器，一般定義工作溫度在 100°C 以內者為低溫集熱器，工作溫度在 100°C～200°C 者為中溫集熱器，工作溫度超過 200°C 者即為高溫集熱器。

e. 依是否聚光來分類：聚光型集熱器會利用反射鏡、透鏡或其他光學儀器，將入射的太陽輻射改變方向，並聚集到一個點或一條線上，如此可以把某個特定區域的介質溫度快速提升，或提升到較高的溫度。非聚光型集熱器則沒有這個功能。

上述各種不同分類型態中，在功能與結構的差異明顯度上，以是否具有真空的空間設計來討論最為適切。由於目前真空管型集熱器大都仍在研究開發階段，市場上仍以使用平板集熱器為主。

平板型集熱器

平板型集熱器的構造如圖 4-12 所示，主體結構內有傳熱介質，四週以隔熱層將其與外界環境隔開，以防止吸收的熱能經由傳導、對流或輻射向環境發散。集熱器上方有吸熱板以吸收來自太陽的輻射能量，再經由傳導方式將熱傳遞到熱介質中，吸熱板上方則設有透明蓋板，可讓太陽輻射穿透而又可阻擋吸熱板的能量經由對流與輻射而外洩至環境中。平板型集熱器中最關鍵的部分為吸熱板，依規範可分為圖 4-13 中的四種結構型式。

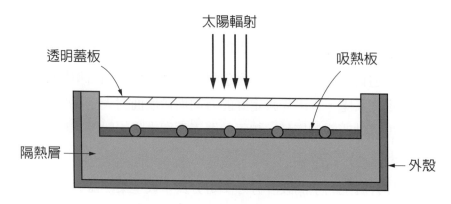

圖 4-12　平板型集熱器的構造

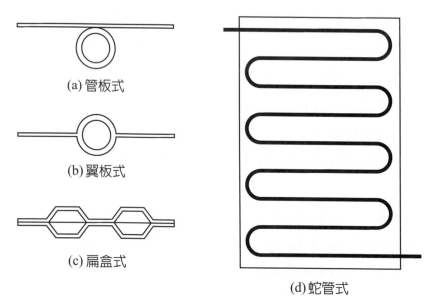

(a) 管板式

(b) 翼板式

(c) 扁盒式

(d) 蛇管式

圖 4-13　平板型集熱器中吸熱板的構造形式

吸熱板的材質須具備太陽輻射能量吸收比 α 高，熱傳遞係數 k 大，以及耐腐蝕、耐壓和易加工成形等特性，才能把太陽輻射能有效吸收並傳遞到熱介質，且兼顧安全、耐用與成本控制。為要增加吸熱板的太陽吸收比 α，一般都是在板上塗覆深色的塗層來達到目的，不過，塗層同時也大都會增大輻射能的發射率 ε，所以在選擇塗層材料或其製作方法時，兩者要同時加以考量。

在工業應用上，常用的塗裝製備方法，包含磁控濺鍍法、真空蒸鍍法、電化學處理法、氧化反應法和直接噴塗法等五種，經過上述方法處理過的材料表面，其太陽輻射能量吸收比 α 都可以達到 90%以上，而其輻射能的發射率 ε 大抵上也都可以維持在很低的範圍內，如此便可以把輻射能吸收值拉到最大，並減少不必要的輻射能量損失，如此便可以得到理想的輻射能淨值。

若以優劣排序來論，最理想的為磁控濺射法，其次以下是真空蒸鍍法、電化學法、氧化反應法和直接噴塗法，其數值大略估計如表 4-4 所示。這 5 種製備法所得到的太陽能吸熱板，其太陽輻射能量吸收比 α 都可以達到 90%以上，而其發射率 ε 以磁控濺射法的低於 10%為最佳，真空蒸鍍法的低於 12%居次，噴塗法的發射率 ε 則高達 30～50%，相較之下較為不理想。

表 4-4　常用的五種塗層製備法之吸收比與發射率

製備方法	磁控濺射法	真空蒸鍍法	電化學法	氧化反應法	直接噴塗法
吸收比 α	90%	90%	90%	90%	90%
發射率 ε	5～10%	6～12%	10～20%	20～30%	30～50%
集熱效率	80%	78%	70%	60%	40%
常用基板材料	鋁合金 不鏽鋼	純鋁板 硫化鉛	陽極化鋁 黑鉻、黑鎳	氧化銅 氧化鐵	硫化鉛 氧化鐵

為了保護平板集熱器，使其不受汙染以維持良好集熱效率，或不受意外之外力衝擊以增長使用壽命，通常都會在板的上方安裝一片透明蓋板。對於透明蓋板的品質和特性要求有如下幾項：

1. 材料必須要有良好的太陽透射比，以得到較高比例的太陽輻射能。

2. 選擇紅外線透射比低的材料，防止集熱板溫度升高後，熱量經由熱輻射流失。

3. 材料之導熱係數越小越好，可以減少集熱板溫度升高後，熱量經由空氣傳導至蓋板，再向周圍環境發散。

4. 良好的耐候性，可避免蓋板輕易遭環境變動侵蝕而損壞。

5. 良好的耐衝擊強度，使得蓋板不至於因受外力衝擊就破損毀壞，以保護集熱板之完整性。

基於上述各項條件，目前市場上大都選擇平板玻璃或玻璃鋼板來做為透明蓋板的材料，平板玻璃具有紅外線透射比低、導熱係數小、耐候性佳等優點，但其耐衝擊性差，且因成分中含有三氧化二鐵(Fe_2O_3)之故，部分太陽輻射會被吸收，導致太陽透射比大幅降低。至於玻璃鋼板，主要是由玻璃纖維和塑料組合而成的板材，其耐衝擊性和太陽透射比高且導熱係數小，不過紅外線透射比也較平板玻璃來得高，而其耐候性雖也不差，但其使用壽命難以和玻璃材料相比擬。

此外，為了抑制集熱板所吸收的熱能透過傳導向外在環境發散，太陽集熱裝置還必須要採取適當的隔熱措施，其最簡單的方式就是增加一層導熱係數小的隔熱層，厚度 3～5cm 即可。常用的隔熱層材料有聚苯乙烯、聚氨酯或岩棉等，其中以岩棉的使用最為普遍。

平板集熱器的熱平衡方程式，必須滿足能量守恆定律，亦即在穩定狀態下，集熱器所得到的可用能量功率 Q_u，必須等於入射到集熱器上被吸收的太陽輻射能量功率 Q_A 減去集熱器對周圍環境的散失能量功率 Q_L，亦即

$$Q_u = Q_A - Q_L$$

其中

$$Q_A = \eta EA(\tau\alpha)$$

亦即照射在集熱器上蓋板的總有效太陽輻射照度 ηEA，乘以上蓋板的穿透率 τ 和吸熱板的吸收率 α，至於 Q_L 則是集熱器各外表面散失的能量功率，和面積的大小以及其熱損係數有關，亦即

$$Q_L = uA(T_s - T_a)$$

　　u 為熱損係數，單位為 W/(m² K)或 W/(m² °C)，A 為曝露於環境之總面積，T_s 為外表面溫度，T_a 為環境溫度。當不同外表面各有不同的環境條件時，必須分別計算再予以加總。

例題 4-7

平板集熱器之長、寬、高分別為 2 m、1.2 m 和 0.3 m，最上層有一穿透率 τ = 80% 之透明蓋板，其下之吸熱板 α = 60%，而其內之儲熱槽溫度為 80°C，底部之熱損係數為 1.5 W/(m² °C)，其餘為 0.8 W/(m² °C)，環境溫度皆為 25°C，試求其可用能量功率 Q_u 為多少？(設 η = 45%)

解

吸熱板面積為 $A = 2 \times 1.2 = 2.4$ (m²)，則

$Q_A = \eta \times E \times A\,(\tau\alpha) = (0.45) \times (1367) \times (2.4) \times (0.8 \times 0.6) = 708.65$ (W)

散失的能量功率 Q_L 可以分為由底部面積 A_b 散發，和由其他面積 A_o 散發兩部分

$Q_L = u_b A_b\,(T_s - T_a) + u_o A_o\,(T_s - T_a) = (u_b A_b + u_o A_o)(T_s - T_a)$

底部面積

$A_b = 2 \times 1.2 = 2.4$ (m²)

其他面積

$A_o = 2[(2 \times 0.3) + (1.2 \times 0.3)] + (2 \times 1.2) = 4.32$ (m²)

$Q_L = [(1.5 \times 2.4) + (0.8 \times 4.32)](80 - 25) = 388.08$ (W)

得 $Q_u = Q_A - Q_L = 708.65 - 388.08 = 320.57$ (W)

例題 4-8

上題中，若將底部做絕熱處理，則集熱器效率會提升多少？

解

$Q_L' = 0 + u_o A_o(T_s - T_a) = 0 + (0.8 \times 4.32)(80 - 25) = 190.08(W)$

$Q_u' = Q_A - Q_L' = 518.57(W)$，$\eta = \dfrac{518.57}{320.57} = 161.8\%$

集熱器效率變為 161.8%，或提高 61.8%

真空管型集熱器

經由集熱器吸收的太陽輻射能，會經由傳導、對流或是輻射方式對環境發散，為了盡量減少這些不同形式的發散量，因而提出將平板集熱器和透明蓋板之間的空間抽成真空，因而在沒有空氣當介質的情況下，熱傳導與對流的效應就可以阻絕，而熱輻射效應也會大大降低，這樣的設計裝置方式，被稱為真空管型集熱器。以這樣的方式處理會面臨兩個難題，首先是將空間抽真空以後，玻璃蓋板必須承受極大的壓力，因而容易變形或產生斷裂，其次是蓋板和外殼間的接合處容易有滲漏情況，因氣密性不佳而很難保持真空狀態。

有了上述問題以後，多種不同型態的真空集熱裝置陸續被開發出來，大體都是以圓形的玻璃管為其主體，然後再把平板狀或圓管狀的吸熱材料裝入玻璃管中，加以密封後抽成真空，這樣不但圓形玻璃管具有足夠的強度，也容易保持氣密性。這樣的裝置方式，已經成為真空集熱器的主要發展方向。一個真空集熱系統，通常都是將數個真空集熱管加以組合而成，隨任務需要調整管的數量，施工上具有非常大的彈性。圖 4-14 為全玻璃真空集熱管的一種設計方式，具有一個 U 型玻璃管，先在內管上裝置吸熱材料，然後將管的開口加以融封並抽成真空，當太陽輻射穿透玻璃外管抵達吸熱材料時，輻射能就會被吸收，然後經由與玻璃內管緊密接觸之導熱版，將熱能傳遞至導熱介質中帶出供後續使用。

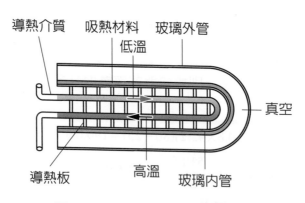

圖 4-14　全玻璃真空集熱管示意圖

當單一的集熱器所吸收的熱能不敷需求時,可以藉由多個集熱器的並聯或串聯來達到目的,而若有必要,也可以將兩者加以混合來使用,其連結方式如圖 4-15 所示。

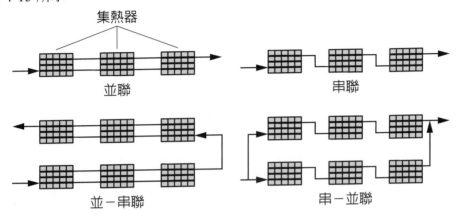

圖 4-15　集熱器組的串聯與並聯

2. **太陽能熱水器的構造與應用**

太陽能熱水系統依其設計方式的差異,可以分為自然循環系統、強制循環系統以及直流循環系統三種類型。

🌿 **自然循環系統**

如圖 4-16 所示,自然循環系統包含集熱器,蓄水箱以及補給水箱三個主要元件,當集熱器中的水溫升高時與蓄水箱中的水溫差會造成水的密度差,因而引發自然的循環,而當集熱器不停的吸熱增高水溫時,蓄水箱與補給水箱中溫差所產生的密度差會促使補給水箱的水往蓄水箱流;因而將蓄水箱上頭的熱水頂出供用戶使用。

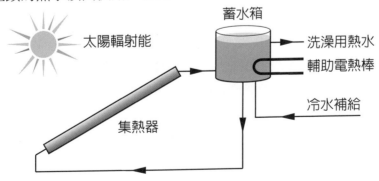

圖 4-16　自然循環系統太陽能集熱器

自然循環系統具有結構簡單，運轉安全，造價便宜，易於保養維修等優點，其缺點則是為了防止熱水倒流，須將蓄水箱置於集熱器相對較高之位置，不但影響視覺景觀，也容易因颱風或地震而造成損壞。當大型的太陽能熱水系統被需要時，由於蓄水箱容量龐大，架高位置會產生極大之危險，因而將此系統稍微加以改良，仍然使用小型蓄水箱，但於其上加裝溫度感測系統及電磁閥，當水溫到達設定溫度時，開啟閥門將熱水排放於安全處之熱水儲存桶內儲存備用，即可避免因使用大型蓄水箱而帶來的風險。

🌱 **強制循環系統**

強制循環系統之熱水器如圖 4-17 所示，元件包含集熱器，控制系統以及蓄水箱。此系統中水的循環由控制系統中的感測器、循環泵和閥門等，於集熱器內水溫與儲水箱中水溫達到設定的差異時，強制將集熱器內較高溫度的水泵入儲水箱以進行循環流通。

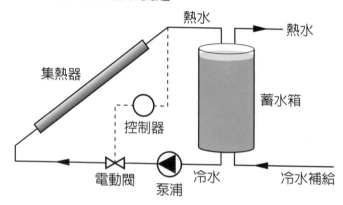

圖 4-17　強制循環系統太陽能集熱器

🌱 **直流循環系統**

如圖 4-18 所示，直流循環系統包含集熱器、蓄水箱以及控制系統。當集熱器中的水溫到達預設溫度上限時，控制系統啟動打開閥門以冷水將熱水頂出儲存於蓄水箱中，當溫度達到預設下限時，將閥門關閉。如此周而復始，就能得到所需要的熱水。

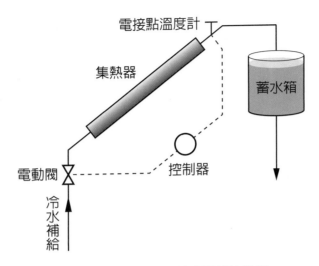

圖 4-18　直流循環系統太陽能集熱器

3.　太陽能暖房的設計

高緯度地區的冬天既冷又長，住房必須有暖氣居民才能生存，如果要用傳統的化石能源如煤炭、煤油、煤氣或木質燃料來供暖，勢必需要大量的成本付出，也會造成空氣極度的汙染。為了避免產生上述負面的效應與負擔，某些國家如德國、丹麥等，會運用該地區冬季豐富的風能來發電，再以此來供居民使用。除了風力發電以外，中歐及北歐諸國也會都善用太陽能發電來取得所需能源，雖然成本不低，但也莫可奈何。

當然不是每個高緯度地區冬季都有豐富的風能，也並不一定有足夠的空間可以架構太陽能發電設施，因此電力取得相對困難。居民為了要能度過寒冷冬天，因而有太陽能暖房的設計，這種暖房基本上能在冬天取得熱能供暖，夏天又具備降溫與空調的效果，可謂一舉兩得，這樣除了可以節省開支以外，也可以改善居民生活。由於無法保證每個白天都有太陽可以取熱，為保險起見，太陽能暖房必須有輔助熱源才算安全。

以中國大陸為例，東北、華北和西北地區溫度低於 5°C 的天數長達 100 天左右，如此廣大面積內的居民正可以利用該區域豐富的太陽能資源，以太陽能暖房來度過寒冷的冬天，除了可以減輕傳統化石能源或電能的供應壓力之外，對於環境和空氣品質的維護，也具有相當正面的效益。目前已經成熟且被商業化的太陽能暖房，大致可以分為三種，分別為主動式、被動式和熱泵式。

主動式太陽能暖房

主動式系統是以集熱器將太陽熱能吸收到熱介質以後，再儲存於儲熱器之中，於需要時以泵將熱介質循管路輸送至房間內供暖，為方便之計，一般都以水為熱介質。而當太陽能集熱器所供應的熱量不夠時，就以輔助熱源來補足。主動式系統的裝置方式及工作原理如圖 4-19 所示，其與太陽能熱水器有些類似，但前者是取熱水中的熱能來使用，後者則直接取熱水來使用，兩者有此根本的差異。

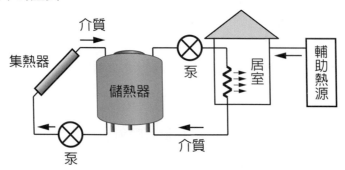

圖 4-19　主動式太陽能暖房示意圖

被動式太陽能暖房

被動式太陽能暖房則是將房屋依日照充足的方位來建造，讓陽光可以透過密封的窗戶直接照射到室內，其效果有如溫室，除了直接供熱以外，還可以讓室內的吸熱牆吸熱並且儲熱，再於夜間釋放出來，其系統裝置方式與工作原理如圖 4-20 所示。此外，牆壁、屋頂等可

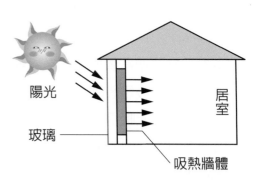

圖 4-20　被動式太陽能暖房示意圖

以直接照射到太陽光的地方，也塗上吸熱塗料來增加熱能的吸收。這樣的設計將可以在寒冷的冬天達到吸熱、儲熱、保暖的目的。被動式太陽能暖房除了一些吸熱塗料以外，其他額外的設施不多，所以不會增加太多成本，只不過效果比起主動式暖房，稍微差了一些，因而輔助熱源的供應就變得更為必

要。當夏天來到時，因為太陽照射的角度已經改變，所以照射進屋內的陽光會減少，如果將屋頂再加以適當遮蓋，就不會有酷熱難耐的問題。

熱泵式太陽能暖房

熱泵其實就是一種冷氣機或製冷機的反向使用，它的大部分熱能來自於周遭環境中，小部分則來自於電能的轉換，其工作原理如圖 4-21 所示。

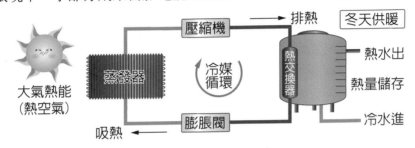

圖 4-21　熱泵工作原理示意圖

當太陽熱能隨著室外空氣被吸入以後，經由冷媒吸收，再以壓縮機將冷媒壓縮到高壓並且排出熱能，然後以熱交換器將這些熱能轉換到室內空氣中成為暖氣，或轉換到水中成為熱水。釋出能量後的高壓冷媒經過膨脹閥後壓力降低，又可以自室外空氣中吸收太陽熱能，然後再經由上述程序將熱能帶入室內，是一種效率還算高的熱能取得系統。

Chapter

05

太陽能發電

利用太陽能來發電已經是現今許多國家的能源發展政策，因此工業上對於相關的元件與系統開發，也大都達到了成熟階段。太陽能發電目前分爲兩種型式，一是利用太陽能的熱來發電，另一種是利用太陽能的光來發電，兩者之間不管在理論上，或是在實務的執行上，都截然不同。

一、太陽能熱發電

太陽能的熱發電原理其實與火力發電是一樣的，都是利用熱能將傳熱介質加熱到高溫，使其氣化並產生高溫、高壓蒸氣來帶動氣渦輪機，然後氣渦輪機再帶動發電機轉動來發電。兩者之間的差異爲熱能的來源，火力發電的熱源來自於煤炭、重油、柴油、天然氣等的燃燒，而太陽能熱發電的熱能則是取自於太陽輻射能，前者需要燃料成本，且會產生諸如 CO_2、CO、NOx、SOx 以及懸浮微粒等多型態的汙染，後者不但不需要燃料，也不會排放汙染物質，因此發電成本較爲低廉，也相對較爲乾淨，在傳統化石能源逐漸匱乏，且環境與空氣污染日益嚴重的今日，可以說是值得大力推展的發電方式。

1. **蒸氣的能量及其轉換**

常用的熱傳遞介質爲水，因爲它具有幾個優勢，首先是取得非常容易而且價格非常便宜，其次是於使用後如果必須排放，不會對自然界造成任何負擔，沒有二次汙染問題，更重要的是，如表 2-1 與表 4-1 所示，水相對於其他流體來說，具有較高的比熱和導熱係數，可以蘊藏更多熱能來傳遞給次系統中的傳熱介質。一般來說，次系統所使用的傳熱介質是依其功能而定，除了水是最被常用的以外，有些情況下會使用液態氨，但因爲一般狀態下氨都是氣體型態，密度非常小，要壓縮成液態氨極其費事，且儲存也不容易，但因氨的氣化溫度非常低，因而有機會被運用在某些特殊需求的次系統中。

由於水對於金屬管路會產生腐蝕，因而熱媒油(heat-transfer fluid)和熔鹽(molten salt)常成爲替代品，被運用於太陽能熱發電系統中作爲傳熱介質，其中的熔鹽一般都是由硝酸鈉($NaNO_3$)與硝酸鉀(KNO_3)依比例混合而成，而爲了需要，有時也會在熔鹽中加入適量氧化鋁(Al_2O_3)奈米粒子，使其成爲奈米熔鹽，如此可以有效提高其比熱及導熱係數，使其具有更理想之傳熱效率。

當使用水作為熱傳遞介質時，液態水吸收了來自集熱器的太陽輻射能以後，水溫就會逐漸升高。由於水的比熱為 1，所以每公克的水上升 1°C 需要 1 卡(cal)熱能，及至於沸點 100°C 時，如果繼續供給熱能，則每公克水分子在吸收了 539 卡的氣化熱以後，就會蒸發為 100°C 的水蒸氣。當水未被完全蒸發以前，這個溫度始終保持不變，直到全部成為水蒸氣為止。這時的蒸氣被稱之為飽和蒸汽，而溫度和壓力則稱之為飽和溫度與飽和壓力。如果此時繼續對系統加熱，則會成為過熱蒸氣，溫度和壓力也都會持續升高。假如把蒸氣視作理想氣體，則其壓力 P(atm)、溫度 T(K) 和體積 V(L) 之間的關係，可以由理想氣體方程式得到，亦即

$$P V = n R T$$

其中 n 為理想氣體莫耳數，R 為理想氣體常數，數值約為 0.082 $(\text{atm·L·mol}^{-1}\text{·K}^{-1})$。對於一個密閉系統來說，它的莫耳數和體積都是固定的，因而在溫度從 T_1 升高到 T_2 時，壓力則由 P_1 變為 P_2，依據理想氣體方程式，兩者間的關係如下：

$$P_1 V = n R T_1 \qquad\qquad P_2 V = n R T_2$$
$$\text{則 } P_1 / P_2 = T_1 / T_2 \quad \text{或} \quad P_2 = P_1 \times (T_2 / T_1)$$

由上述方程式中可知，將熱傳遞介質加到越高溫就可以得到越大壓力，也就可以產生越大的動能。雖然如此，熱傳遞介質並不是可以無限制加高溫度，而是有其物理極限，以水蒸氣來說，可能達到的最高溫度為 374°C，稱之為臨界溫度。有些太陽能集熱器，可以讓系統的工作溫度高達 1,000°C 以上高溫，以得到更高的工作壓力，這種情況之下，就必須以其他物質來取代水，這就是為什麼有些流體的比熱雖然比水要小，卻被選定來作為熱傳遞介質的緣故。

2. 太陽能熱發電系統工作原理

太陽能熱發電系統工作原理如圖 5-1 所示，該發電系統是利用集熱器將太陽輻射能吸收以後再轉換為熱能，並利用此熱能將傳熱介質加熱到高溫，然後經由熱交換系統把熱能傳遞到另一個次系統中的傳熱介質，使其達到高溫而氣化，再利用高壓蒸氣來帶動蒸氣渦輪發電系統來發電。

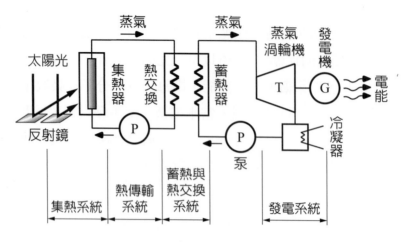

圖 5-1　太陽能熱發電系統

　　太陽能熱發電系統的總發電效率，取決於集熱器效率 η_c，汽輪機效率 η_t 以及發電機效率 η_g 三者的乘積，可以大約估算為

$$\eta = \eta_c \times \eta_t \times \eta_g$$

　　若以平板集熱器來說，由表 4-4 中可知，假如對周遭環境沒有熱能逸散，亦即 $Q_L=0$ 的情況下，其最佳集熱效率 η_c 可以高達 80%。再參考表 3-5，汽渦輪機之效率 η_t 為 50%～70%，而發電機效率 η_t 則為 70%～90%。因此，太陽能熱發電系統的最佳總發電效率可以估算為

$\eta = 0.8 \times 0.7 \times 0.9 = 0.50$

如果取最低值，則

$\eta = 0.8 \times 0.5 \times 0.7 = 0.28$

　　亦即以集熱效率最好的平板集熱器，在沒有熱能對環境逸散的理想狀態下，太陽能熱發電系統的總發電效率，約介於 28%～50%之間。在實際狀態中，集熱過程勢必會有熱能逸散與其他負面效應伴隨產生，因而效率必然也就跟著降低，但如果能夠維持在 20%以上，都算是良好而可用的太陽能熱發電系統。

　　由於前面所述太陽能熱應用中的平板集熱器，以及所使用的傳熱介質所能達到的溫度不高，若將其用來作為發電系統中的吸熱裝置，必然僅能得到極低的效率。

為了改善此種低效率的狀況，太陽能熱發電系統一般都是採用聚光集熱裝置，以便大幅增高集熱器的溫度，如此就可以大大提高系統的效率，達到有效發電的目的。

3. 聚光集熱器的形態及其裝置模式

聚光集熱器的工作溫度可以比平板集熱器高出許多，如拋物面反射鏡聚焦集熱器最高可達到 300°C，菲涅爾點聚焦集熱器可以達到 1,000°C 高溫，更高工作溫度的塔式聚光集熱器，溫度甚至可以高達 2,000°C 以上。當然，越高的工作溫度可以得到越好的發電效率，但是對材料的要求將更加嚴格。

聚光太陽能發電系統(Concentrated solar power；CSP)之建造始於 1984 年的美國，一直到 2006 年才有其他國家開始投入，初期幾年的電能產出都很有限，直到 2010 年起才大幅度增加，從 1,000MW 增加到 2016 年的 5,000MW，主要裝置國家如表 5-1 所示。

表 5-1　聚光太陽能發電容量(2016)

國　家	西班牙	美國	印度	南非	摩洛哥	阿聯
容量(MW)	2,300	1,738	225	200	180	100

數字資料來源：維基百科

目前業界較常使用的聚光太陽能發電系統，其集熱器構造方式加以介紹探討如下，包含拋物面反射鏡(trough solar mirror)線形聚光集熱器、碟形拋物面反射鏡(parabolic dish solar mirror)點聚光集熱器，以及塔式(tower solar system)聚光集熱器等三種。

拋物面反射鏡線形聚光集熱器

拋物面反射鏡線形聚光集熱器的構造相當簡單，是在一片槽型拋物面上的內凹面裝上反射鏡，並以支架將一具線型集熱器裝置在反射鏡的焦點位置上，使得照射在反射鏡上的入射光，皆能反射在該集熱器上，以便將太陽輻射能經由熱傳導進入集熱器的傳熱介質上，再進入系統之中。其示意圖如 5-2 所示。

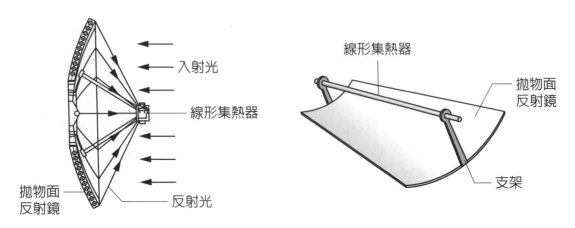

圖 5-2　槽式拋物面反射鏡線形聚光集熱器

　　當太陽光被聚焦到線形集熱器上對傳熱介質加熱時，可以使傳熱介質溫度升高，並將熱能於熱交換器內傳遞給水而產生蒸氣，再利用蒸氣帶動蒸氣渦輪機以及發電機來發電。在實際的裝置應用中，一般都是將許多分散布置的集熱器，經串聯與並聯組合成大規模的集熱系統，再將熱能匯集到熱交換器中使用，其裝置示意如圖 5-3 所示。

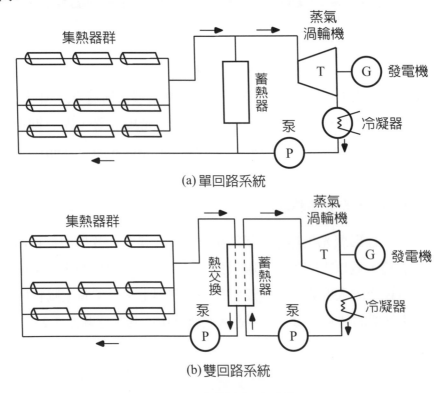

圖 5-3　槽式拋物面反射鏡線形聚光集熱系統裝置示意圖

　　圖 5-4 為台灣玻璃公司(Taiwan Glass) 所生產之拋物面反射鏡線形聚光集熱器實際裝置圖，其槽式太陽能鏡係採用先進的全鋼化玻璃技術所製造，具有反射率高、機械強度大、抗衝擊度強以及耐候性佳等優點。

圖 5-4　槽式拋物面反射鏡線形聚光集熱系統裝置圖(取自台灣玻璃公司官網)

　　為了能夠有效地獲取太陽輻射能，系統最好配置有追日裝置，使得時時刻刻都能讓太陽光直射進入反射鏡。當太陽光被反射到集熱器後，如前所述，照射在表面積為 A 之集熱器上的總照度 ϕ，以及經過 t 時間照射後之總熱量 Q 分別為

$$\phi = EA \quad , \quad Q = \phi t$$

　　若有效傳遞到介質並傳遞到工作系統中的能量比例或稱傳遞效率為 η，則有效傳遞熱能 Q_e 為

$$Q_e = \eta Q$$

　　此處之傳遞效率與集熱器之集熱效率可以視為相同，因為經集熱器取得的熱能，一般都會立即將其傳導至工作系統中，因而不考慮短時間的熱能流失。工作系統中的熱能主要是用來增高介質溫度，當介質的比熱為 s，總質量為 m 時，有效傳遞熱能 Q_e 將使總質量蘊含熱能增加，所造成溫度升高值為

$$\Delta T = \frac{Q_e}{m \cdot s}$$

　　當系統是由 n 個集熱器組合而成時，若每個集熱器的熱傳遞效率都相同，則有效傳遞熱能 Q_e 為

$$Q_e = \text{n} \eta \, Q$$

而當每個集熱器的熱傳遞效率都不相同時，則有效傳遞熱能 Q_e 必須修正為

$$Q_e = \eta_1 \, Q + \eta_2 \, Q + \eta_3 \, Q + \ldots$$

觀念對與錯

(○) 1. 太陽能熱發電是利用太陽熱能，將傳熱介質加熱到高溫使其汽化產生高壓，然後利用氣渦輪機來帶動發電機發電。

(○) 2. 太陽熱能發電的原理與利用燃煤或燃氣的火力發電相似，且具有成本低廉又沒有汙染的優點。

(○) 3. 水的比熱高，是非常理想的傳熱介質，但在先進的太陽熱能發電系統中，卻常不用水當傳熱介質，這是因為水的臨界溫度不夠高，且容易造成管路銹蝕所致。

(○) 4. 先進的太陽熱能發電系統，其傳熱介質所能達到的溫度越高發電效率越好，若以熱媒油或熔鹽為傳熱介質，最高工作溫度可以高達 2000℃ 以上。

(○) 5. 拋物面反射鏡線型聚光集熱器，可以利用串聯和並聯處理來加大它的系統規模。

例題 5-1

拋物面積為 3 m^2 的反射鏡，若將太陽光聚焦投射於長 2 m，直徑 4 cm，厚度 0.5 cm 的線形集熱器上，若以水為傳熱介質，且太陽之有效平均照度為 650 W/m^2，集熱器有效之能量傳遞比例為 80%，試求一分鐘以後管內溫度變化量？
(已知水的密度 $\rho = 1 \times 10^6$ g/m^3)

解

總照度為 $\phi = 650 \times 3 = 1950$ (W)

一分鐘所得之能量 $Q = \phi t = 1950 \times 60 = 1.17 \times 10^5$ (J) $= 2.8 \times 10^4$ (cal)

一分鐘內有效傳遞到熱介質能量 $Q_e = 0.8Q = 2.24 \times 10^4$ (cal)

管內熱介質的質量 $m = \rho V = (1 \times 10^6) \times [\, \pi \times (0.02)^2 \times 2 \,] = 2513.28$ (g)

溫度變化量 $\Delta T = \dfrac{Q_e}{m \cdot s} = \dfrac{2.24 \times 10^4 (\text{cal})}{2513.28 (\text{g}) \times 1\left(\dfrac{\text{cal}}{\text{g}°\text{C}}\right)} = 8.9 \ (°\text{C})$

例題 5-2

上題中，若改以熱媒油為傳熱介質，試求溫度變化量？(熱媒油比熱 1.58 J/g°C，密度為 1.035×10^6 g/m³)

解

管內熱介質的質量 $m = \rho V = (1.035 \times 10^6) \times [\ \pi \times (0.02)^2 \times 2\ ] = 2601.24$ (g)

熱媒油比熱 $s_o = \dfrac{1.58}{4.184} = 0.378 \ \dfrac{\text{cal}}{\text{g}°\text{C}}$

每分鐘溫度變化為 $\Delta T = \dfrac{Q_e}{m \cdot s_o} = \dfrac{2.24 \times 10^4 (\text{cal}/\text{min})}{2601.24 (\text{g}) \times 0.378 (\text{cal}/\text{g}°\text{C})} = 22.78 \ (°\text{C/min})$

碟形拋物面反射鏡點聚光集熱器

　　碟形拋物面反射鏡的作用原理和方式，基本上與拋物面反射鏡相同，都是將太陽光反射到焦點上以得到高的介質溫度，唯一不同的是，拋物面反射鏡是將太陽光反射到一條線型集熱器上，而碟形拋物面反射鏡則是將太陽光整個反射在一個點集熱器上，這樣可以在瞬間將熱介質的溫度快速提升，也就能在短時間內啓動系統工作。由於碟形拋物面反射鏡的設計，是將直射的太陽光反射到一個點上，因而系統必須配備追日裝置，才能時時刻刻獲取來自太陽光的輻射能。一般來說，碟形拋物面反射鏡點聚光集熱器可以單獨成為一個小型太陽能發電站，也可以將多個發電站並聯起來成為較大型的供電系統，其構造與裝置方式如圖 5-5 所示。

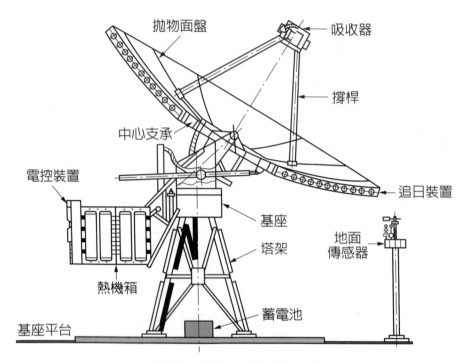

圖 5-5　碟型拋物面反射鏡聚光集熱系統示意圖

　　碟形拋物面發電系統的發電功率與其聚光鏡的大小成正比，一般都把直徑設定在 10～15 公尺之間，在陽光充足的地區，每座裝置的發電功率可以高達 20～25 kW，對於需電量較大的地區，可以將數個發電站並聯起來成為一個電廠，非常具有彈性。圖 5-6 為一具裝置好的碟型拋物面反射鏡聚光集熱系統，除了備有追日裝置以外，其光線聚焦處備有斯特林發動機(Stirling Engine)，可以將熱能轉換為動能，再將動能轉換為電能，一般情況下可以達到 30%的能源轉換效率，甚是理想。

圖 5-6　碟型拋物面反射鏡聚光集熱系統

例題 5-3

直徑 10 m 的碟形拋物面反射鏡，將太陽光反射聚焦於直徑 10 cm 的接收區域內，若太陽能有效輻射照度為 720 W/m^2

(a)試求接收區域中每單位面積的能量？

(b)在一個小時中所接收的總能量？

(c)若熱傳遞介質水的流量為 200 g/s，試求水溫升高量為多少？

解

(a) 反射鏡面積 $A_r = \pi \times (5)^2 = 78.54 \ (m^2)$

總照度 $\phi = 720 \times 78.54 = 5.655 \times 10^4 \ (W)$

接收區域面積

$A_a = \pi \times (0.05)^2 = 7.854 \times 10^{-3} \ (m^2)$

每單位面積能量

$E = \dfrac{\phi}{A_a} = \dfrac{5.655 \times 10^4}{7.85 \times 10^{-3}} = 7.2 \times 10^6 \ (W/m^2) = 7.2 \ (MW/m^2)$

(b) $Q = \phi\, t = 5.655 \times 10^4 \times 3600 = 2.036 \times 10^8 \ (J) = 203.6 \ (MJ) = 48.66 \ (Mcal)$

(c) 水的總質量為

$m = 200 \times 3600 = 7.2 \times 10^5 \ (g)$

溫度變化 $\Delta T = \dfrac{Q}{m \cdot s} = \dfrac{48.66 \times 10^6}{7.2 \times 10^5 \times 1} = 67.58 \ (°C)$

塔式聚光集熱器

一般來說，塔式聚光集熱器皆用於較大規模的發電系統，通常都是在廣大的面積上裝置大量的大型反射鏡(或稱定日鏡)，然後將太陽光集中反射到高塔頂部的接收器上，示意圖如圖 5-7 所示。而其實際裝置如圖 5-8 所示。

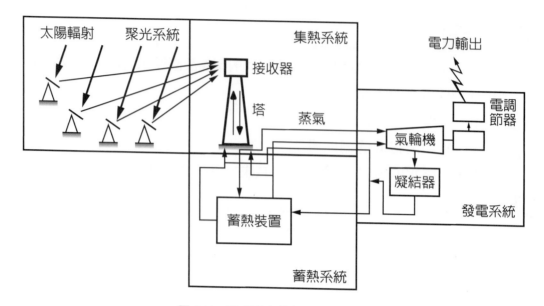

圖 5-7　塔式聚光集熱系統示意圖

圖 5-8　西班牙太陽能發電塔

　　由於有大量的反射鏡將太陽光聚集，因此系統可以得到極高的工作壓力與溫度。又為了達到準確反射的目的，各大型反射鏡上都會配置有追日機構，使得能和太陽運行同步，稱之為定日鏡(heliostat)，如圖 5-9 所示。塔式聚光熱發電系統以定日鏡來做精準定位，使得反射鏡能夠準確地把太陽光反射到塔頂的集熱器上，一般都可以得到 80%～90%以上的良好反光率。

圖 5-9　太陽能發電塔定日鏡

　　建造塔式聚光集熱發電系統需要大面積的土地，建置成本也相對較高，因而實際完成運行的系統數量也相對較低。

例題 5-4

塔式太陽能聚光集熱系統由 60 具面積為 12 m^2 的反射鏡組成，設太陽能之有效平均照度為 600 W/m^2，反射鏡的反光率為 80%，試求　(a)要得到 800°C 工作溫度的水流量為若干？(設流入溫度為15°C)　(b)若管之內徑為 10 cm，求水之流速？

解

(a) 太陽能總照度 $\phi = 600 \times 60 \times 12 = 4.32 \times 10^5$ (W)

　　有效反射照度 $\phi_e = 0.8\phi = 3.456 \times 10^5$ (W)

　　一秒鐘內之有效熱能

　　$E = \phi_e t = 3.456 \times 10^5 \times 1 = 3.456 \times 10^5$ (J) $= 8.26 \times 10^4$ (cal)

　　$\Delta T = \dfrac{E}{m \cdot s}$ ，$m = \dfrac{E}{\Delta T \cdot s} = \dfrac{8.26 \times 10^4}{785} = 1.05 \times 10^2$ (g) $= 0.105$ (kg)

　　故一秒鐘內之水流總質量為 0.105 kg

(b) 管之截面積為 $A = \pi r^2 = \pi \times (0.05)^2 = 7.845 \times 10^{-3}$ (m^2) $= 78.45$ (cm^2)

　　一秒鐘內流經之總質量為 0.105 kg，

　　則流水總體積 $V = \dfrac{m}{\rho} = \dfrac{0.105kg}{1000kg/m^3} = 105$ (cm^3)

　　則流率 $\dot{V} = 105 (cm^3/s)$ ，$\dot{V} = Av$ ，$v = \dfrac{\dot{V}}{A} = \dfrac{105(cm^3/s)}{78.45(cm^2)} = 1.338$ (cm/s)

聚光式太陽能熱發電系統(CSP)的設置，除了要有氣候乾燥、無雲的條件外，還需要有大的土地空間，因此並非想要就可以發展。近十年來，聚光式太陽能熱發電系統的設置成本雖然已有降低，但比起太陽能光伏發電(PV)已經沒有明顯優勢，蓋因太陽能光伏發電除了成本快速下降以外，發電效率也大大提升，因此之故，聚光式太陽能熱發電系統是否仍有前景，是業界極為關注的議題。

就獨有的特色來說，聚光式太陽能熱發電系統能把熱傳遞介質加熱到極高溫度，因而可以將熔鹽作為傳熱介質，這些熔鹽於太陽下山以後，在未繼續補充熱能的情況下仍能保有溫度，因而可以帶動系統繼續工作，也就是除了發電以外，高溫熔鹽也可以用來儲熱，這比起光伏發電系統，沒有了陽光或夜間即無法發電，如果這種情況下需要用電，只能準備昂貴的蓄電池來蓄電，必然會大大墊高成本，所以說，短期內聚光式太陽能熱發電系統，應該還不至於被光伏發電系統所消滅，甚至會有重新受到歡迎的一天。

二、太陽能光伏發電

早在 1954 年，美國貝爾實驗室就有製作出效率為 6%的光電電池，並開始被拿來做為人造衛星的電能供應系統，往後數十年間，光電電池被廣泛運用到各個領域，並於 21 世紀初，被許多國家併入電網，成為主要的電能來源之一。依據統計，於 2010 年，全球已經有超過上百個國家投入使用，雖然如此，太陽光電的發電總量仍低，併入電網的容量大約超過 20GW，而沒有併入的估計也有 4～5GW，合計約占總發電容量的 2%左右。

圖 5-10　裝置於奧地利的太陽能樹

太陽能光電系統早期大都以裝置在建築物的屋頂上為主，後來逐漸出現太陽能光電站，經由大規模的裝置光電電池來產出較大容量的電能，宛如一座發電廠般。隨著光電電池的普及化，有些城市或社區也將其融入整個都市的發展規劃中，包括路燈、電子看板或具有裝置美感的光電樹等，如圖 5-10 所示。

　　而在電動車逐漸被廣爲接受的情況下，也必然會有太陽能充電站的出現。圖 5-11 爲台達集團所規劃推出的充電站系統，極具有前瞻性與現代感，未來勢必如雨後春筍般在各地出現，並且逐漸取代現有的化石燃油加油站。

圖 5-11　台達公司規劃設計的充電站

　　隨著太陽能光電材料的改進研發，一方面由於成本下降，另一方面則因爲發電效率提升，因而發電容量不斷擴大，雖然仍然無法成爲一個國家的主要基載電力來源，但其增加速率逐漸加大，終有一天會成爲能源供應的主角。我們從 2010 年到 2017 年的全球光伏發電增量中，就可以發現這個趨勢，如表 5-2 所示。

表 5-2　全球太陽光電發電量

年　度	2011	2012	2013	2014	2015	2016	2017	2018
裝置量(MW)	71,251	100,677	137,260	178,090	226,907	302,782	392,263	487,892
發電量(GWh)	65,211	100,925	139,044	197,671	260,005	328,182	453,517	584,630
佔　比 (%)	0.29	0.44	0.59	0.83	1.07	1.32	1.77	2.20

資料來源：維基百科

　　在裝置容量的排行上，中國、日本、美國、德國、印度和義大利，於近年來都穩居於前六，依 2019 年的統計，其數據如表 5-3 所示。

表 5-3　全球太陽能光電裝置容量排名(2019)

國家	中國	日本	美國	德國	印度	義大利
裝置量(MW)	205,072	61,840	60,540	48,960	34,831	20,900

資料來源：維基百科

由表 5-3 中可知，中國大陸在太陽能光電的裝置容量上遠遠高於他國，其容量幾乎相當於其他五國的總合，由此可見中國大陸對於能源需求之大，同時也能看出其發展乾淨能源以保護大地環境的決心與信心。

欲將太陽的光能轉換成為電能，必須要有一個能量轉換器，這個能量轉換器我們稱它為「太陽能電池」或「光電電池」。太陽能電池的發電原理，是當太陽照射在某些特殊材質的半導體材料上時，太陽輻射能會使得材料內的電荷分布狀態發生變化而產生電流和電動勢，此即是將太陽輻射能轉化為電能的一種機制，也就是俗稱的「光生伏打」效應。太陽輻射能轉化為電能的效率，目前大約都介於 15%～20% 之間，有效的提高轉換率以降低成本與布置空間是研究者共同的目標。

1. 太陽能電池的分類

太陽能電池的「光生伏打」效應在半導體材料中會有比較高的能量轉換效率，所以太陽能電池多半會以半導體材料來製造。太陽能電池一般都是以其構造方式來分類，有些人則會以其基體所用的材料來分類，但前者被認為比較具有明確的物理意義。

若以構造方式分類，可以有如下三種類型：

a. 同質結構太陽能電池：由同一種半導體材料構成一個或多個 *p-n* 結構的太陽能電池，常見的有矽太陽能電池和砷化鎵太陽能電池等。

b. 異質結構太陽能電池：由兩種不同材料構成 *p-n* 結構的太陽能電池，如"氧化銦錫－矽"太陽能電池和"砷化鋁鎵－砷化鎵"太陽能電池等。

c. 肖特基太陽能電池：利用金屬和半導體接觸，在某些特定條件下可以產生所謂的「肖特基效應」，從而得到電流的太陽能電池，包含"金屬－氧化物－半導體"太陽能電池(MOS 太陽能電池)，"金屬－絕緣體－半導體"太陽能電池(MIS 太陽能電池)等都是。

若以基體所用材料來分類，可以分為矽晶基體(silicon based)與薄膜(thin film)兩大類，而矽晶基體太陽能電池又包含單晶矽(single crystal silicon)與多晶矽(polycrystaline silicon)，說明如下：

a. 單晶矽太陽能電池：單晶矽為一種沒有晶界存在的矽結晶物，結晶十分完整，純度高，自由電子與電洞在其內部移動不會受到阻礙，因而能夠有較好

的效率。由於結晶完整，所以矽原子與矽原子之間的化學鍵甚爲穩固，不會因紫外線的照射而受到破壞，以致產生懸浮鍵來阻礙自由電子移動或補捉自由電子，造成電流下降。因此之故，單晶矽太陽能電池可以有較高的轉換效率，性能也比較不易衰退，可以維持比較久的使用年限。單晶矽太陽能電池的成本較爲昂貴，且礙於晶圓型式，只能切割爲圓形或圓弧形，在實際鋪設時無法達到最大的面積利用，且切割時會有較多的邊廢料，是爲其缺點。

b.　多晶矽太陽能電池：多晶矽是一種具有許多小晶體結合而成，或晶體中存在許多晶界的矽結晶物，其成因乃是於純化時沒有將雜質完全去除，或是以較快速的方法讓矽產生結晶之故。因爲有許多小晶粒以及晶界的阻礙，所以多晶矽太陽能電池的效率會比單晶矽太陽能電池差，其內部晶粒越多，越小，效率就越差。此外，多晶矽中矽原子與矽原子之間的化學鍵容易因受到紫外線照射而斷裂，以致產生許多懸浮鍵會補捉自由電子，造成電流下降而影響其效率以及壽命。多晶矽大陽能電池的優點是成本相對降低，而且可以裁切成四方形，不但可以增加鋪設面積，也可以減少裁切時的邊廢料損失。

c.　薄膜太陽能電池或稱非晶矽(amorphous silicon)太陽能電池：非晶矽太陽能電池一般都是以電漿式化學沉積法(PECVD)，將薄薄的一層矽原子生成於玻璃、陶瓷、塑膠或金屬上，厚度僅約 1μm 左右，原子排列紊亂無序，稱爲薄膜。由於非晶矽對太陽光的吸收性要比矽晶大 500 倍，所以雖僅薄薄一層就可以把太陽光能做有效吸收。此外，非晶矽薄膜是沉積在價格便宜的玻璃、陶瓷或塑膠等的基體上，不必使用價格昂貴的矽基板，故而可以有效降低成本。又若基板是具有撓性的塑膠或金屬，則太陽能板具有可折彎的特性，故而可以完全配合裝置空間的需要做曲面安裝。非晶矽薄膜太陽能板在強烈日照下容易產生缺陷，導致電流下降而影響供電的穩定度。

2.　**太陽能電池的基本工作原理**

太陽能電池依其型態與種類不同，在原理和構造上會有些差異，但基本的光生電原理是相同的。本節就以最簡單的"單晶矽"太陽能電池來說明它們的工作原理。

　　一般來說，物質的原子爲帶正電的原子核和帶負電的電子所組成，原子核居於中心，電子圍繞在原子核的外層。當原子受到外來能量的激發時，電子就會離開原來的位置，擺脫原子核的約束而成爲帶負電的"自由電子"，在此同時，它原來所在的位置就會出現空位，被稱爲"電洞"。由於電子和電洞本來是處於平衡狀態的，帶負電的電子脫離以後，留下的空位就是帶正電的電洞了。

　　依據此原理，如果在矽晶體中摻入某些會俘獲電子的元素如硼、鋁、鎵、銦等，矽晶體本身將會因失去電子而產生電洞，成爲"電洞型半導體"，稱爲「p 型半導體」。相反的，如果在矽晶體中摻入的是會釋放出電子的磷、砷、銻等，矽晶體內將會因得到電子而成爲"電子型半導體"，稱爲「n 型半對體」。當 p 型和 n 型半導體被結合在一起時，電子和電洞會在交界處形成"p-n 結"，並在結的兩邊形成電場。

　　標準的太陽能電池構造如圖 5-12 所示，最上層爲具保護作用但可以透光的封裝玻璃，其次爲上部電極、抗反射塗層、頂層半導體、接面、底層半導體，最下層爲底電極。其中 n 型半導體被用於頂層，p 型半導體被用於底層。當太陽光輻射在 n 型半導體上時，自由電子會被激發而經由上部電極順著所聯結的電路流出，而此時 p 型半導體上會有電子越過 p-n 接面至 n 型半導體來填補，此時在 p 型半導體上會產生更多電洞，再由底電極聯接到外部電路引進電子來補充，如此即形成了電流電路系統。

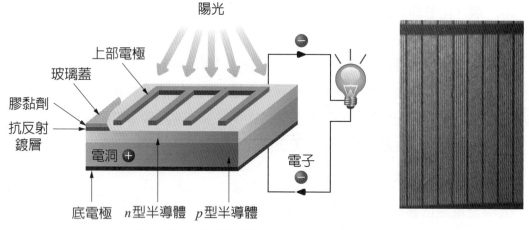

圖 5-12　太陽能電池構造(左)與太陽能電池單元(右)

3. 太陽能光伏發電系統的建置

太陽能電池的最小單元稱為單體，尺寸一般都在 100 cm² 以內，工作電壓約為 0.45V～0.5V，工作電流約在 20～25 mA/cm²。單體一般不會被拿來單獨作為發電元件使用，而是將多個單體串聯和並聯起來成為太陽能電池組件，以作為單獨發電的單元，可以有數十瓦以上的功率。在需要更大功率輸出的情況下，可將多個組件串聯或並聯起來構成太陽能電池方陣，如圖 5-13 所示。又若要建立一個供商業營運的太陽能發電廠，則須結合一定數量的太陽能電池方陣來達到預設的供電目標。

圖 5-13　太陽能電池方陣與太陽能光伏發電

太陽能光伏發電系統所得到的電力為直流電，可以直接用於各種直流負載如圖 5-14 所示。假如所得到的電力要併入市電系統或用於居家現有的交流電器設備上，都必須裝置直流／交流轉換器，過程中會有一些損失，如圖 5-15 所示。如果所得到的電力能夠直接用於直流燈具或電器，不但可以省下轉換器的裝置費用，而且沒有不必要的電力損失。至於太陽能電力的儲存，一般都以鉛酸蓄電池為主，其蓄電原理和常用的汽車電池相同。

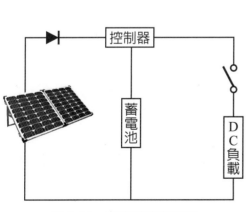

圖 5-14　直流系統應用圖

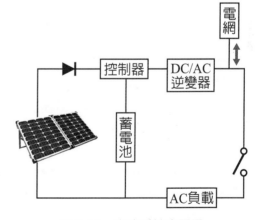

圖 5-15　交流系統應用圖

4. 太陽能電池的發電量評估

太陽能電池之能量轉換效率約在 15%〜20%之間，亦即將太陽每分鐘對地球的輻射能量，或稱為太陽常數 E_s = 1367 W/m^2，乘以輻射效率 η_r 後，再乘以太陽電池的能量轉換率 η_s，就是太陽能電池所得到的真正電能。亦即

$$E = \eta_s \eta_r E_s$$

觀念對與錯

(○) 1. 將太陽光能轉換為電能的轉換器，就是俗稱的太陽能電池，而其作用原理就是「光生伏打」效應。

(○) 2. 太陽能電池的「光生伏打」效應，在半導體材料中會有比較高的轉換效率，所以太陽能電池一般都以半導體材料來製造。

(✕) 3. 矽晶基體太陽能可以分為單晶矽與多晶矽，其中多晶矽具有比較多的晶界，更有利於電子移動而得到較好的發電效率。

(○) 4. 薄膜太陽能電池是將薄薄的一層矽原子生成在玻璃、陶瓷或塑膠等基體上，成本低廉且具可折彎性，有利於配合裝置空間做曲面安裝。

(○) 5. 太陽能電池的單體工作電壓僅 0.45 V〜0.5 V，每 cm^2 的工作電流也只有 20〜25 mA，所以須將多個單體串聯或並連起來成為發電單元，再將多個發電單元組合成電池方陣，才能達到預設的供電目標。

例題 5-5

若太陽之輻射效率為 50%，太陽能電池的能量轉換率為 18%，試求 100 m^2 的太陽能電池組每天日照 6 小時的發電量？

解

每 6 小時發電量為

$E_T = \eta_s \eta_r E_s(A \times t) = 0.18 \times 0.5 \times 1367 \times (100 \times 6) = 73818$ (W·h)

$\quad = 73.818$ (kW·h) $= 73.818$ (度電)

例題 5-6

上題中，若欲供給人口 3,000 的村莊使用，設每戶平均有 3.5 人，每戶平均日須用電為 4 度，試求應裝置幾組太陽能電池才能滿足須求？(設每日平均日照 6 小時)

解

村莊戶數為 $n = 3000 \div 3.5 = 857.14$ (戶)

每日所須電量 $E = 4 \times 857.14 = 3428.56$ (度電)

每組太陽能電池每日發電量 $E_T = 73.818$ (度電)

所需太陽能電池組數 $N = 3428.56 \div 73.818 = 46.45 = 47$ (組)

當太陽輻射投射在地球上時，投射面積為 πr^2，直接照度為 1367 W/m²，但因地球表面並非平面，而是球面，很多時間是在斜射狀態，故須將這些能量分布在實際為 $4\pi r^2$ 的表面上，因而，太陽輻射在地球表面上的能量密度平均為

$$E_a = 1367 \text{ W/m}^2 \times \frac{\pi r^2}{4\pi r^2} = 342 \text{ W/m}^2$$

因為太陽在某個時間中只照射到地球的某個區域而非全部表面，故而此處所得 E_a 之值為不管白天黑夜地表之平均照度，或稱全天太陽輻射平均密度。在實際應用時，還必須考慮輻射效率的因素，才能準確估算。

例題 5-7

試估算(a)太陽光電的月平均能流密度？(b)太陽熱能的月平均能流密度？

解

(a) $\rho_p = 342 \times 24 \times 30 \div 1000 = 246.24$ (kWh/m²M)

(b) $\rho_h = 342 \times 24 \times 3600 \times 30 \div 1000 = 886464$ (kJ/m²M)$=886.46$(MJ/m²M)

例題 5-8

某地之有效全天太陽輻射平均密度為 170 W/m^2，(a)試求其輻射效率，(b)面積 3 m^2 範圍內每天有多少太陽輻射能？(c)若太陽能電池轉換率為 20%則一天可發多少度電？

解

(a) $\eta = \dfrac{170}{342} = 49.71\%$

(b) $Q_T = 170 \times 3 \times 24 \times 3600 = 44.06$ (MJ)

(c) $E_T = 0.2 \times 170 \times 3 \times 24 = 2.448$ (kW · h) = 2.448 (度電)

三、太陽能光伏發電的新發展

　　太陽能光伏發電的技術在 21 世紀初已經達到成熟階段，在全自動化生產的製造過程中，太陽能板的品質與成本獲得完全的控制。在大量生產的情況下太陽能板相關產品的產能過剩，因而價格不斷往下掉，使得製造廠商無法獲利，甚至出現了嚴重虧損。雖然如此，但許多國家或地區仍然存在著缺電危機，為何它們無法利用價格已相對低廉的太陽能板來解決缺電問題呢？究其原因，有下列幾個因素。

1. 太陽能板的發電效率太低：目前市場上供應的太陽能板的發電效率，大約只有 15%～18%左右，如果要取得更多電力，必須更大的裝置面積與設備投資。在設備投資方面較不是問題，但裝置面積的取得就困難許多，因為耗電量大的地區，往往都是工商業相對較為發達之處，人口也較密集、土地資源必定少而昂貴。未來必須在材料科學上加以突破，有效提昇太陽能板的發電效率，才能跳脫目前面臨的困境。所幸近兩年來有黑矽(黑硅)技術的開發成功，使得太陽能板的發電效率有所提升。依據各研究單位所發布的報告，黑矽技術的應用已使效率突破了 18%的障礙，來到 20%，甚至有芬蘭的研究機構，已經發布 22%的高效率成果。

　　除此外，於 2017 年，美國喬治華盛頓大學在實驗室中成功開發了一種新型的太陽能電池，是將電池多層次堆疊在一起成為單一裝置，然後運用聚光式太陽能板(Concentrator Photovoltaic；CPV Panels)的模式，將太陽光集中照射

在小區域面積的光電元件上，使其產生光電效應，有效的工作波長分布範圍極廣，大約在 250 奈米到 2,500 奈米之間，而所得到的能量轉換效率，經量測可以高達 44.5%，幾乎提高了 2.5～3 倍之多。

就在幾乎是相同時刻，日本夏普公司所發表的化合物三接合太陽能電池，其效率也高達 31.2%，甚至曾經創造 37.9%的最高紀錄。以此觀之，如果能夠保持這樣的研究發展進程，太陽能光伏發電的技術突破似乎很快就能實現，然後再設法進一步加以商品化，那麼以太陽能電池來獲得電能，必將取代目前所有研究發展中的發電方式，並且同時也解決了電力不足以及環境污染等人類頭痛的問題。

2. 使用直流電的電器產品太少：太陽能光伏發電所產生的電力為直流電，目前大都將所發電力轉為交流電以後，再併入城市電網輸送到用戶端，此方式於轉換和輸送過程中，會有不小的損失。因此，如能在地發電在地利用，且直接用於直流電的電器產品，就可以避免無謂的損失。現階段各國政府購買太陽能發電的電價，大都遠高於售予使用者的電價，有政策補貼的意義，是太陽能發電必須併入城市電網的最大理由，如能在施行細節上加以改變，即可避免上述的電力損失。太陽光電自發自用，也可以同時併入城市電網，充分發揮其用電效率與方便性，其裝置示意如圖 5-16 所示。

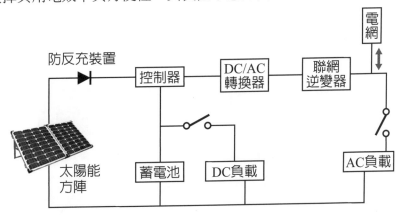

圖 5-16　太陽能發電自用裝置示意圖

當圖 5-16 中的太陽能方陣發出電力以後，經由控制器把直流電充蓄到電池中去儲存，或直接提供給直流電器使用。當電池充飽電以後，其餘電力可以透過 DC/AC 轉換器，將直流電轉換成交流電提供給交流電器使用，或將多餘

的電力併入城市電網中。太陽能方陣和控制器之間設置的防反充裝置,是在預防晚上或沒有太陽光時,電池中的電流反充到太陽能方陣中。

3.　太陽能板的顏色與花樣太過單調:目前常用的太陽能板大都是黑色,被裝置在屋頂上還不致破壞景觀,如裝置在牆壁上,或大面積裝置在室外空間,對整體生活空間的景觀有極大的負面評價,因此,多色彩太陽能板的開發是必走的趨勢。目前,瑞士 Emirates Insolaire 公司,以及台灣的樂福公司(LOF)都發表了彩色太陽能板的技術與產品。圖 5-17 中,太陽能板可以有紅、藍、綠等多種顏色製作成類似磁磚或壁磚的樣式,雖然效率會因多了一層彩色塗層而降低,但卻大大增加了太陽能板的可用裝置區域,給太陽能發電帶來了新的發展空間。此外,由台灣勤益科技大學教授開發出來的彩圖太陽能板,可以將太陽能板以類似大理石紋、木紋等圖案呈現,使太陽能板變成建築用材料。更進步的是可把彩色圖案塗布在太陽能板上,使太陽能板和廣告看板合而為一,如圖 5-18,如此一來,生活週遭的許多裝置都變成了太陽能板,所發電力將可倍增,且又不會破壞生活景觀,可謂是業界最先進的創新發明。若將彩色太陽能板裝置在牆面上做為建材,同時產生電力,其成本和使用真正的大理石板或人造磁磚差不了太多,但可以得到電力。因為牆面受日照皆為斜射,所以其接受到的輻射能會比裝置於屋頂的要低,其發電效率也會受到一定程度的影響。

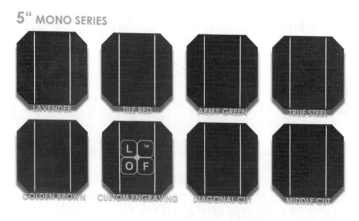

圖 5-17　彩色太陽能板(樂福公司產品)

圖 5-18　將黑色太陽板(左)彩繪成可做建材與廣告看板的彩圖太陽能板(右)

此外，歐美某些公司於 2014 年起陸續成功開發出透明材質的太陽能板，該
種透明材料如同玻璃一般，能夠讓可見光透過，同時可以吸收太陽輻射中
的紅外線和紫外線來發電。由於目前的光伏轉換效率只有 3～5%，差黑色
太陽能板的 20%效率甚遠，尚未達商品化的條件，但相信很快就能改善。

4.　系統優化與環境適應力可再提升：要使太陽能發電效率提升，除了太陽能板
　　本身的效率以外，還可以在追日系統以及太陽能陣列串聯間下功夫。近日業
　　者成功開發了功率優化器，可以使系統發電量提升 5～10%，成果驚人。此
　　外，能在高溫、高濕、多風沙等惡劣環境下使用的太陽能板開發，已漸受到
　　重視，短期內也將開花結果。

例題 5-9

例題 5-8 中，若太陽能發電系統花費 300 萬元裝置了功率優化器，使系統發電量
提高 8%，試求
(a)所需太陽能電池組數
(b)若維持原有太陽能電池組數，並將多餘電力併網以每度 8 元價格售予電力公
　　司，則投資額多久可以回收？

解

(a) 每組太陽能電池每日發電量為
　　$E_T = 73.818 \times 1.08 = 79.723$(度電)

所需太陽能電池組數

$N = 3428.56 \div 79.723 = 43$(組)

(b) 如維持 47 組,則總發電量為

$E_T = 79.723 \times 47 = 3746.98$(度電)

每日剩餘電力價值

$U = 8 \times (3746.98 - 3428.56) = 2547.36$(元)

回收期為

$n = 3000000 \div 2547.36 = 1177.7$(日) $= 1178$(日)

或 $n = 1178 \div 365 = 3.23$(年)

於新冠病毒大流行之際,許多人類的行為模式和生活方式正在悄悄改變,尤其對於尋找乾淨能原來替代汙染的燃煤發電一事,變得更為積極而堅定,以便人體的呼吸系統能免於受到汙染而弱化。依據國際能源機構 IEA 對全球能源的需求分析報告指出,大多數國家的太陽能發電已經比新建燃煤或燃氣發電廠便宜,因而捨棄新建燃煤與燃氣電廠已經勢在必行。又依數據顯示,太陽能所發的電力成本也已跌至有史以來的最低點,以大型太陽能裝置來說,每千瓦小時(kWh)的電力成本從 2010 年的 38 美分,已經降低至 2019 年的 6.8 美分。而若根據目前的建置速度,太陽能發電量有望在 2025 年超過燃煤電廠的發電量,成為一種主要的發電方式。而根據 IEA 能源專家的預估,太陽能和風能等兩種乾淨電能的產出容量占比,將從 2019 年的 8% 增長到 2030 年的 30%,成為人類最主要的能源供應方式,如此不但有利於環境維護與地球永續,也將減少能源爭奪而導致的悲劇與浩劫。

Chapter

06

風力發電原理與
技術應用

風力是自古以來人類最常利用的能源之一，應用領域包括船隻航行、農業灌溉、低窪地排水、農業加工用的磨坊等，這些種類的風能利用方式，除了船隻航行是直接運用風能來驅動以外，其餘都是以機械連動機構將風的動能轉換為機械能，然後透過機構的移動或轉動來帶動機器設備，達到特定的工作目的，如圖 6-1 所示，為古代所使用之風力驅動磨坊構造圖，以風力轉動風車，帶動齒輪組，將能量傳遞到磨坊來轉動它以作功。

圖 6-1　風能轉換為機械能的機構示意圖

在 18 世紀工業革命以後，蒸氣機產生的機械能不但甚為巨大，而且使用便利，加上成本相當低廉，因此風能的利用逐漸式微。近幾十年來，做為蒸氣機主要動力來源的化石燃料價格大幅上漲，且又有空氣汙染對人類健康產生傷害，或排放溫室氣體引發地球暖化與氣候嚴重變遷的問題，因而包括風力在內的自然能量開發，瞬間成為一股熱潮，除了補償工業蓬勃發展所出現的能源缺口，也可以減低對環境的衝擊。

隨著工業技術的快速發展與進化，許多能源的運用逐漸由機械驅動模式轉變為電能驅動模式，因而風力的利用須要更進一步由機械能轉換為電能，此乃現代風力發電蓬勃發展之由來。由於風力發電的原始能量來自於風，因此，風量的大小和平均風速的高低決定何處才是良好的「風場」，而良好的風場是否適合裝置風力發電設備，還要看風場位置。如果位置極為偏遠，發出的電力需要長距離傳輸，除了過程的損失以外，輸送線路的架設成本也會貴得嚇人。但若處於人口稠密地區，除了地價昂貴以外，風車運轉時所發出的噪音，以及設施對景觀和生態的破壞等負面效應，都有可能引發居民的抗爭。

　　風力發電既有其優越處也有其短版之處，要投入發展之前須要考量的因素很多，除了技術和財務問題之外，主要為政府政策、設置地點和居民態度等。茲將風力發電之優缺點列出如下，可做為建置評估之參考。

1. 風力發電的優點

　　a. 設施日益進步，設置成本相對降低，有些系統的發電成本已經低於燃煤發電。

　　b. 風機為立體化設施，對地面之環境與生態衝擊甚小。

　　c. 風力可再生又不需成本，沒有互相爭奪的問題。

　　d. 風力發電過程沒有溫室氣體和有害物質排放，對環境非常友善。

　　e. 風力發電屬於分散式系統，不會有大型發電系統過度集中所帶來的風險。

　　f. 風力發電可依電量需求靈活裝載或卸載，增加電網穩定性。

2. 風力發電的缺點

　　a. 良好風場得之不易，許多地區不具備發展條件。

　　b. 會干擾鳥類棲息，設在海邊或海上的風機，也會影響魚類正常生態。

　　c. 風力常依季節或地區不同而呈現間歇性供給，無法穩定發電。

　　d. 有些良好風場地處偏僻，當地並無太多電力需求，外送則會大幅增高成本。

　　e. 風機產生的噪音與景觀破壞，是難以解決的困擾。

　　近年來，為了取得良好風場並免除居民抗爭的困擾，許多風力發電機被裝置於靠近海邊的偏僻土地上，有些甚至將其裝至於海上，如圖 6-2 所示，前者被稱為「在岸」風力發電，後者則被稱為「離岸」風力發電。

圖 6-2　「在岸」風機與「離岸」風機

　　因為離岸風力發電的風機是設立在海洋之中，相較於在岸風力發電，除了施工困難之外，材料的選用也必須講究，因而設置成本一般都會比在岸風機高出 2～3 倍以上，越深的海洋設置成本越高，甚至可以高達 5 倍之多。除了建置費用較為昂貴之外，從海洋中把電力傳輸回陸地的成本也會提高許多，再加上離岸風力發電系統維修保養較為不易，因而整體發電成本可能會達到在岸風力發電成本的 2 倍，或甚至還有可能更高。雖然發電成本較高，但基於良好風場難覓以及可以免除居民抗爭壓力兩個點上來考量，近幾年來，離岸風力發電設施的建立有漸漸增加的趨勢。

一、全球風力發電發展概況

　　全球風力發電的裝置量從 2000 年以來都呈穩步增加，依據國際能源機構 IEA 對 2016～2019 年的統計，風力發電已經位居全球電力來源的第五名，而且占比提高甚多，從 3.8%增加為 5.3%達到 1,427,413 GWh 之多，如表 6-1 所示。

表 6-1　全球電力來源 (2016 / 2019)

排名	發電方式	發電容量 (GWh)	占比 (%)
1	燃煤	9,594,341 / 9,914,448	38.3 / 36.7
2	天然氣	5,793,896 / 6,346,009	23.1 / 23.5
3	水力	4,170,035 / 4,328,966	16.6 / 16.0
4	核能	2,605,985 / 2,789,694	10.4 / 10.3
5	風力	957,694 / 1,427,413	3.8 / 5.3
6	石油	931,351 / 747,171	3.7 / 4.5
7	生質能	462,167 / 542,567	1.8 / 2.0
8	太陽能光伏	328,038 / 680,952	1.3 / 2.5
9	其他	238,081 / 266,970	0.9 / 1.0

資料來源：維基百科

　　又根據英國能源統計機構(BP Statistical Review of World Energy)於 2019 年發布的資料顯示，風力發電的容量占全球電量比值，於 2008 年超過 1%，之後便一路提升至 2017 年的 4.38%，如圖 6-2 所示。相信照此趨勢走下去，風力發電的占比，於 2030 年即有可能突破 10%，成為舉足輕重的能源供應來源。

表 6-2　全球風力發電容量統計

年　度	裝置容量(MW)	發電量(GWh)	占全球發電量比(%)
2008	116,512	220,569	1.08
2009	151,656	275,929	1.36
2010	182,901	341,565	1.58
2011	222,517	436,803	1.96
2012	269,853	523,814	2.30
2013	303,113	645,721	2.75
2014	351,618	712,407	2.98
2015	417,144	831,826	3.42
2016	467,698	959,468	3.85
2017	514,798	1,122,745	4.39

資料來源：維基百科

　　以風力發電機的總裝置量和總發電量來說，中國大陸都穩居龍頭寶座，可以說是風力發電推廣的模範生，其次是美國，這兩個國家的風力發電裝置比例，合計達到全球總量 621.4 GW 的 55% 之多，而其發電量的比例，也達到全球總風力發電量 979.7 TWh (十億度)的 55.4% 左右。表 6-3 為截至 2017 年全球累計風力發電裝置容量最多的前 8 個國家，以及各該等國家的發電容量與占有比例。

表 6-3　全球 2017 年風力發電裝置容量與發電量

國家	中國	美國	德國	印度	西班牙	英國	法國	巴西
裝置量(GW)	236.4	105.5	61.4	37.5	25.2	23.3	16.6	15.5
占比(%)	38.0	17.0	9.9	6.0	4.1	3.7	2.7	2.5
發電量(TWh)	285.8	256.9	106.6	52.4	49.0	49.7	28.8	42.5
占比(%)	29.2	26.2	10.9	5.3	5.0	5.1	2.9	4.3

資料來源：維基百科 (法國數據為淨發電量，其餘各國數據為毛發電量)

　　由上表中可知，中國已經成為世界上最大的風力發電裝置國家，占比超過全球總量的四分之一，其次則是美國。至於新裝置的機組容量，中國也是穩居世界第一，比例接近全球新裝置機組容量的 50%左右。

由於世界各國規模有大有小，因而風力發電量對於全球占比不大的國家，在其國內與其他形式的發電產出相較，可能比例會很高，這說明了一個國家的風力發電量總數雖然有可能不大，但對於風力發電或許非常依賴，表 6-4 中的許多歐洲國家就是如此，其中以丹麥為最積極，預計 2020 年風力發電量會達到全國總用電量的 50%，而更希望於 2035 年能達成 84% 的目標。

表 6-4　歐盟主要國家風力發電量及其占比(2017)

國家	德國	英國	西班牙	法國	義大利	瑞典	丹麥
發電量(TWh)	106.6	49.7	49.0	23.8	17.7	16.5	14.8
占全國發電量比例(%)	16.3	14.8	17.8	4.5	6.0	25.2	43.6

資料來源：維基百科

二、風力發電的原理

風的形成肇因於太陽照射地表後所產生的區域溫度差異，溫度高的低緯度地區具有較低的氣壓，而高緯度地區因溫度較低反而具有較大的氣壓，這種氣壓的差異使得空氣作南北方向移動而形成風。此外，由於地球本身的自轉運動，讓南北方向的風發生偏向，而當風流經高山、丘陵、湖泊、海洋等不同地形，又再度受到阻力、摩擦力、濕度、溫度等的影響，產生了複雜而難以預測的風向與風速。

一般來說，風力發電設施最常被裝置於靠近海邊處，此乃因海水與陸地對熱能的吸收與釋放能力不同，其間容易因為溫差而產生巨量的風，所以比較有開發利用價值。海風與陸風之產生如圖 6-3 所示，日間陸地吸收太陽熱能較為快速，溫度比海洋要高，因而氣壓較低，所以會吹海風，夜間則相反，陸地因散熱快而溫度較海洋為低，因而氣壓變得較高，所以風由陸地吹向海洋。

對於需要穩定風向與穩定風速的風力發電系統來說，良好的風場確實難得。世界上依據評估調查後被公認為優良風場的所在地有很多，處於這些優良風場的國家，對於發展風力發電也比較具有優勢。以中國大陸來說，山東半島與遼東半島沿海、東南沿海、蒙古高原、松花江下游沿岸地區等，每年平均風速大於 3 m/s 的風吹時間可以達到 5,000～6,000 小時以上，平均風速大於 6 m/s 的風吹時間，則可以達到 3,000 小時，某些特別的地區，更高達 4,000 小時。至於台灣地區，以西部沿海和台

灣海峽的風場爲最優，一般來說，每年平均風速大於 3 m/s 以上的風吹時間都在 6,000 小時以上，平均風速大於 6 m/s 的風吹時間，則可以達到 3,000～4,000 小時之間，也非常適合發展風力發電。

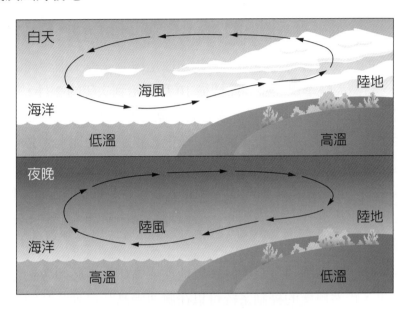

圖 6-3　風的產生與移動示意圖

　　歐洲地區則以德國和丹麥臨北海之西部地區的風場爲最優，不但常年都有足夠的風能，而且都是吹西風，平均風速達到 5～5.5 m/s，風能密度約爲 300～400 W/m² 之間，風向與風速都算穩定，是相當難得的理想風場。除此外，近海地區水深 15m 左右的海面，也有許多平均風速達到 9～10 m/s 的海上理想風場，因而離岸風力發電也具備了光明的前景。這些國家因處於較高緯度，夏天不算太熱，空調用電少，但冬天寒冷，需要大量的電力來供暖，這恰巧與該等地區冬季風量高於夏季風量的節奏相同，因而風力發電可以成爲其所需電力的穩定來源。

　　有效率的風力發電廠需要建立在良好的風場上，但有良好風場不見得就適合建立風力發電廠，比如說該風場離需要電力的區域太過遙遠，電力輸送成本高昂，基於成本的考量，或許就不適合在當地建立風力發電廠。此外，如果該風場所在區域多風的季節與需電高峰季節不相吻合，那在建廠評估時就必須愼重考量這些因素，看是否有能力加以調節，否則有可能會因此而造成巨大損失。

亞洲地區有多處理想風場位於台灣海峽，在看好未來的發展潛力以後，包括德國風力發電大廠 EnBW 在內的幾個國際大公司，預計於西元 2018 年開始，將投入新台幣 9,000 億元(約 300 億美元)的經費，在台灣海峽建立離岸風力發電系統，並在往後的 20 年間，以每度電新台幣 5.8 元(約 0.2 美元)賣給台灣電力公司，總採購額高達新台幣 2 兆元(約 700 億美元)。這一個離岸風力發電系統的建置，主要是想利用台灣海峽優良且穩定的風場來發電，表面上看起來像是極為完美，但台灣缺電季節為每年 5 月到 9 月，台灣海峽季風旺盛季節卻從 10 月開始到次年的 2 月，這種需電高峰期和季風旺盛季節完全錯開的玩笑，讓想要以離岸風力發電來舒緩缺電危機的計畫，增添了困難度，因而在整體規劃策略以及能源供應的配比上，必須要有更靈活的彈性。上述所提及的現象可以由 2018 年 5 月底在台灣發生的案例來做驗證，當時連續多天氣候炎熱，電力供應吃緊，但已經投入發電行列的 2 座離岸風力發電機之日發電量卻非常少。因此在設廠規劃時，必須把這個因素加入評估，才不至於出現無可挽回的落差。

除了風場好壞以外，風力發電機的設置地點或區域，還必須考量是否有頻繁的颱風或颶風發生。雖然風機的控制系統可以在風速過高時自動將其鎖死，以防風機轉速過高而毀損，不過當面臨 16 級風以上時，風機縱使沒有在運轉，也有可能因為風速過大而被摧毀，或因風速感測器故障使得風機繼續在高速下運轉而損毀。2015 年 8 月，當蘇迪勒颱風過境台灣時，位於苗栗海邊的 6 座風力發電機即因抵不過 17 級強風的吹襲而倒塌，據估計，總損失金額高達新台幣 7.8 億元之多。故而，在有颱風或颶風侵襲的地區設置風力發電系統，必須特別加強其硬體結構強度以及感測器的可靠度，以避免不必要的財產損失。

要知道風能如何轉變為電能，以及那些因素會影響風能轉變為電能的效率，必須先瞭解風的行進速度與能量密度，以及各種風機的組成結構等，如此才有能力進一步成為風力發電的設計者與規劃者。

1. 風速與風能密度

要能夠供給風力發電設施或風車做有效率運轉，吹動的風必須具備某些特性，比較重要者為風速和風能密度。所謂風速就是風的移動速度，一般都是以某個區域中的某個時間區段之平均風速來計量。並不是有風就能被利用來驅動風車發電，必須風速達到一定大小以上才行。在學理上，可以讓風車開始起動的風速稱為「啟動風速」，依照各種不同尺寸規格設置的風車，其啟動風速都被設定

介於 3 m/s～4 m/s 之間。而當風速過大時，為了保護風車的安全，必須把風車停機，稱為「停機風速」，對於各種不同型號的風車，其停機風速通常都被設定於 20～40 m/s 之間不等。然而風速時快時慢，人為無法加以控制，因而為使風力發電機的風輪能穩定運轉，一般都會裝置一個限效安全機構，使得風速在某個範圍之內保持等速運轉，這個設定運轉速度下的風速，被稱為「額定風速」，依不同風車型號，額定風速一般被設定在 6～9 m/s 之間。在額定風速下的發電功率被稱為「額定功率」，大約是被設定在 100～5000 W 之間，而其電壓則常被依系統的特性與電力功能需求，被設定在 28～220 V 之間，該電壓則被稱為「額定電壓」。

所謂風能密度 ω，其定義為單位時間內流經單位截面積的風所具有的動能，假設某地當時之風速為定值 v (m/s)，其空氣密度為 ρ (kg/m^3)，則每秒流經單位截面積 1 m^2 的質量為 $\dot{m} = \rho v$ (kg/m^2-s)，又依據運動物體的動能公式，每秒流經 1 m^2 單位截面積的動能，或稱之為風能密度的大小為

$$\omega_o = \frac{1}{2}\dot{m}v^2 = \frac{1}{2}\rho v^3 \ (\text{W/m}^2)$$

風能密度 ω 的單位可以導出為

$$(\text{kg/m}^2\text{s})(\text{m/s})^2 = (\text{kg} \cdot \text{m/s}^2)(\text{m})(1/\text{m}^2\text{s}) = (\text{N} \cdot \text{m})(1/\text{m}^2\text{s}) = (\text{J/s})(1/\text{m}^2) = \text{W/m}^2$$

當風速並非等速，而是有不同級數的風 v_i 存在時，假若於某一選定的時段內，風速為 v_i 的風各分別出現了 N_i 次，則風能密度的計算公式可以修正為

$$\omega = \frac{1}{2}\rho\frac{\Sigma N_i v_i^3}{\Sigma N_i}$$

當總流過面積為 A 時，得到單位時間流經的風能為 $\omega_T = \omega A$，或 $\omega_T = \frac{1}{2}\rho v^3 A$，其單位為瓦特(W)。

觀念對與錯

(○) 1. 風力發電機之設置,除了要有理想的風場之外,還要考慮是否會對當地居民以及生態環境造成傷害。

(✕) 2. 在岸風力發電機與離岸風力發電機之設置,主要差別是在設置地點,技術與成本上並沒有太大差異。

(○) 3. 日間陸地吸收太陽熱能較海水快,因而陸地溫度高、氣壓低,所以會吹海風,夜間則因為陸地散熱快,溫度低、氣壓高,所以會吹陸風。

(○) 4. 歐洲北海風場除了風速大而穩定以外,其近海深度不大,且風力充沛的季節,恰與冬季需要供暖的季節相符,故為非常理想的風場。

(✕) 5. 風能密度大則發電效率佳,然因風能密度與風速三次方成正比,所以風場所在地的風速越大越好。

例題 6-1

某地區日平均風速為 5 m/s,試求其風能密度?假設風的密度為 1.225 kg/m³。

風能密度 $\omega = \dfrac{1}{2}\rho v^3 = \dfrac{1}{2}(1.225)(5)^3 = 76.5625\ (\text{W/m}^2)$

例題 6-2

某地區之日平均風速為 5 m/s,每日有風時間為 6 小時,每月平均 22 天有風,試求該地區風能的月平均能流密度?

由例題 6-1 知, $\omega = 76.5625\ \text{W}/\text{m}^2$,故得

$\omega_M = 76.5625 \times 6 \times 3600 \times 22 \div 1000 = 36383(\text{kJ}/\text{m}^2\text{M}) = 8696(\text{kcal}/\text{m}^2\text{M})$

例題 6-3

風力發電機的風車被風速 5 m/s 的風驅動發電，若空氣密度 ρ = 1.225 kg/m^3，試求(a)單位面積每秒所承受之動能(即功率 P) (b)若風車葉片長 10 m，葉片效率 35%，發電效率為 50%，試求每小時所得到的總電能？

解

(a) 每秒流經面積 A 的空氣總體積 $\dot{V}$ 為面積 A 乘以流速 v，而流經面積 A 的質量 $\dot{m}$ 為空氣密度 ρ 乘以每秒流經的總體積 $\dot{V}$，亦即 $\dot{V} = Av$，$\dot{m} = \rho\dot{V} = \rho Av$

故每秒產生的動能或其功率為 $P = \frac{1}{2}\dot{m}v^2 = \frac{1}{2}\rho Av^3$，當 $A = 1$ m^2 時

則每秒流經單位面積的動能或其功率為

$$P = \frac{1}{2}\rho Av^3 = \frac{1}{2}(1.225)(1)(5)^3 = 76.56 \text{ (J/s)}$$

單位轉換 $(\text{kg/m}^3)(\text{m}^2)(\text{m/s})^3 = (\text{kg})(\text{m}^2/\text{s}^2)\left(\frac{1}{\text{s}}\right) = \text{J/s}$

(b) 面積 $A = \pi r^2 = 100\pi$ (m^2)

每小時流經面積 A 之動能為

$T_t = P \times t \times A = 76.56 \times 3600 \times 100\,\pi = 8.66 \times 10^7 \text{(J/h)}$

有效動能 $T_{\text{eff}} = T_t \times 0.35 = 3.03 \times 10^7$ (J/h)

所得電能 $E = T_{\text{eff}} \times 0.5 = 1.52 \times 10^7$ (J/h)

註：葉片效率為風能可以真正用來驅動風機之比率，發電效率則是風機驅動發電機所產生電能的比率。

例題 6-4

試求單位體積 1 m^3 的空氣，以 5 m/s 的風速移動時，可以產生多少動能？若動能轉換為電能的效率為 50%，則該電能可以讓 10 W 的燈泡點亮多久時間？

解

$$E = \frac{1}{2}mv^2 = \frac{1}{2}\rho Vv^2 = \frac{1}{2}(1.225)(1)(5)^2 = 15.3\text{(J)}$$

可得電能 $E_e = 15.3 \times 0.5 = 7.66$ (J)

$E_e = Pt$，則可點亮之時間為

$$t = \frac{E_e}{P} = \frac{7.66}{10} = 0.766 \text{ (s)}$$

例題 6-5

上題中，若要使燈泡不熄滅，則每秒應流入的空氣體積為多少？

解

體積 1 m³ 空氣以 5 m/s 速度移動可以點亮 0.766 秒，則可以點亮 1 秒的體積為

$$V = \frac{1}{0.766} = 1.31 (\text{m}^3)$$ 如果每秒連續流入 1.31 m³，即可令燈泡不熄滅。

因為風能密度和風速的三次方成正比，故而當風速變成原來風速的 n 倍時，風能密度 w' 會變成原風能密度 ω 的 n³ 倍，亦即 $w' = n^3 \omega$，又若當風速不變而風機葉片長度變為原來長度的 k 倍時，面積變為 k² 倍，所以單位時間流經的風能 ω_T' 就會變為原來風能 ω_T 的 k² 倍，也就是 $\omega_T' = k^2 \omega_T = k^2(\omega A)$，若在風速與葉片長度同時改變時，單位時間流經的風能 ω_T' 就會變為原來風能 ω_T 的 n³k² 倍，亦即

$$\omega_T{}' = n^3 k^2 \omega_T = n^3 k^2 \omega A$$

例題 6-6

例題 6-1 中，若風機葉片半徑 20 m，求單位時間(每秒)流經風機之風能。

解

流經面積 $A = \pi r^2 = \pi(20)^2 = 1256.64 \text{ (m}^2)$

則風能 $\omega_T = \omega A = 76.5625 \times 1256.64 = 96211.5 \text{ (W)} = 96.2 \text{ (kW)}$

例題 6-7

若例題 6-7 中風速增加 50%，葉片長增加 30%，則單位時間流經風機的風能為多少？

解

風能密度為風速的三次方函數，故風能密度

$w' = w \times (1.5)^3 = 76.5625 \times 3.375 = 258.40 \ (\text{W/m}^2)$

面積 $A' = A \times (1.3)^2 = 1256.64 \times 1.69 = 2123.72 \ (\text{m}^2)$

則風能 $\omega_T{}' = \omega' \times A' = 548769.25 \ (\text{W}) = 548.77 \ (\text{kW})$

若直接以倍數變化計算

$n = 1.5$　　$\omega = 76.5625$　　故得

$w' = n^3 \omega = (1.5)^3 \times 76.5625 = 258.40 \ (\text{W/m}^2)$

$k = 1.3$　　$\omega_T = \omega A = 96.2 \ (\text{kW})$　　故得

$\omega_T{}' = n^3 k^2 \omega_T = (1.5)^3 \times (1.3)^2 \times (96.2) = 436.69 \ (\text{kW}) = 548.77 \ (\text{kW})$

　　並非所有的風能都可以被利用來轉化為機械能，依據德國科學家貝茲(Albert Betz)的研究，其最大值或稱為極限值為 0.593，被稱為貝茲極限。

　　貝茲定律是基於風通過風機以後速度不可能完全停下來，而必定還會有殘餘風速在，因而原本具有的動能，不可能完全轉移到風機上，而會有部分殘餘動能流出，這完全與現實情況相符合。假設進入風速為 v_o，殘餘風速為 v_1，葉片掃風面積為 A，空氣密度為 ρ，則風的初始動能為

$$P_o = \frac{1}{2}\rho A v_o{}^3$$

葉片吸收的動能為

$$P = \frac{1}{2}\dot{m}(v_o{}^2 - v_1{}^2)$$

其中 $\dot{m}$ 為單位時間內通過風機葉片之風的質量，大小為 $\dot{m} = \rho A v$。

　　此處之 v 為通過風機葉片之速度，可以設定為進入之速度 v_o 與殘餘風速 v_1 的平均值，亦即 $v = \frac{1}{2}(v_o + v_1)$，將其代入上式中得 $\dot{m} = \frac{1}{2}\rho A(v_o + v_1)$，則葉片吸收的動能為

$$P = \frac{1}{2}\left[\frac{1}{2}\rho A(v_o + v_1)\right](v_o{}^2 - v_1{}^2) = \frac{1}{4}\rho A(v_o{}^2 - v_1{}^2)(v_o + v_1)$$

合理假設 v_1 為 v_o 的 $\frac{1}{3}$，亦即 $v_o = 3v_1$ 代入得 P 和 P_o 分別為

$$P = \frac{1}{4}\rho A(9v_1^2 - v_1^2)(3v_1 + v_1) = 8\rho Av_1^3$$

$$P_o = \frac{1}{2}\rho A(3v_1)^3 = \frac{27}{2}\rho Av_1^3$$

則風能的轉換效率為

$$\eta = \frac{P}{P_o} = \frac{8\rho Av_1^3}{\frac{27}{2}\rho Av_1^3} = \frac{16}{27} = 0.593$$

此即為貝茲定律之極限值，或稱為貝茲極限(Betz limit)。

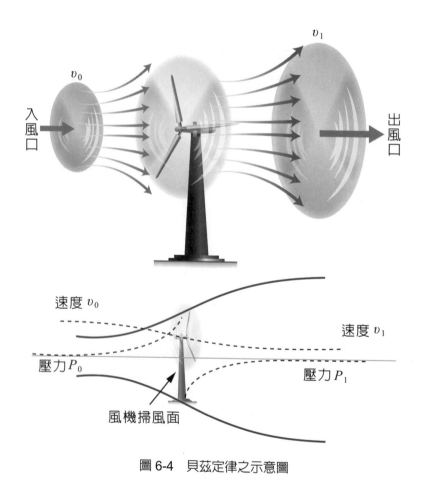

圖 6-4　貝茲定律之示意圖

圖 6-4 為貝茲定律之示意圖，當風由入口吹來，其進入風速為 v_o，經過風機掃風面後，殘餘風速為 v_1，而壓力變化較為複雜，在進入掃風面之前壓力 P_o 為零，接近掃風面時正壓力急劇升高，在通過掃風面後產生負壓狀態，抵達出風口時壓力 P_1，恢復為零。由圖中，顯現出 v_1，必定小於 v_o，經實驗歸納得知，v_1 約為 $\frac{1}{3}v_o$ 左右。又圖中所示之入風口與出風口，為離風機掃風面一小段距離處之虛擬風口，亦為風速與風壓產生變化的一小段區間。

在現有的技術下，風能的轉換率大都在 20%～50%之間，視風機的設計而定。風能 ω_T 可以被利用來轉換為機械能的出功率為

$$\omega_e = C_P\omega_T = \frac{1}{2}C_P\rho Av^3$$

其中 C_P 稱為功率係數或利用係數，最大值為貝茲極限 0.593。當風能轉換為機械能時，傳動機構的效率為 η_t，發電機的效率為 η_g，則風力發電機的出功率為

$$P = C_P\eta_t\eta_g\omega_T = \frac{1}{2}C_P\eta_t\eta_g\rho Av^3 = \frac{1}{2}\eta\rho Av^3$$

式中 η 為風能利用係數 C_P、傳動機構效率 η_t 和發電機效率 η_g 三者的乘積，代表風能的總轉換效率，數值約在 40%以下。

例題 6-8

出功率 3 kW 的水平式風機，若額定風速為 10 m/s，$\rho = 1.225$ kg/m^3，$C_P = 40\%$，$\eta_t = 70\%$，$\eta_g = 85\%$，求風機葉片應有的半徑？

解

$P = \frac{1}{2}C_P\eta_t\eta_g\rho Av^3$

$3000 = \frac{1}{2}(0.4)(0.7)(0.85)(1.225)(10)^3 A$

解得 $A = 20.58$ (m^2)

則半徑 $r = 2.56$ (m)

例題 6-9

上題中，若每台風機造價 20 萬元，共需裝置 40 台，今欲更新設備，考慮以造價 250 萬元，葉片半徑 10 m 的新型風機取代，是否會降低成本？

解

半徑 $r = 10$ (m)時，$A = \pi r^2 = 314.16 (\text{m}^2)$

$P = \dfrac{1}{2} C_P \eta_t \eta_g \rho A v^3 = \dfrac{1}{2}(0.4)(0.7)(0.85)(1.225)(314.16)(10)^3 = 45797(\text{W}) = 45.8(\text{kW})$

所須設置風機 $n = (3 \times 40) \div 45.8 = 2.62 = 3(台)$

原型費用 $m_o = 20 \times 40 = 800(萬元)$

新型費用 $m_n = 250 \times 3 = 750(萬元)$

故新型風機成本較低。

三、風力發電機的分類與構造

風力發電機的型式有很多種，可以依照它們的容量大小來分類，也可以依照風機旋轉軸的配置方向，或依葉片工作原理來分類。

1. 依照容量大小分類

所謂風機的容量，指的有兩種，一種是風機的受風面積，另一種指的是風機的輸出功率，基本上受風面積大小會與輸出功率大小成正比例關係，因此，用任何一種做為分類依據都相近。分類原則如表 6-2 所示。

表 6-2　風機依容量大小分類

類別	風機受風面積	輸出功率
微型	50 m² 以下	10 kW 以下
小型	50～200 m²	10～100 kW
中型	200～1600 m²	100～600 kW
大型	1600 m² 以上	600 kW 以上

2. 依風機旋轉軸方向分類

風機轉動的旋轉軸如果在水平軸向上，如圖 6-5 所示，稱為「水平軸風機」，如果是在垂直軸向上，則稱為「垂直軸風機」，如圖 6-6 所示。一般來說，水平軸風機可以有二個葉片或三個葉片型式，多葉片型式較為少見，此類型風機必須有固定風向範圍才能使其轉動，葉片旋轉方向與風向相切，容易因風切而產生噪音，當風機迎風面與風向不一致時，會有風能損失。垂直軸風機則沒有上述這些問題，不管風從那個方向來，都可以有效轉動葉片，風能利用率超過水平軸風機，不過其發電效率卻較差，因此商業運轉還是以水平軸風機為主。

利用水平風力發電機發電，因為受到貝茲極限的限制，效率無法突破，所以若要取得更多的電能，只能將風機的葉片增長。西元 2000 年時，最具經濟效益的額定輸出功率為 600～750kW 之間，其風車的風輪直徑約為 40～47m。新一代的 MW 級風力發電機，風輪直徑則高達 90～100m，如 Vestas 公司設計的 3MW 風機，風輪直徑為 90m，GE 公司設計的 3.6MW 風機，直徑則高達 100m，最大的當屬 Repower 公司設計的 5MW 風力發電機，其風輪直徑更高達 126m，目前為世界之最。

水平風力發電的葉片長度，受限於結構因素，並不可能無限制增長，所以最大額定輸出功率也有其極限。此時可以檢討一下垂直軸風力發電機是否具有一些優勢。首先，垂直式風機不受貝茲極限的限制，其次是不管風來自那一方，都可以利用來發電，再者，目前發電效率較低乃是受到機件、轉軸間摩擦抵消所致，可以利用磁浮或潤滑技術加以改善。由此可見，未來如果在垂直風機系統上下功夫，應該會有好的方案出現，也可以再造風力發電的一次高峰。

圖 6-5 「水平軸」風機

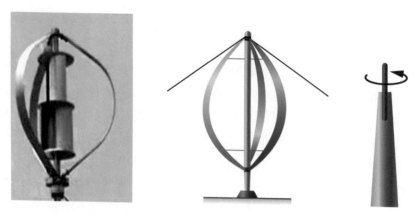

圖 6-6 「垂直軸」風機

3. 依葉片工作原理分類

依葉片的設計差異,可以用風對葉片產生的升力來轉動葉片,稱為升力型,也可以用產生的阻力來轉動葉片,稱為阻力型。升力型風機可以有較大轉速及較高的轉換效率,因此新型的風機都以升力型為主。阻力型則恰好相反,轉速較慢且轉換效率較低。

風力發電機的結構主要包含葉片、變速齒輪箱、發電機、控制系統、塔架和基座等,以典型的水平軸風機為例,相關結構如圖 6-7 所示。

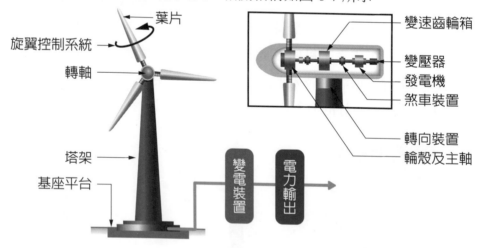

圖 6-7 風力發電機構造

四、風力發電系統之應用

　　利用風力發電來取得電能已是常見的能源取得方式，應用時可以採風機發電供電獨立使用，而不併入城市電網的供電方式，稱為「離網式」。假如風機的電力直接就併到城市電網內，則稱為「併網式」，如圖 6-8 所示。而假如是離網與併網同時採用的，就稱為「混合式」，如圖 6-9 所示。離網式系統的優點是 "區域發電區域供電"，省去了與城市電網併網的許多設施與費用，缺點是電力無法做有效調節，尖峰時電力不足影響工商業與家庭生活，離峰時電力過剩形同浪費。因此「併網式」和「混合式」較被大眾所接受，除非風機位處偏遠地區，併網所須之傳輸設施金額龐大到不符經濟效益，才會選擇不做併網考慮。

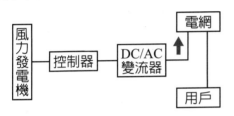

圖 6-8　併網式風力發電系統

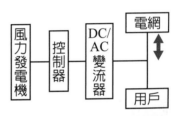

圖 6-9　混合式風力發電系統

　　在規劃設置風力發電機組時，一般都會設定該風機的「裝置容量」，亦即指該風機的最大發電容量。但在實際狀況中，風力時大時小，變化不定，不見得所有時間都可以發電。將風機的「實際發電量」除以「設計發電量」所得到的比值稱為風機的負載率，亦即

$$負載率(\%) = \frac{實際發電量}{設計發電量} \times 100\%$$

負載率越高的風機，其設置的經濟效益越高，回收期越短，越值得投資設置。

觀念對與錯

(X) 1. 水平軸風機是指發電機放置在水平方向上，此型風機可以避免產生震動，較垂直軸風機擁有更高的穩定性。

(X) 2. 水平風力發電機的葉片長度越大則發電量越高，但受限於結構因素，所以有其長度極限，但可以從增加葉片寬度來突破。

(○) 3. 利用水平風力發電機發電，因受到「貝茲極限」的限制，效率無法突破，因而很難找到增加發電量的方法。

(○) 4. 垂直軸風力發電機雖然也受到「貝茲極限」的限制，但不管風是來自於何方向，都可以被它利用來發電。

(○) 5. 從風力發電機取得的電力為直流電，若要併到城市電網，須要增設變流器等設施來將其轉變為交流電，會增加電能成本。

例題 6-10

某風力發電機的裝置容量為 1000 kW，若其負載率為 42%，試問一年實際的發電量為多少？

解

一年 365 天的設計發電量為 $E_D = 1000 \text{ kW} \times 24 \text{ h} \times 365 = 8.76 \times 10^6 \text{ kW} \cdot \text{h}$

實際發電量 $E_R = 8.76 \times 10^6 \text{ kW} \cdot \text{h} \times 0.42 = 3.68 \times 10^6 \text{ kW} \cdot \text{h} = 3.68$ 百萬度

例題 6-11

某城市年需要的電力為 52 百萬度，欲設置風力發電機來滿足須求，若發電機之裝置容量為 2000 kW，負載率為 38%，試問該城市應裝置幾台風機？

解

每台風機一年 365 天的設計發電量為

$E_D = 2000 \text{ kW} \times 24 \text{ h} \times 365 = 1.752 \times 10^7 \text{ kW} \cdot \text{h}$

實際發電量

$E_R = E_D \times 0.38 = 6.6576 \times 10^6 \text{ kW} \cdot \text{h} = 6.6576$ 百萬度

需風機數 $n = \dfrac{52}{6.6576} = 7.81 = 8$

故須設置 8 台風力發電機

　　風速有時快有時慢，而用電量白天和黑夜有所差別，平常日和例假日也不相同，因此，若使用風力發電作為唯一的電源供應系統有其風險，必須與其他方式如火力發電或核能發電系統併網，才能維持穩定的電源供應。

例題 6-12

上題中之城市，白天 12 小時之平均風速為 10 m/s，夜間 12 小時之平均風速為 4 m/s，試求白天與夜間的發電量占比？

解

白天的發電量為 $E_d = \dfrac{1}{2}\eta\rho A(v_d)^3 t_d = \dfrac{1}{2}\eta\rho A(10)^3 t_d = 500\,\eta\rho A\,t_d (\mathrm{J})$

夜間的發電量為 $E_n = \dfrac{1}{2}\eta\rho A(v_n)^3 t_n = \dfrac{1}{2}\eta\rho A(4)^3 t_n = 32\,\eta\rho A\,t_n (\mathrm{J})$

白天發電量占比 $f_d = \dfrac{500}{500+32} = 94\%$

夜間發電量占比 $f_n = \dfrac{32}{500+32} = 6\%$

例題 6-13

若該城市實際電力須求量為白天 91%，夜間 9%，試求所需裝置之風機數量以避免缺電？

解

夜間僅發 6%的電力，無法供應 9%所須，需裝置風機數量為

$n = 7.81 \times \dfrac{9}{6} = 11.715 = 12$

故需設置 12 台風機才能避免夜間缺電。

Chapter **07**

生質能源與
生質能源作物栽培

　　生質能源是人類最早應用的天然能源，早在數萬年前，燧人氏以鑽木取火方式教導居民用火來烹煮食物，化生爲熟，化腥羶爲馨香，使人類文明得以進化。一直到十八世紀中期，燃燒以木質材料爲主的生質物，仍然是人類取得能源的一種最主要方式，直到煤礦被大量開採以後，才改變了這個狀態，尤其在第一次工業革命以後，具有較低熱值的生質燃料，其重要性也漸漸降低。而當以石油爲主的化石燃料興起後，生質燃料已經少有人加以重視。

　　在這樣的發展過程中，生質燃料可以說已經沒有了任何舞台。然而當人類已經無法忍受工業快速發展所帶來的環境衝擊時，這種自然界本就存在的燃料又再度被想起。這時人類想要的，不再是傳統直接燃燒的運用方式，而是要設法將其轉化爲熱值更高的液態燃油或氣態燃料，爲的是更容易儲存與運送，更重要的是，如此才能夠配合現今人類所使用的各種機具設備，比如汽車、發電機或鍋爐等，具有這樣的條件，也才會有發展的未來性。

　　生質物的能量來自於本身所含的碳水化合物、脂質、蛋白質和纖維素等。由於這些成分的組成元素都是來自於大自然，且在使用完後會有新生的植物長出以爲填補，因此，生質能源可說是一種生生不息，取之不盡的可再生能源。當然在燃燒取得能源時，一定會有 CO_2 等溫室氣體排出，但因爲植物本身所內含的碳成分，是吸收空氣中二氧化碳，外加水分，經過太陽光的照射進行「光合作用」後而得，在吸收與排放二氧化碳間取得了平衡，因此，生質能源的應用，基本上不會增加地球環境的負擔，應該是一種不折不扣的綠色能源。然而，二十一世紀初期起，地表溫室氣體的濃度增加率實在太快了，氣候異常的頻率也越來越高，所以在 ISO 14064：2018 規範中，將這種由生質物轉換而來的能源材料，被稱之爲生物炭(Biochar)，已不再將其當作綠色能源來看待，蓋因人爲因素所造成的生物炭燃燒，將排放出 CO_2、CH_4 和 N_2O 等溫室氣體，對整體環境影響甚巨，故而還是須加以嚴謹對待，也就是在作溫室氣體盤查時，不得將其忽略。至於因野火或生物炭的分解、發酵而排放出的溫室氣體，因非屬人爲，乃自然循環或進化之現象，故而不必加以計量。

一、生質物的光合作用

　　生質物除了我們日常所見的樹木和草藤植物之外，也包括生長於水中的各種植物、藻類和菌類，它們的主要組成分子包含碳水化合物、脂質、蛋白質和纖維素等，這些成分的來源是二氧化碳和水在植物內部進行光合作用以後所產生。生質物的光

合作用係發生在其葉綠體(chloroplast)內，由於葉綠體中含有能夠吸收太陽光能的葉綠素(chlorophyll)，所以當日光照射在生質物之上時，便開始進行光合作用，並產生出碳水化合物、水和氧氣。生質物進行光合作用的反應式為

$$CO_2 + 2H_2O \xrightarrow{\text{光能}} CH_2O + H_2O + O_2$$

生質物進行光合作用所需要的光能來自於太陽光，光能被葉綠體中的葉綠素吸收而促使光合作用反應能夠進行，在這個過程中，二氧化碳 CO_2 是一個關鍵角色，因為它是構成生質物的最主要元素，雖然大氣中充滿了二氧化碳，然而它們其實主要是來自於生質物的燃燒釋放，因此之故，二氧化碳的吸收與釋放，對生質物來說，構成了平衡的循環體系，如圖 7-1 所示。

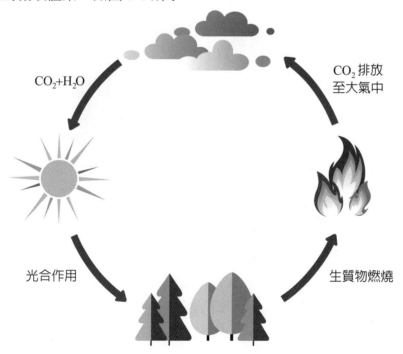

CO_2+H_2O

CO_2 排放至大氣中

光合作用

生質物燃燒

圖 7-1　生質物碳循環示意圖

由上述光合作用的反應式中可知，生質物吸收了一莫耳二氧化碳 CO_2 和兩莫耳水 H_2O，會生成一莫耳碳水化合物 CH_2O，而又依據科學研究，植物每生成一莫耳的碳水化合物 CH_2O 約需要 112.5 kcal 的光能，反應過程中會吸收一莫耳的二氧化碳並釋放出一莫耳的氧氣。光合作用生成的碳水化合物會自動結合為不同的幾種型式，如葡萄糖、果糖等。以葡萄糖生成為例，其化學反應式為

$$6CO_2 + 6H_2O \xrightarrow{\text{光能}} C_6H_{12}O_6 + 6O_2$$

由上式可知，生成一莫耳的 $C_6H_{12}O_6$ 葡萄糖，須要六莫耳的 CH_2O 碳水化合物，也就是說，要生成一莫耳的 $C_6H_{12}O_6$ 葡萄糖，須要吸收 674 kcal 的光能。

光合作用可以分為兩個階段，第一個階段是將光能轉變成化學能，並將 H_2O 分解釋放出 O_2，稱為「光反應(light reaction)」。第二個階段則是利用生成的化學能將植物吸收之 CO_2 以及所存在內部的其他物質合成為醣類，稱為「卡爾文循環(Calvin cycle)」，如圖 7-2 所示。

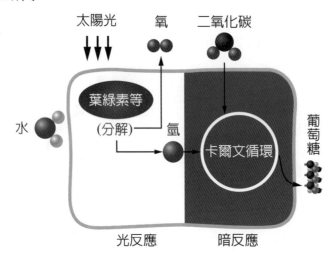

圖 7-2　生質物光合作用示意圖

由於卡爾文循環在沒有光的條件下依然可以反應，因此也將其稱之為「暗循環(dark reaction)」。在光合作用的循環中，當陽光照射在植被表面上時，能夠轉換成碳水化合物的比例約僅為 5%～6%左右，因此會使當地氣溫略微下降，但不至於造成巨大差異。

生質物的種類繁多，每一種當成燃料使用時都具有發熱值，不同材料所能得到的發熱值不同。一般來說，測量生質物發熱值都是用俗稱的 "炸彈熱卡計" 來測量，有些無法利用熱卡計來測量的生質物原料，常以 "杜龍公式" 來計算推求。日常我們所能接觸到的種種生質物燃料，其發熱值皆已被測量出來，使用時僅需查表即可得到。表 7-1 為常用的生質物燃料發熱值，以其乾燥後之單位重量為計量標準，稱為「乾基發熱值」。當發熱值計算時，把生質物燃料中水分子汽化熱含括在內時稱為「高

位發熱值」，若不含水分子汽化熱，則稱為「低位發熱值」，一般來說，前者會比後者高 5%～10%左右。

表 7-1　常見生質物燃料的高位發熱值

原料	乾基發熱值(MJ/kg)	原料	乾基發熱值(MJ/kg)
玉米穗軸	18.77	木屑	19.92
麥稈	17.05	杏木	20.01
稻草	14.52	胡桃木	19.97
棉稈	15.83	桑樹	18.36
椰子殼	20.05	茶樹	19.84
甘蔗葉渣	17.45	白杉木	19.95

　　從上表中可知，生質物的硬度或其材質密度越大者，其發熱值越大，稻草硬度或密度小，同樣重量所能發出的熱能，比堅硬的椰子殼要低 25%，質地較軟的桑樹，也比質地堅硬的杏木要低一些。

觀念對與錯

(○)　1. 生質物所含的碳水化合物、纖維素、蛋白質等，其組成元素都是來自於大自然，所以燃燒後所排放出的 CO_2 等溫室氣體，不會增加地球環境的負擔。

(○)　2. 生質物的「光合作用」是發生在葉綠體內，由葉綠素吸收空氣中的 CO_2，外加上 H_2O，便可以在太陽光的照射下進行，並產出碳水化合物和氧氣，可以說是一種天然的空氣淨化機構。

(✕)　3. 光合作用中的「卡爾文循環」，主要是將光能轉變成化學能的過程，因此只有白天才會發生。

(✕)　4. 量測生質物的發熱值大都使用"炸彈熱卡計"，如果無法用它來量測的，則常以"杜龍公式"來計算，前者所量測到的稱為「高位發熱值」，後者的計算所得則稱為「低位發熱值」。

(○)　5. 一般來說，密度越大的生質物材質，其發熱值就會越大，也越適合拿來當作燃料使用。

例題 7-1

試求燃燒 20 公斤的麥稈可以讓 1 噸的水溫度升高多少？設有效能量轉移比率為 60%。

解

燃燒 20 公斤麥稈產生的熱能為

$Q = 17.05 \times 20 \times 0.6 = 204.6 \ (MJ) = 48.9 \ Mcal$

$\Delta T = \dfrac{Q}{m \cdot s} = \dfrac{48.9 \times 10^6}{10^6 \times 1} = 48.9 \ \dfrac{cal}{g \, cal/g^\circ C} = 48.9 \ (^\circ C)$

例題 7-2

稻草和玉米穗軸的乾基發熱值分別為 14.52 MJ/kg 以及 18.77 MJ/kg，試估算生成每公克生質物所需的太陽光能？

解

假設太陽光能轉換為生質物化學能的效率為 6%

(a) 稻草發熱值 $Q_r = 14.52 \ MJ/kg = 14.52 \ kJ/g$

生成 1 g 所需太陽光能為 $Q = \dfrac{Q_r}{0.06} = \dfrac{14.52}{0.06} = 242 \ (kJ/g)$

(b) 玉米穗軸發熱值 $Q_c = 18.77 \ MJ/kg = 18.77 \ kJ/g$

生成 1 g 所需太陽光能為 $Q = \dfrac{Q_c}{0.06} = \dfrac{18.77}{0.06} = 312.83 \ (kJ/g)$

二、生質物的能量轉換

　　生質物的能量轉換以燃燒為主，傳統的家庭以及工廠利用生質物燃燒所得到的能源做為炊事、暖氣、烘烤以及機械動力的來源，然而，生質物燃料之能量密度不高，體積龐大，以致增加了攜帶、運輸和儲存的困難。表 7-2 中顯示出，木材的能量密度相較於其他型態的能源，確實低了許多，但由生質物轉化而來的天然氣(甲烷

CH_4），能量密度卻相當高，這說明了低能量密度的生質物如果能加以轉化成為高能量密度型態的能源，還是具有相當好的發展潛力。

表 7-2　常用燃料之燃燒熱

燃料	燃燒熱(MJ/kg)	燃料	燃燒熱(MJ/kg)
木材	20	天然氣	55
乙醇	30	氫氣	140
汽油	48	瓦斯	60
柴油	45	煤炭	25

　　表 7-2 中，木材是生質物，屬於生質能源，而天然氣和乙醇可以由生質物轉化，另外，生質物中的脂質也可以轉化為與柴油成分結構相近似的生質燃油，雖然此三者皆為二次能源，在成本上會有所提昇，但其能量密度與可攜帶性增高，儲存也較為容易，因而被視為汽油、柴油等化石能源的有效替代品，成為二十一世紀必須加以大量開發的綠色能源。

例題 7-3

每日消耗 10 噸煤炭之工廠，若改使用木材為燃料，需日耗多少公噸？

解

每日所須熱能為 $Q = 25 \times 10000 = 250000$ (MJ)

所需木材的量為 $W = \dfrac{Q}{20} = 12500$ (kg) $= 12.5$ (噸)

1.　生質柴油(Biodiesel)

　　生質物中的許多種類在種籽或果實中含有大量的脂質，人類早把它們拿來加工製作成生活必需品，例如食用油和潤滑油等，在二次世界大戰期間，某些從植物取得的油脂也被用來作為飛機與汽車燃油之用。圖 7-3 中的植物常被應用來獲取生質燃油，其應用領域如表 7-3 所示。

圖 7-3　生質柴油原料麻瘋樹籽(左)、微藻(中)與蓖麻籽(右)

表 7-3　生質柴油原物料之可能來源

種類	常見用途	新增用途	備註
豆類、荎籽、葵花籽、椰子、油棕	食用油	生質柴油	對糧食供給產生排擠效應，但若以下腳料來當原料，則無此問題
麻瘋樹	燃料油	生質柴油、生物製劑原料	可栽植於不毛之地，對環境及水土保持有益，過大面積種植會影響生態平衡
蓖麻	潤滑油	潤滑油、生物製劑原料	可栽植於不毛之地，對環境及水土保持有益，過大面積種植會影響生態平衡
藻類	副食品或動物飼料添加劑	生質柴油	可於不毛之地養殖，可吸收工廠中排放出之 CO_2，但須有足夠之陽光和水

　　生質物的油脂主要成分為「三酸甘油酯」，分子較大，且有較高的黏度，如作為直接燃燒用的燃料，不會有太大的問題，但如用來取代化石燃油成為內燃機或汽車引擎的燃料，則會產生供油不順與燃燒不完全的困擾。除此外，生質物油的冷凝點高，如果汽車開上高山或在較高緯度的冬天，容易產生油品凝固使得汽車無法啓動的困擾。為了解決上述問題，生質物油脂往往會透過「轉酯化」程序將「三酸甘油酯」轉變為「單酸甘油酯」，稱為「脂肪酸甲酯」，轉酯化過程中需加入醇類以及觸媒，在適當的環境條件下，使得轉酯化得以完成。

　　一般常用的生質柴油轉酯化製程如圖 7-4 所示，從植物種子或藻類直接取得的原料油稱之為粗油(raw oil)，　粗油脂成分依各種不同來源而有些微差異，因而從相同原料所取得的粗油，醇類和觸媒的添加量比較容易確定，如係來自不同原料，則需要做前置估算。

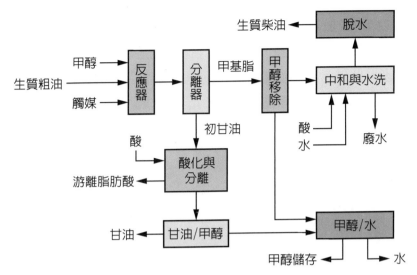

圖 7-4　生質柴油生產製造流程

　　生質柴油轉酯化所用的觸媒可以是鹼性物質如 KOH、NaOH、酵素或 CaCO₃ 及 H₂SO₄ 等酸性物質，較先進的超臨界製程則毋需觸媒，但會增加不少成本。至於醇類則以最容易反應的甲醇為首選。轉酯化完成後，會產生脂肪酸甲酯也就是我們俗稱的生質柴油以及副產品甘油，其化學反應式如下：

$$
\begin{array}{c}
\text{CH}_2-\text{O}-\overset{\displaystyle\overset{O}{\|}}{\text{C}}-\text{R}_1 \\[6pt]
\text{CH}-\text{O}-\overset{\displaystyle\overset{O}{\|}}{\text{C}}-\text{R}_2 + 3\text{CH}_3\text{OH} \\[6pt]
\text{CH}_2-\text{O}-\overset{\displaystyle\overset{O}{\|}}{\text{C}}-\text{R}_3
\end{array}
\xrightarrow[\text{加溫}]{\text{觸媒}}
\begin{array}{c}
\text{R}_1-\overset{\displaystyle\overset{O}{\|}}{\text{C}}-\text{O}-\text{CH}_3 \\[6pt]
\text{R}_2-\overset{\displaystyle\overset{O}{\|}}{\text{C}}-\text{O}-\text{CH}_3 \\[6pt]
\text{R}_3-\overset{\displaystyle\overset{O}{\|}}{\text{C}}-\text{O}-\text{CH}_3
\end{array}
+
\begin{array}{c}
\text{CH}_2\text{OH} \\[6pt]
\text{CHOH} \\[6pt]
\text{CH}_2\text{OH}
\end{array}
$$

(三酸甘油酯)　　　　(甲醇)　　　　　　(脂肪酸甲脂)　　　(甘油)

其中 R 代表 $CH_3(CH_2)_7CH = CH(CH_2)_7$，上式亦可寫為

三酸甘油酯＋3 甲醇 $\xrightarrow[\text{加溫}]{\text{觸媒}}$ 3 脂肪酸甲酯＋甘油

　　從上式中得知，每莫耳三酸甘油酯(885.46 公克)需要 3 莫耳甲醇(96.12 公克)加入一同反應，結果會生成 3 莫耳的脂肪酸甲酯(889.5 公克)和一莫耳的甘油(92.1 公克)。在實際的操作上，為了使反應能更完全，甲醇和三酸甘油酯的莫耳數比或稱為「醇油莫耳數比」會設定為 5：1 或 6：1，反應完成後未參與反應的甲醇可以回收再

利用。至於催化劑，一般設定為三酸甘油酯重量的 1% 即可，反應得到的脂肪酸甲酯中會有殘留觸媒的餘酸或餘鹼在內，需要經過水洗過程加以純化，才不致對燃燒設施造成腐蝕損害。此外，生質柴油轉酯化過程中游離脂肪酸和水分含量不可過高，否則會產生皂化反應，使得油脂黏度增加，甚至形成黏膠狀，不利後續的純化製程。皂化的形成機制為

$$\underset{\text{(游離脂肪酸)}}{\overset{\displaystyle\overset{O}{\|}}{HO-C-R}} + \underset{\text{(觸媒)}}{NaOH} \longrightarrow \underset{\text{(皂化物)}}{\overset{\displaystyle\overset{O}{\|}}{Na-O-C-R}} + \underset{\text{(水)}}{H_2O}$$

　　生質柴油的原料油除了從植物種子或藻類來的以外，家庭或食品加工廠使用過的廢棄食用油也是來源之一，這種被稱為地溝油的原料油因為曾經做過各種不同用途，有些含水量高，有些含鹽分或其他雜質，因而性質極不穩定，所以在使用前必須先做雜質過濾、脫水，然後再檢測其酸鹼度，如果酸性或鹼性過高，就須再做酸鹼中和處理。經過前處理的廢食用油，相較於直接從植物種子榨來的粗油品質會較差，也會增加了一些成本，然因廢食用油的原始取得成本往往非常低，甚至可以獲得處理費用，所以在總體上，還是有它的利基在。

例題 7-4

要將 100 kg 的生質粗油轉酯化為生質柴油，若醇油莫耳數比設定為 5：1，試求 (a)所需添加的甲醇和觸媒 KOH 的量？(b)產生的生質柴油以及甘油的量？

解

生質粗油莫耳數為 $n = 100000 \div 885.46 = 112.936$ (莫耳)

(a) 所須甲醇的量為 $m_a = 32.04 \times 5 \times n = 18092$ (g) $= 18.09$ (kg)

　　觸媒 KOH 的量為 $m_k = 100\ kg \times 0.01 = 1$ (kg)

(b) 產出生質柴油的量為 $m_b = 296.5 \times 3 \times n = 100457$ (g) $= 100.46$ (kg)

　　產出甘油的量為 $m_g = 92.1 \times n = 10401$ (g) $= 10.4$ (kg)

例題 7-5

若生質柴油的熱值為化石柴油的 90%，試求需 50 公斤柴油的路程需多少生質柴油來替代？

解

所需總熱量為 $Q_T = 45 \times 50 = 2250$ (MJ)

生質柴油的熱值為 $E = 45 \times 0.9 = 40.5$ (MJ/kg)

所需生質柴油的量為 $W = \dfrac{2250}{40.5} = 55.56$ (kg)

現今所謂的生質柴油，除了以生質物的油脂做為原料以外，還包含動物油脂以及料理使用過後的廢食用油。雖然原料來源不同，但經由不同的轉酯化製程設計，一樣可以得到相同品質的生質柴油。針對不同的原物料來源，轉酯化所需的成本也有所差異，以廢食用油來說，因原料油內所含的水分以及酸度差異甚大，因此需要增加前處理製程，讓進行轉酯化前的原料油具有接近相同的成分與性質。

生質柴油在使用時，可以和化石柴油摻配使用，也可以直接使用純生質柴油為燃料，摻配比例標示為 B20、B50、B100 等，B20 表示柴油中的生質柴油容積占 20%，B100 則表示純生質柴油。每個國家對生質柴油的品質皆訂有規範，大都以美規和歐規為參考版本，彼此之間的差異不大，台灣的規範如表 7-4 所示。

表 7-4　臺灣生質柴油(脂肪酸甲酯)標準 CNS-15072

性質	單位	最低值	最高值	檢驗方法
酯含量 Ester content	%(m/m)	96.5	-	CNS-15051
密度 Density at 15°C	kg/m³	860	900	CNS-12017 CNS-14474
黏度 Viscosity at 40°C	mm²/s	3.5	5.0	CNS-3390
閃點 Flash point	°C	120	-	CNS-3574
硫含量 Sulfur content	mg/kg	-	10	CNS-14505
殘碳量(10%蒸餘物) Tar remnant(at 10% distillation remnant)	%(m/m)	-	0.3	CNS-14477

表 7-4　臺灣生質柴油(脂肪酸甲酯)標準 CNS-15072 (續)

性質	單位	最低值	最高值	檢驗方法
十六烷值 Cetane Number	-	51.0	-	CNS-5165
硫酸鹽灰分 Sulphated ash content	%(m/m)	-	0.02	CNS-3576
水分 Water content	mg/kg	-	500	CNS-4446
總污染量 Total contamination	mg/kg	-	24	CNS-15055
銅片腐蝕性 3 小時 50°C Copper band corrosion(3 hours at 50°C)	rating	Class 1	Class 1	CNS-1219
氧化穩定性 Oxidation stability, 110°C	hours	6	-	CNS-15056
酸價 Acid value	mg KOH/g	-	0.5	CNS-14669 CNS-14906
碘價 Iodine value	-	-	120	CNS-15060
次麻油酸甲酯 Linolenic acid Methyl Ester	%(m/m)	-	12	CNS-15051
脂肪酸甲酯 Polyunsaturated methyl ester (≧4 Double bonds)	%(m/m)	-	1	
甲醇含量 Methanol content	%(m/m)	-	0.2	CNS-8523
單甘油酯含量 Monoglyceride content	%(m/m)	-	0.8	CNS-15018
雙甘油酯含量 Diglyceride content	%(m/m)	-	0.2	CNS-15018
三甘油酯含量 Triglyceride content	%(m/m)	-	0.2	CNS-15018
游離甘油含量 Free Glycerine	%(m/m)	-	0.02	CNS-15018
總甘油含量 Total Glycerine	%(m/m)	-	0.25	CNS-15018
第 I 族金屬(鈉＋鉀)Alkali Metals(Na+K)	mg/kg	-	5	CNS-15052(Na) CNS-15053(K)
第 II 族金屬(鈣＋鎂)Alkali Metals(Ca+Mg)	mg/kg	-	5	CNS-15054
磷含量 Phosphorus content	mg/kg	-	10	CNS-15019 CNS-15058
冷濾點 Cold filter plugging point	°C	-	－5(C 級)	CNS-15061

例題 7-6

若生質柴油的熱值為化石柴油的 90%，試求原本需耗用 50 公斤柴油的路程，需以多少量的 B40 生質柴油來替代？(已知化石柴油密度為生質柴油密度的 95%)

解

生質柴油 B100 的熱值為 $45 \times 0.9 = 40.5$ (MJ/kg)

生質柴油 B40 的體積比為 $V_化 : V_{生質} = 6 : 4$

若換算成質量比為 $W_化 : W_生 = 0.95 \times 6 : 1 \times 4 = 5.7 : 4$

已知所需總熱值為 $45 \times 50 = 2250$ (MJ)

生質柴油 B40 的熱值為 $45 \times \dfrac{5.7}{9.7} + 40.5 \times \dfrac{4}{9.7} = 43.14$ (MJ/kg)

所需生質柴油 B40 的量為 $W = \dfrac{2250}{43.14} = 52.15$ (kg)

2. **生質酒精(Bioethanol)**

生質物中的醣類、澱粉、纖維素等經過發酵後可以產生醇類，常被用來和汽油互相摻配混合成為燃料，也可以不相摻配自身就直接當作燃料使用。在各種醇類中，乙醇或稱酒精擁有極佳的燃燒性質，因此最常被用來作為化石燃料的替代品。可作為產製酒精的生質作物有甘蔗、甜菜、玉米等糧食作物，大量使用來製作生質酒精會衝擊到糧食的供應，因此，對於發展生質酒精作為替代能源常有負面批評。雖然如此，在能源匱乏且地球暖化嚴重的年代，發展生質替代能源仍是不得不為的必要之惡。

生質酒精發展最成功的國家應屬巴西，該國以其廣大的土地資源大量種植甘蔗，再以蔗糖發酵取得大量酒精供作汽車燃料，美國、加拿大和中國，則以玉米為主要原料，除了降低對化石燃油的依賴以外，也避免了 CO_2 和其他有害物質的排放，對環境和生態的維護，有著非常正面的意義。

目前世界各國常用來作為生質酒精的原料如圖 7-5 及表 7-6 所示，容積摻配比例從 10% (E10)起到純生質酒精(E100)都有。

圖 7-5　生質酒精作物玉米(左)與甘蔗(右)

表 7-5　生質酒精主要生產國及概估產量

國家	主要原料	摻配比例	生產量(萬公秉)
巴西、澳洲、印度	甘蔗	巴西 E20～E100、澳洲、印度 E10	巴西：2000 澳洲：30 印度：90
美國、中國、加拿大	玉米	美國、加拿大 E10～E85 中國 E10	美國：1800 加拿大：30 中國：200
歐洲	甜菜、小麥	E5 以上	130
東南亞	木薯	泰國 E10 以上	泰國：60

　　除了富含醣類的作物可以成為生質酒精的原料以外，以纖維素為原料的技術正在被深入開發中。因糧食作物採收完後之廢棄物如稻草、玉米穗軸、秸稈、蔗葉、蔗渣等都富含纖維素，如果技術能夠早日開發成熟，可以減少利用玉米、蔗糖等糧食作物來產製生質酒精的比例，以降低對糧食供應的衝擊。

　　利用澱粉或蔗糖產製生質酒精的反應機理為

$$\underset{(\text{多醣類})}{\text{澱粉}} \xrightarrow{\text{酵素}} \underset{(\text{葡萄醣})}{C_6H_{12}O_6} \xrightarrow{\text{酵母}} \underset{(\text{酒精})}{2C_2H_5OH + 2CO_2}$$

對於另一種存量極大又不會影響糧食供給的纖維素，須先轉化爲醣分再轉化爲生質酒精，其轉化技術爲水解法，可分爲酸水解與酵素水解。酸水解需要耐酸設備，且會產生大量廢水，但整體成本較低，酵素水解相對較少排放廢水，且轉化率可以高達 99%，不過因爲需要有較昂貴的發酵設備，成本也相對較高，其反應的機理爲

$$纖維素 \xrightarrow{\text{前處理}} 半纖維素水解 \xrightarrow{\text{酵素}} 纖維素水解 \xrightarrow{\text{酵母}}$$

$$酒精發酵 \rightarrow 酒精 \xrightarrow{\text{純化}} 生質酒精$$

除了上述富含澱粉、醣類與纖維素的生質作物以外，有些藻類也含有大量醣類，可以作爲生質酒精的原料，由於藻類生長速度快又具有吸納 CO_2 的效能，被視爲未來生質能源最適合的發展項目。

當生質酒精被用來作爲燃料時，其反應式爲

$$C_2H_5OH + 3O_2 \rightarrow 2CO_2 + 3H_2O + 熱能$$

由上式可知，生質酒精燃燒後生成二氧化碳和水，並釋放出熱能。植物在光合作用時自大氣中吸收了二氧化碳，而在生成酒精和酒精燃燒時排放出二氧化碳，兩者的量是相同的，只是經歷了一個吸收與排放的循環。

例題 7-7

試求燃燒 1 kg 生質酒精所需的氧氣以及所排出的二氧化碳？

解

酒精 1 莫耳燃燒須 3 莫耳氧氣並排出 2 莫耳二氧化碳

酒精 1 kg 的莫耳數爲 $n = \dfrac{1000}{(12 \times 2 + 1 \times 6 + 16 \times 1)} = 21.74$（莫耳）

需要氧氣量爲 $m_o = 32 \times 3 \times 21.74 = 2087 \, (g) = 2.087 \, (kg)$

排放二氧化碳量爲 $m_{CO_2} = 44 \times 2 \times 21.74 = 1913 \, (g) = 1.913 \, (kg)$

例題 7-8

若生質酒精 E100 的密度比汽油大 10%，能量密度為汽油的 68%，試求原本需要耗用 50 公升汽油的行程需要使用多少生質酒精來替代。(假設汽油能量密度為 32.6 MJ/L)

解

行程所須總熱量為 $Q = 32.6 \times 50 = 1630$ (MJ)

所需生質酒精的容量為 $V_E = \dfrac{1630}{32.6 \times 0.68 \times 1.1} = 66.84$ (L)

例題 7-9

上題中如果使用 E20 的酒精汽油，所需的容量為多少？

解

生質酒精 E100 的能量密度為

$32.6 \times 0.68 = 22.2$ (MJ/L)

酒精汽油 E20 每公升的能量為

$32.6 \times 0.8 + 22.2 \times 0.2 = 30.52$ (MJ/L)

所需酒精汽油 E20 的容積為

$V_{E20} = \dfrac{1630}{30.52} = 53.4$ (L)

3. **生質沼氣(Biogas)**

自然界中的有機物質在缺氧的環境下，經過厭氧菌的分解、發酵以後，會產生多種氣體的混合氣，被稱為沼氣。有機物除了植物以外，動物的排泄物、屍體或屠宰場中的下腳料也都是，因此，生質沼氣的原料來源極為豐沛，只要善加開發，可以取得可觀的能源。除了取得沼氣之外，剩餘物質可進一步製作有機肥料，對環境及生態維護有極正面之意義存在。

就以台灣為例，所飼養豬隻達到 550 萬頭之多，每天大約會產生 16 萬噸以上的排泄廢棄物，如果將這些排泄廢棄物都直接排放到河川，必定會造成極大的汙

染，除了水質優氧化的問題以外，空氣惡臭以及細菌隨處滋生散播，對於生活品質與人體健康，會有難以想像的傷害。因此之故，政府必須以強制手段，協助畜牧業者妥善處理這些動物排泄物，而其中最好的方式，就是引導其設置沼氣收集設施，不管是將其直接用來做為燃料供給家庭或工業上使用，或是進一步用來做為發電燃料，都是非常好的處理辦法。

養豬場將廢棄的豬隻排泄物轉化為電力的案例，以台灣桃園的弘智畜牧場來說，所飼養的 5,500 隻豬每天大約會排放出 160 噸的屎尿排泄物，在環保署和桃園市政府的協助輔導下，建造了現代化的環保處理系統，每天可以產出 800 立方公尺(m^3)的沼氣，發出約 1200 kW 的綠電，每年並且可以減少約 9.5 公噸的二氧化碳排放，這是一個成功的案例，所有畜牧場應該都要這樣才是具備社會責任的表現，弘智畜牧場的裝置設施如圖 7-6 所示。

圖 7-6　畜牧場沼氣發電設施

類似弘智的大大小小畜牧場全台灣約有 1500 家左右，大部分都已經採行畜牧糞尿資源化利用措施，包括台糖公司在內，不管所發的電成本是高是低，但對於資源得珍惜以及環境的維護，具有非凡的意義與價值。

生質沼氣的主要成分為甲烷 CH_4 和二氧化碳 CO_2，另外還含有少量的一氧化碳 CO、氫氣 H_2、氮氣 N_2 和具有臭味的硫化氫 H_2S 參雜其中，如表 7-6 所示。由於成分複雜，因此必須先加以純化後才能使用，未純化前的沼氣除了味道不佳以外，有些成分還具有毒性，會有讓人中毒的風險。純化後的沼氣成分以甲烷 CH_4 為主，是一種燃燒效率很好的乾淨能源。

表 7-6　厭氧發酵槽產生之主要氣體成分比例

成分	CH_4	CO_2	CO	H_2	N_2	H_2S
比例(%)	60～75	25～40	0.5 以下	0.5 以下	2～5	0.5 以下

沼氣之利用在許多國家均極為普遍，尤其是開發中國家，本身具有豐富的農業廢棄物以及畜牧業中牲畜的大量排泄物可以利用，一般都做為家庭中的炊事燃料。此外，沼氣亦可來自於都市廢棄物的處理，在垃圾掩埋過程中預先埋設通氣管道，讓垃圾發酵過程中產生的沼氣能順著管道流出收集，然後再進行純化處理。垃圾掩埋場所收集到的沼氣，一般都在現場結合汽渦輪機做為發電的燃料，系統示意圖如圖 7-7 所示。當沼氣的量很大時，也可以將其壓縮並運送到有需求的地方，做為家庭或汽車燃料用。

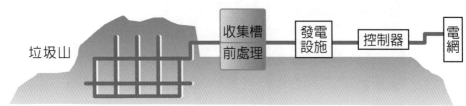

圖 7-7　垃圾沼氣發電系統

垃圾掩埋場中因為具有大量的有機物，非常容易產生沼氣，如果不加以收集處理，任由其逸散到大氣中，則會產生溫室效應，對環境的殺傷力極大。又如果逸散出來的沼氣不慎引發大火，那更是嚴重的環保問題，必須加以重視。以台灣來說，於 2020 年內先後有彰化員林、雲林崙背、南投草屯以及台南西區的垃圾掩埋場發生大火，場面怵目驚心，如圖 7-8 所示。全台灣目前有 106 座垃圾掩埋場，除了三峽等少數幾處有設置沼氣回收系統以外，其餘就像不定時炸彈一般，隨時都有引爆的可能。

圖 7-8　垃圾掩埋場大火(左：草屯；右：台南西)

　　善加利用沼氣不但可以得到寶貴的乾淨能源，還可以避免甲烷向大氣中逸散。甲烷 CH_4 不但是一種溫室氣體，而且它的「全球暖化潛勢 GWP」為二氧化碳 CO_2 的 25 倍，任由其逸散至大氣中，會大大增加溫室效應對環境的傷害。圖 7-9 為高雄都會公園垃圾掩埋場的沼氣收集裝置與發電設施，每年大約可以回收 1,900 萬立方公尺(m^3)的沼氣，所發電力約為 5000kW，可以算是極為成功的案例。

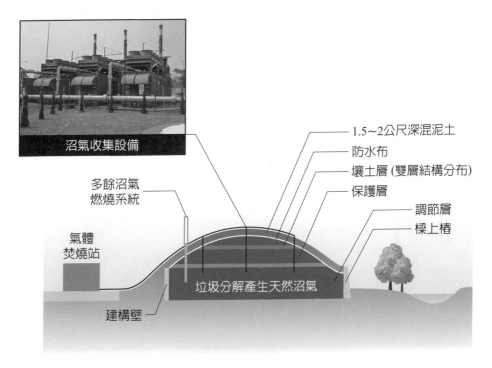

圖 7-9　垃圾掩埋場沼氣收集裝置及其發電設施

　　利用農牧業廢棄物發酵來產生沼氣，早期以養豬場爲最多，蓋因豬隻的排泄物不但味道極臭，且排入河川後容易造成水質優養化，污染或孳生細菌，因而不得不加以處理。至於近代，大量的農業廢棄物也須要處理，除了環境的考量以外，資源再利用的觀念盛行，因而已有專業的廢棄物處理工廠，將這些有機廢棄物發酵產生沼氣以用來發電，除此外，也將發酵過後之剩餘物製作成有機肥料，可謂一舉數得，其示意圖如圖 7-10 所示。

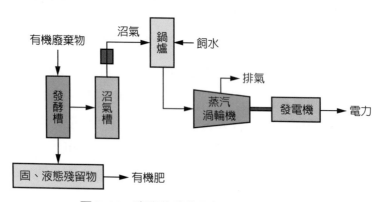

圖 7-10　廢棄物產生沼氣之收集與運用

　　在圖 7-10 中，讓有機廢棄物能產生發酵反應之發酵槽，必需經過審慎設計，其結構大體如圖 7-11 所示。有機廢棄物從左端倒入以後，會漸漸沈降至槽底，經過一些消化菌的發酵以後，產生沼氣儲存於槽的上方以備使用，剩餘物最終則成爲有機肥，過程中幾乎沒有污染物排放，可說甚爲理想。由於整個發酵過程都在密閉的發酵槽中進行，所以不會有廢水和臭味逸散出來，因此可以依廢棄物收集的方便性選擇設置地點，可以減少廢棄物運送成本，又可以避免運送過程中所產生的爭議。

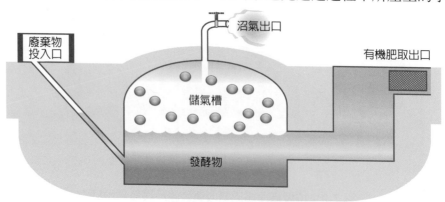

圖 7-11　發酵槽基本結構圖

觀念對與錯

(○) 1. 為了得到高能量密度的能源，我們可以把低能量密度的生質物加以轉化成天然氣甲烷，除有利於運輸與儲存外，使用上也更具方便性。

(✕) 2. 生質柴油是將富含油脂的植物種子加以壓榨而得，過濾以後即可直接用來作為燃料，或供給內燃機引擎使用。

(○) 3. 家庭或工廠中的廢棄食用油，在作為生質柴油的原料油時，必須先過濾、脫水以及酸鹼中和處理，如此才能得到穩定品質的生質柴油。

(○) 4. 加油站中標示的 B30 油品，代表該柴油中含有 30%生質柴油，而 E50 則代表該汽油中含有 50%生質酒精。

(○) 5. 生質沼氣是有機物在缺氧情況下，經過厭氧菌發酵而得，其成分複雜，包含 CH_4、CO_2、CO、H_2、N_2 等，以及具有臭味的硫化氫 H_2S，所以必須先加以純化處理以後才能使用。

三、生質能源作物栽培技術

植物的生長需要從大氣中吸收二氧化碳，在工業尚未昌明的時代，這樣已經足以把動物排放以及人類活動所產製出的二氧化碳量加以中和，達成碳平衡狀態。然而至二十世紀末期，除了工業急速發展而超量排放二氧化碳之外，膨脹的人口對土地的需求殷切，因而有非常大面積的林地被開墾利用，如此一來一往，造成大氣中的二氧化碳濃度越來越高，終於引發了嚴重的溫室效應，使北極溫度上升而將冰山融化，所釋出的寒冷水氣形成高氣壓往相對較低氣壓的南方流動，形成刺骨寒風，繼而在某些南方地區造成氣候災難，如圖 7-12 所示。比如 2021 年 2 月，美國南部溫暖的德州竟然下起暴風雪，如圖 7-13 所示，最低溫度來到零下 22℃，除了造成數十人死亡，數千人受傷外，財物損失更高達 550 億美元之多。類似這種浩劫每年總會在地球某個角落上演，人類如果還不覺醒，肆意砍伐森林，毫無節制地使用排碳量大的化石燃料，則災難隨時都有可能發生在你我身旁，能不讓人心驚？

圖 7-12　北極寒風之形成

圖 7-13　德州暴風雪

　　爲了有效解決這個問題，最初的對策是保護原始林並大量人工造林，包括種植生質能源作物在內，是爲一種靠大自然來吸收超量二氧化碳的思維方式。然近二十年來，人類所排放的二氧化碳量實在太大，而且情況愈顯嚴重，靠大自然的力量已經緩不濟急，難以達成使命，因而才發展出以科學技術做人工捕捉的構想。十年時間已經過去，在人工碳捕捉這方面的技術可謂成長有限，成果也微乎其微。雖然如此，迫於環境的需要，有心的企業家還是願意繼續投入，希望有一天得以開花結果，如此便是全人類之福。

　　生質能源分爲油脂類的生質柴油和酒精類的生質酒精兩大類。油脂類的原料作物如大豆、玉米、葵花，以及酒精類的甘蔗、玉米、小麥等糧食作物，其栽培技術都已達到極端成熟的階段，因此不再加以討論。本章要探討的是可以種植在不毛之地，又不消耗太多水資源的能源作物，除了不影響糧食供應又可以得到乾淨的綠色能源以外，還有改良生態環境，吸納二氧化碳和增加就業機會等多重效益，值得更大規模投入發展。生質能源作物吸納二氧化碳的能力，一般都以該土地所種植作物的乾基重量爲準，依作物種類不同，每公頃會被估算爲 7 噸至 10 噸之間，可作爲碳權交易的依據。

　　新興的生質柴油作物以麻瘋樹、蓖麻和微藻爲主，麻瘋樹與蓖麻的種籽富含油脂，不含外殼的重量在內，含油率可以高達 35%～40%，是天然油脂很好的來源，而微藻類植物，藻體本身就含有豐富的油脂，只要把成熟的藻體從水中取出，然後把藻壁擊破，就可以取得內含的油脂。

1. **麻瘋樹的栽培技術**

麻瘋樹(Jatropha)是一種適宜在熱帶或亞熱帶生長的多年生植物，樹齡可以長達 50 年，生長條件極為寬鬆，耐旱、耐貧瘠且毋需太多水分與養分即能成長，如圖 7-14 中的麻瘋樹係種植在缺水的石礫地之上，一般作物無法在此地生長，每逢夏天中午時分，太陽輻射熱被石礫所吸收，地面溫度可以上達 75°C 之高溫，而週遭氣溫也常高達 40°C 左右。當麻瘋樹種植以後，受到遮蔭之地面溫度，僅約 30°C，而週遭溫度也會下降 5～7°C。

圖 7-14　可長於不毛之地的麻瘋樹

麻瘋樹的葉子有微毒，故而不太會遭受蟲害，也幾乎不必噴灑農藥，成本可以適度降低。麻瘋樹產的果實內含油脂，可以用來作為生質柴油的原料，如果要將它當為經濟作物，每公頃成樹之年產果量約為 8～10 公噸，約可榨得 2～3 公噸的粗油，以目前孟買國際盤之行情約為每公噸 500～550 美元計，每公頃每年的收成約為 1000～1500 美元上下。

麻瘋樹可以利用種子育苗來種植，但其植株嫩苗易遭蟲害，由種苗場移植到田園定植時，因為怕傷及植株，故所需耗費人力較多，成本較高。以此種方式培育之麻瘋樹，第三年開始結果，第五年以後即為成樹，可以連續採果 20～25 年。

麻瘋樹另一種方式的種植是以扦插法得到樹苗，再移到田園間去定植。由於扦插法可保留原品種的基因，不會有種籽授粉變種的風險，如圖 7-15 所示。

圖 7-15　麻瘋樹採穗園及穗條扦插育苗

　　以扦插法培育種苗，一般都是先選定優良品種後擇地種植建立採穗園，等植株成熟後切下長約 20 公分枝條稱為穗條，作為扦插培育種苗之用，穗條的木質部須夠堅硬成熟，否則扦插時容易腐爛而無法長根發芽。以扦插法培育的種苗成本較貴，但定植較省人力，且第二年起就開始生長果實，第四年就長為成樹，也可以連續採果 20～25 年。

　　麻瘋樹一般在三月起開始開花結果，七月以後就可以採果，一直採到十一月，在熱帶地區，則是一年四季不間斷，產量可以倍增，麻瘋樹開花結果並非一次完成，而是陸陸續續，因此同一棵樹有果實已經成熟變黃的，也有綠色幼果，還有正在開花的，所以採果效益不佳。採果過程人工耗費過多，是麻瘋樹作為生質能源作物的致命弱點，未來如能導入生物技術，讓果實成熟期一致，再加上能以自動化設備來輔助採收，才能有效降低生產成本。

　　麻瘋樹的果實依其品種、土地氣候條件以及田園管理技術，含油率從 15%～40% 都有，榨出的粗油(corse oil)可以進一步轉酯化成為生質柴油，剩下的油粕可加以發酵為生物肥料，或與修剪下來的枝條壓擠成為生質燃燒棒，仍具有利用價值。

　　生質粗油轉酯化為生質柴油的製程如圖 7-16 所示，其油品的品質與轉化率和粗油的品質關係不大，反而與製程規劃以及設備好壞有關，理想的製程與設備，可使轉化率達到 90% 以上。

例題 7-10

若每公頃麻瘋樹園可年採收麻瘋樹籽 10 公噸，試估算各項經濟產出項目的最大可能數值？

解

生質粗油：$10 \times 0.4 = 4$ (噸)

生質柴油：$4 \times 0.9 = 3.6$ (噸)

因生質粗油每莫耳分子量為 885.46 公克，轉酯化後會產生一莫耳甘油，而甘油每莫耳分子量為 92.1 公克，故產出甘油的量為

甘油：$4 \times \dfrac{92.1}{885.46} = 0.42$ (噸)

油粕：$10 \times 0.6 = 6$ (噸)

例題 7-11

上題中，若麻瘋樹籽含油率為 35%，生質粗油轉酯化效率為 85%，若某公司對 B100 生質柴油的須求量為 10 萬公秉，試估算所須種植面積？(設 B100 之密度為 900kg/m³)

解

由表 7-4 中得 B100 之密度為 900 kg/m³，亦即每公秉 900 kg，設需種植面積為 n 公頃，則

$900 \times 100000 = n \times 10000 \times 0.35 \times 0.85$

解得 $n = 30252$(公頃)

例題 7-12

上題中，若生質柴油 B100 每公噸 40000 元，油粕每公噸 5000 元，甘油每公噸 25000 元，碳權每公噸 300 元，試估算損益平衡下，每公頃所容許之最高種植成本？(設每公頃產出 10 公噸，轉酯化成本為產值之 15%)

解

生質柴油價值：$40000 \times (10 \times 0.35) \times 0.85 \times 30252 = 3.6 \times 10^9$(元)

油粕價值：$5000 \times (10 \times 0.65) \times 30252 = 9.83 \times 10^8$(元)

甘油價值：$25000 \times (10 \times 0.35 \times \dfrac{92.1}{885.46}) \times 30252 = 2.75 \times 10^8$(元)

碳權價值：$300 \times 10 \times 30252 = 9.08 \times 10^7$(元)

總產值：$(360 + 98.3 + 27.5 + 9.08) \times 10^7 = 494.87 \times 10^7$(元)

扣除 15% 成本後之價值為

$v_T = 494.87 \times 10^7 \times 0.85 = 424.21 \times 10^7$(元)$= 4.21 \times 10^9$(元)

每公頃產出價值 $v_E = 4.21 \times 10^9 \div 30252 = 139164$(元)

故每公頃種植成本最高容許金額為 139164 元才不致於虧錢

2. **蓖麻的栽植技術**

蓖麻和麻瘋樹類似，都以熱帶及亞熱帶為主要生長區域，而且也都可以在乾旱貧瘠的不毛之地生長，但兩者有很大的差異性，其中最大的不同是麻瘋樹為多年生喬木，而蓖麻則屬多年生的草本植物，每年三月起陸續開花結果，同一株蓖麻樹上的果實也不在同一時間成熟，因此同一穗中分別有部分成熟，部分半熟，還有少部分未熟的蓖麻果，使產油量和油的品質受到影響。為了解決這個問題，有種植者在地面鋪上塑膠布，使得過熟而落下的蓖麻籽不會落地長芽，同時便於收集，也有在蓖麻果未完全成熟時噴灑微量落葉劑，使得整穗上的果實成熟期能有效拉近，可以在未落果前加以採收。以此等方式處理會稍微增加成本，或造成環境污染，但對於產量和品質有提昇效果。

蓖麻樹的品種極多，好的品種須具備產果量大以及含油率高的特點，如果要以機械化採收以降低人工成本，則須要是矮化品種，可以用現代生物技術加以改

良，如圖 7-16 所示。蓖麻粗油黏度較高，轉酯化為生質柴油不甚恰當，但因其物理性質甚佳，適合作為生質潤滑油的原料，反而可以取得較高的經濟效益。

優良品系蓖麻籽
平均重量：1.00g
平均含油率：50%

一般品種蓖麻籽
平均重量：0.30g
平均含油率：50%

圖 7-16　蓖麻樹及其品種改良

優良的蓖麻品種之含油率，去除外殼後之可以高達 50%，如果能以品種改良方式，使得每串產果量達到 70～80 顆，且每顆淨重能達至 1 公克左右，則每公頃可榨得 2～2.5 公噸粗油，以每公噸 800～1000 美元計，每公頃年收成約 1600～2000 美元上下。

3. 微藻的栽培技術

藻類的生命力極強，可以生長在池塘、河流以及大海中，種類繁多，從幼藻長為成藻有快有慢，較快的數小時就能使質量加倍，一週之內就可以生長完成。藻類大體可以分為兩類，一類是富含蛋白質或醣類成分，大都被拿來作為食品或提煉成為營養素成分，如螺旋藻、藍綠藻、引藻等，另一類則是富含油脂，可以用來提煉生質柴油，目前已有專業養殖系統在實驗階段中，以微藻養殖為主，微藻養殖可以選擇淡水養殖或鹹水養殖，在海邊或離海較近的地區選擇鹹水養殖，其他地區則以淡水養殖為佳，純粹以成本為出發點來考量。養殖微藻除了需要氮、磷、鉀等肥料當養分以外，還須氧氣和二氧化碳進行光合作用，與一般植物完全相同。由於微藻是在水中養殖，肥料養分容易調製供給，但二氧化碳的補給就顯得困難一些，因為二氧化碳不易溶於水，氣體又會往上飄浮而導致養殖池或養殖管內部或下方缺少二氧化碳，影響藻類生長。為克服此種困難，先進的養殖都是以密閉方式，將二氧化碳以霧化技術溶入水中成為碳酸水，再將其導入密閉養殖管中，如此就能達到二氧化碳均勻分布的效果。二氧

化碳的來源可以是從專業製氣廠商處購買，新近的技術則是從工廠排氣煙囪中去捕捉，除了可以降低對環境的危害以外，也可取得二氧化碳氣體，可謂一舉兩得。

由於空氣污染，落塵增多等因素，開放式養殖池漸漸的會有較多困擾，容易受到外在因素影響導致藻類死亡。相反的，密閉式養殖除了不受外在環境因素影響以外，還有增加日照，控制生長條件等優點。此種密閉式養殖設施被稱為「光生化反應器」，大部分的光生化反應器都以壓克力為材質，少部分用玻璃製成，大都是管狀，視場地狀況以直立式或迴旋臥式排列如圖 7-17 所示，適當的選擇光生化反應器可以得到最大的日照以及最優良的養殖成果。

圖 7-17　直立式與迴旋式藻類養殖

當藻類養殖規模過大，或平面空間不足之時，一般都會選擇使用直立式，然當光生化反應器過密時，會有光照不足影響藻類生長的情況發生。改善的方法是將筆直的光生化反應器做適度傾斜，一般稱之為斜立式養殖。目前實驗試養中的微藻大約 5 天就可以從幼藻長為成藻，取出成藻後水中的幼藻會繼續成長，如此連續幾次以後，再適度整理光生化反應器即可，不必每次重新來過。養殖微藻只要依設定供給必要養分、氧氣和二氧化碳即可，技術門檻不高，因此頗具效率。依據經驗數據顯示，同樣面積種植麻瘋樹與養殖微藻，其年產油量相差約 20 倍，雖然微藻養殖的設施較為昂貴，但效益和投資報酬率都會比種植麻瘋樹高出許多。

能源作物麻瘋樹和蓖麻可以吸收二氧化碳而取得碳權，但目前為止全球碳排放仍未進行強制管理，因此只能與自發性減排的企業進行交易。由於是非強制性，故交易價格較低，整體碳交易市場仍嫌清淡，雖取得碳權但實質的經濟效益並不大。微藻養殖在碳權交易部分也面臨相同困境，不過它可以和排碳大戶如火力發電廠結合，在其週遭設立養殖場，一方面減少溫室氣體排放，另一方面取得乾淨的生質能源，除了可以提昇社會形象以外，還可以從這個新興部門獲取商業利益，可謂一舉兩得。

觀念對與錯

(○) 1. 麻瘋樹和蓖麻可以在缺水的貧瘠土地上種植，是很理想的生質能源作物，其種子富含油脂，可以作為生質柴油與生質潤滑油的原料油。

(○) 2. 利用扦插法種植栽培麻瘋樹，不但可以保持優良樹種以確保種子之產量及品質，還可以縮短成長至成樹的時間，有利於田園管理。

(○) 3. 藻類生長快速且養殖容易，挑選富含脂肪的藻種加以養殖，可以得到提煉生質柴油的粗油，成本比其他生質作物所得到者為低。

(○) 4. 藻類養殖和作物栽植類似，都以氮、磷、鉀肥當養分，再灌入 CO_2 或碳酸水，讓其可以進行光合作用。

(○) 5. 生質能源作物的種植，包含藻類的養殖，除了可以得到能源之外，對溫室氣體 CO_2 的減量也有貢獻，因而可以取得碳權來做交易。

例題 7-13

微藻養殖每 5 天可以取一次成藻，每立方米可取得 0.3 公斤，取藻三次須花 2 天時間清理光生化反應器，試估算每公頃基地養殖場的藻油年產量？(設光生化反應器為直徑 40 cm 的迴旋式圓管，覆蓋面積為基地面積的 80%，含油率為 45%)。

解

一公頃基地為長、寬各 100 米的區域，養殖場覆蓋面積 80%，可以視為長 100 米，寬 80 米的區域範圍，因此，可以設置長 100 米，直徑 0.4 米的光生化反應器數量為 $n = \dfrac{80}{0.4} = 200$ (組)，每組養殖體積為 $V = \pi r^2 \ell = \pi (0.2)^2 \times 100 = 12.566$ (m³)，

總養殖體積為 $V_T = nV = 200 \times 12.566 = 2513$ (m³)，

每梯次養殖時間為 $5 + \dfrac{2}{3} = 5.67$ (天)，每年可養殖梯次數 $k = \dfrac{365}{5.67} = 64$ (梯次)，

得到總採藻量為 $m_a = 0.3 \times 2513 \times 64 = 48250$ (kg) $= 48.25$ (公噸)，

總產油量為 $m_o = 48.25 \times 0.45 = 21.71$ (公噸)

例題 7-14

上題中若改成斜立式養殖，圓管長度為 2.5 m，直徑為 20 cm，斜角為 60°，試求每公頃基地養殖場的藻油年產量？

解

每一光生化反應器所含體積為 $V = \pi r^2 \ell = \pi (0.1)^2 \times 2.5 = 0.07854$ (m³)

每一光生化反應器所含蓋面積 $A = d\ell \cos\theta = 0.2 \times 2.5 \cos 60° = 0.25$ (m²)

總養殖基地面積為 $10000 \times 0.8 = 8000$ (m²)

可設置光生化反應器之數量 $n = \dfrac{8000}{0.25} = 32000$ (支)

總養殖體積 $V_T = nV = 0.07854 \times 32000 = 2513$ (m³)

可養殖梯次為 64 梯次得到總採藻量為

$m_a = 0.3 \times 2513 \times 64 = 48250$ (kg) $= 48.25$ (公噸)

總產油量為 $m_o = 48.25 \times 0.45 = 21.71$ (公噸)

例題 7-13 和例題 7-14 中,兩種設置方式的產出相同,那是因爲我們設定單位體積採藻量相同之故,但實際上,前者光生化反應器的直徑較大,透光性較差,因此單位體積的微藻產量會相對較少,但其設置成本會相對較低,因爲斜立式或直立式光生化反應器都必須要有強固的支撐設施,否則可能因傾倒而造成危險及財務損失,因此其設置的成本將相對較高。

例題 7-15

依經驗得知,每產出一公斤的微藻需供給至少 4 公斤的二氧化碳,試估算例題 7-13 與 7-14 中,每公頃養殖一年可獲得多少碳權?

解

迴旋養殖與斜立養殖每年可產藻均爲 48.25 公噸,故其所須二氧化碳的量爲

$m_c = 4 \times 48.25 = 193$ (噸)

例題 7-16

若迴旋式光生化反應器實際設置費用爲每公頃 1000 萬元,斜立式爲 1400 萬元,但前者的實際產出爲估算值的 90%,後者爲估算值的 110%,試計算使用何者回收較快?

解

迴旋式與斜立式成本比爲 $K_c = \dfrac{1000}{1400} = 71.429\%$

迴旋式實際產出爲 $m_r = 48.25 \times 0.9 = 43.425$ (噸)

斜立式實際產出爲 $m_v = 48.25 \times 1.1 = 53.075$ (噸)

二者產出比爲 $K_o = \dfrac{43.425}{53.075} = 81.818\%$

故採迴旋式較爲有利,其成本爲斜立式的 71.429%,但產出爲斜立式的 81.818%。

例題 7-17

若藻泥每公斤為 40 元，二氧化碳的碳權交易每公噸為 300 元，試估算迴旋式和斜立式養殖投資的回收期？(設每產出 1 公斤微藻需供給 4 公斤二氧化碳)

解

迴旋式養殖收入

$I_r = (40 \times 1000 \times 43.425) + (300 \times 43.425 \times 4) = 1737000 + 52110 = 1789110$ (元)

回收期為 $= 10000000/1789110 = 5.59$(年)

斜立式養殖收入

$I_v = (40 \times 1000 \times 53.075) + (300 \times 53.075 \times 4) = 2123000 + 63690 = 2186690$ (元)

回收期為 $= 14000000/2186690 = 6.40$(年)

生質酒精作物包括含有糖分的甘蔗、甜菜以及含有澱粉的玉米、大豆、木薯等，另外就是生長速度快，纖維素豐富的木材、海藻、芒草等。由於上述大部分作物的栽培方法都已極為成熟，因此只能在品種改良的方面下功夫。近幾年來較有成果的項目不多，說明如下：

4. **超級木薯與甘薯**

   木薯容易種植，抗蟲抗菌性均佳，富含 20%澱粉質，生長期為 12 個月，每公頃可生產 13 噸，年平均產出 2000 公升的酒精，轉換率約為 25%左右，是製作生質酒精的良好材料。近幾年開發成功的超級木薯品種，在同樣面積，同樣時間的條件下，產量可以提升 2～3 倍，使得酒精生產成本能夠下降到每公升 0.5 元美金以內，因而以酒精來作為替代能源的可能性大為提升。甘薯生長期只約 5 個月，每公頃產出 40000 公斤，年產出 5000 公升的酒精，若考慮時間因素，其產出量最高，每公升成本更低。

5. **甜高粱與甘蔗**

   甜高粱植株外表與高粱相似，但其梗則和甘蔗相似具有相當豐富的糖分，因此被列為新興的生質酒精作物。由於甜高粱的成長期僅須四個月，比甘蔗的十四個月縮短很多。在相同面積上，甜高粱的糖蜜產量約可達甘蔗的 1.3～1.5 倍，

可以有效降低成本，有利於生質酒精的商品化。甘蔗每公頃產量約 70～80 公噸，糖分含量約 12%，產量雖比甜高粱每公頃 30～35 公噸多將近一倍，但其生長期為甜高粱的 3～4 倍，因此種植甜高粱來產製生質油精已是未來趨勢。

6. 大皇草

大皇草生長快速，對生長環境或條件的要求不太高，本身富含纖維素，因而被視為可以發展的生質能源作物。大皇草可以當為直接的生質燃料，也可以將其纖維水解，用來作為生質酒精的原料。現階段由於水解法的成本過高，因而並不流行，如果做為直接燃燒用燃料，除了單位重量熱值不高的缺點外，因體積膨鬆無法大量運送與儲存，亦是其致命弱點。

例題 7-18

試比較超級木薯與甘薯年單位面積的澱粉及酒精產量？

設含 20%澱粉，酒精轉換率 25%

解

① 超級木薯每公頃澱粉年產量(最高值)

$m_1 = 13000 \times 3 \times 1 \times 0.2 = 7800 (kg)$

酒精年產量 $E_1 = m_1 \times 0.25 = 1950 (kg)$

換算成容積約等於 2000 公升

② 甘薯每公頃澱粉年產量(最高值)

$m_2 = 40000 \times \dfrac{12}{5} \times 0.2 = 19200 \ (kg)$

酒精年產量 $E_2 = m_2 \times 0.25 = 4800 (kg)$

換算成容積約等於 5000 公升，兩者比例為

$n = \dfrac{1950}{4800} = 40.6\%$

例題 7-19

試比較甜高粱和甘蔗年單位面積的糖蜜產量和酒精產量？

解

① 甜高粱每公頃糖蜜年產量

$$m_1 = 35000 \times \frac{12}{4} \times 0.12 = 12600 \text{ (kg)}$$

酒精年產量 $E_1 = 12600 \times 0.25 = 3150 \text{(kg)}$

② 甘蔗每公頃糖蜜年產量

$$m_2 = 80000 \times \frac{12}{14} \times 0.12 = 8228.6 \text{ (kg)}$$

酒精年產量 $E_2 = 8228.6 \times 0.25 = 2057 \text{(kg)}$

兩者比例為 $n = \dfrac{3150}{2057} = 153\%$

Chapter

08

水力發電

一、水力發電概說

水力發電是最早被大量開發使用的綠色能源，至目前為止，以水力發電所取得的電力，仍然高出風力發電和太陽能發電等不同型態的再生能源。以理論上來說，水力能來自於太陽能和地心引力，這是因為低處的水吸收太陽熱能後，蒸發流動上升到高處，提升了位能，然後遇冷凝結為水，並受地心引力作用向下落，釋出位能。雨水受地心引力作用會流向低處即形成河流，產生了水力能。一般來說，水力能的應用方式可以分為兩種，一種是將河流在較高海拔處加以攔截，形成水庫，另外一種水力發電的形式，則是直接利用流動中河水的動能來驅動水渦輪機，然後再帶動發電機來發電。

水庫中所儲存的水，藉由其上、下落差之位能釋出轉變為動能，然後再藉由該動能來驅動水渦輪機並帶動發電機來發電，此乃是水力發電系統的主流，這種水力發電系統被稱之為水電廠或水電站。水電廠的建立必須要有地形和地勢上的條件，不是任何地方都可以。圖 8-1 是水電廠大壩的斷面圖，圖 8-2 則為水渦輪機與發電機的聯合工作圖，水從水庫中流出經過水渦輪機，即可帶動發電機發電。

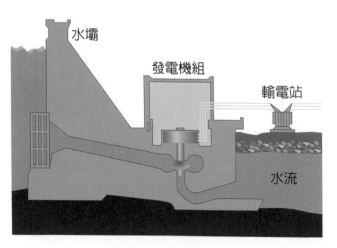

圖 8-1　大壩斷面圖

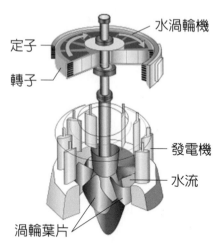

圖 8-2　渦輪發電機工作圖

水力發電完全是利用大自然所造就之位能來發電，除了建造壩體和安裝相關設備需要排放二氧化碳以外，其他可以說是零排放狀態，如果將其攤提在總發電量中，比起其他任何發電形式，其排碳量是最低的。數據如表 8-1 所示。

表 8-1　不同發電方式每度電之排碳量(g / kWh)

發電方式	排碳狀況	排碳量
水力	發電設施 (不含建壩 / 含建壩體)	4 / 8
風力	發電設施及基地建設 (在岸 / 離岸)	12 / 16
核能	以二代核反應爐估算	16
生質能	提煉及轉只處理過程	18
太陽能(熱)	發電設施及基地建設	22
地熱	發電設施及基地建設	45
太陽能(光伏)	太陽能板生產、發電設施及基地建設	46
燃氣	燃燒排放 (含廢熱汽電共生系統)	469
燃油	燃燒排放 (燃油品質好壞會有 10%差異)	720
燃煤	燃燒排放 (燃料品質好壞會有 5%差異)	1001

數據來源：維基百科

　　由上表可知，要減少大氣中的二氧化碳濃度，以大量綠色能源來代替燃煤和燃油發電是可行辦法，雖然成本較高，但如果加上每噸平均接近 50 美元的碳稅(2022年)，或 30～60 美元的碳捕捉封存費用，發展綠能反而更具有優勢。此外，由表中亦可看出核能發電具有極低的碳排放量，是一種非常乾淨的能源，但由於受到幾次核能電廠事故的影響，一般人對核能發電有了恐懼感，因而影響了對它的合理評價，實在是極為可惜的事，其實，以今日的科學、技術以及管理能力，過去所發生的那些核能事故，定然都可以完全避免。

　　建造水庫與大壩是個大工程，因此發電機組容量不能太小，否則將無法符合經濟效益。目前的小型水力發電廠都是以湖泊或水塘供水方式，發電規模在 10～20MW之間都有，而大的水力發電廠都是水庫、大壩型態，發電規模可以大到難以令人想像的地步。全世界目前規模最大的水力發電廠為中國大陸的三峽大壩發電廠，機組容量高達到 22,500 MW，其他各大型水力發電廠如表 8-2 所示。

表 8-2　全球前八大水力發電廠(2014)

排名	電廠	機組容量	年發電量	水源	所屬國
1	三峽大壩	22,500 MW	985 TWh	長江	中國
2	伊泰普壩	14,000 MW	983 TWh	巴拉那河	巴西、烏拉圭
3	溪洛渡壩	13,860 MW	571 TWh	金沙江	中國
4	古里壩	8,850 MW	534 TWh	卡羅尼河	委內瑞拉
5	圖庫魯伊壩	8,370 MW	414 TWh	托坎廷斯河	巴西
6	向家壩	7750 MW	184 TWh	金沙江	中國
7	大古力壩	6809 MW	201 TWh	哥倫比亞河	美國
8	龍灘壩	6426 MW	187 TWh	紅水河	中國

註：MW 代表百萬瓦功率，TWh 代表十億度電力[TWh = G(kWh)]

　　各國水力發電總量如表 8-3 所示，從表中可以得知，若以世界各國發展水力發電的規模和成果來比較，中國大陸還是獨占鰲頭，其水力發電總量為 1126.4 兆度(TWh)，約為跟在其後四國，即加拿大、巴西、美國和俄羅斯的總和，約占全球水力發電總量的四分之一，由此可以想見其發展綠色能源的決心。除此之外，由表 8-3 中還可以發現，有五個國家的水力發電量，佔各該國總發電量的 50%以上，其中挪威的佔比更高達 95%，也就是說，該國幾乎沒有其他形式的發電設施，因而該國每年所排放的溫室氣體可謂微乎其微。而以大國來說，加拿大和巴西兩國的水力發電佔比達到 60%以上，確實非常難能可貴。

　　上述國家中，加拿大、巴西、美國和印度的水力發電尚有很大的發展空間，這是因為這幾個國家領土相對廣闊，水資源又很豐富。俄羅斯領土雖大但緯度太高，冬季來臨時水庫和河川中的水結冰後，就會減低發電容量。此外，中國大陸於 2020 年 11 月宣布要在雅魯藏布江蓋大型水力發電廠，發電容量設定為 70,000 MW，規模超過三峽大壩的三倍，每年約可提供 3,000 億度的低碳電力，此一計畫除了可以讓中國西部地區取得充足電力以外，更可以讓西藏自治區獲得可觀財政收入，而且對於中國承諾於 2060 年達成「碳中和」願景的實現，至關重要。

表 8-3　各國水力發電總量(2015)

國　　家	水力發電量(TWh)	總發電量(TWh)	水力發電佔比(%)
中國	1126.4	5810.6	19.4
加拿大	383.1	633.3	60.5
巴西	360.9	579.8	62.3
美國	253.7	4303.0	5.9
俄羅斯	169.9	1063.4	16.0
挪威	137.5	144.7	95.0
印度	124.4	1304.8	9.5
日本	96.6	1035.5	9.3
委內瑞拉	76.3	127.8	59.8
瑞典	74.5	170.2	43.8
土耳其	66.9	259.7	25.8
越南	63.8	164.6	38.8
法國	53.9	568.8	9.5
哥倫比亞	44.7	77.0	58.0
義大利	43.9	281.8	15.6

資料來源：維基百科

雅魯藏布江的水力發電計畫雖然宏大而前瞻，然卻會對下游的印度和孟加拉造成不小的衝擊，可能會有雨季爆洪、乾季缺水的風險，而對於有支流通過的尼泊爾和不丹，也會有一些影響，因而必須慎重以對，以免引發區域關係緊張。對於中國大陸這個水力發電計畫，印度認為雙方已經處於「水戰爭」狀態，因而也提出要在阿魯納查省蓋一座大壩，以減輕中國水壩計畫所帶來的不利影響。其相關位置如圖 8-3 所示。

圖 8-3　雅魯藏布江水力發電計畫位置圖

　　利用水庫儲水來發電的系統可以分為兩類,其一為慣常式,其二為抽蓄式,在用電量穩定的地區常設置慣常式水力發電站,而在日間與夜間用電量有巨大落差的地區,則適合設置抽蓄式水力發電站,可以利用夜間多餘的電力將下池的水抽往上池,如此就可以增加其位能,並增大白天的發電量。該二種水力發電系統之示意如圖 8-4 和圖 8-5 所示。

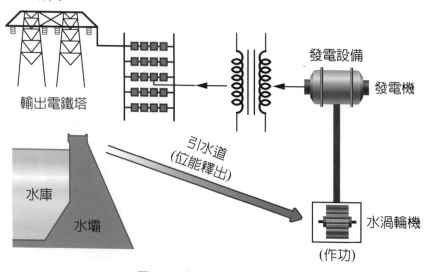

圖 8-4　慣常水力發電系統

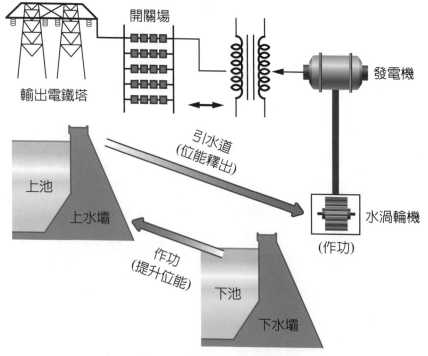

圖 8-5　抽蓄水力發電系統

在河川上游築堤建壩以發展水力發電，雖然有助於電力供應與經濟發展，也有利於污染排放物與溫室氣體排放管制，然而對流域中的地貌與生態仍然會有不小的衝擊，對下游居民的安全也會有令人擔憂的一面。此外，還有可能誘發地震，或因泥沙排放受到阻擋造成出海口泥沙減少，使海岸內縮，不利於沖積平原的形成。所以水力發電並非完全沒有負面效應，只是相對於其他發電型態較小了一些而已。

直接利用流動中河水的動能來發電，它的能量也是來自於地勢由高而低的位能釋出，所以這兩種發電方式的發電原理與能量來源都相同，不過設施的規模和設置的方式卻有很大差異。基本上，河川中的水流速度都不會太大，因而通常都會在中途設置一個攔水壩，讓河水蓄積在那裏以增加其位能，然後再將高水位的河水透通過排水管道去驅動渦輪機，再帶動發電機來發電，如圖 8-6 所示。

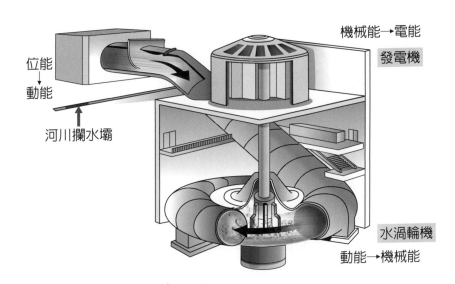

圖 8-6　利用河川築壩的水流發電示意圖

假如要直接利用流水的動能來發電，因為能擷取的動能也有限，加以裝置於河流上的水力發電設施基本上都不大，所能取得的能量相對較低，因而發量也較小，往往無法達到有效的經濟規模，因而其設施都較為簡易。也因為其設施簡易，所以早期即有一些村莊，村民就能自己建構自用的發電設施，如圖 8-7 所示。除了一些偏遠鄉村基於自用的需求以外，利用河水直接來進行大規模水力發電的案例非常稀有。

圖 8-7　利用河川的水流發電示意圖

二、水力位能的釋放及其效率

　　位能的釋放係來自於位置高低的落差，因此之故，對於質量相同的物體來說，落差越大則可以釋出的位能就越多。就以長江大壩和即將興建的雅魯藏布江大壩來說，前者壩高 181 公尺，而後者在西藏自治區境內 50 公里的直線區域內，落差高達 2,000 公尺，因而非常容易建造超高壩體來取得更可觀的位能，這也是預估發電容量可以比三峽大壩高出三倍的原因所在。

　　在利用水庫中所儲存的水，藉由上、下落差之位能釋放來發電的過程中，水是能量的傳遞介質，它從高處落到低處所釋放的能量計算方式，與一顆石頭從上方掉到下方是一樣的，亦即，質量為 m 的水，在高處垂直落至距離為 h 的低處，會釋放出的位能大小為

$$u_g = mgh$$

　　然而，水庫中的水從上方落至下方時，並非如石頭一般一次就到位，而是以某一個速度連續性的流出。若以單位時間內所流出的質量做為一個計量單元，則可以得到該單位時間內所釋放出的位能總量。假如質量為 m 的水，它以等速完全流出水庫所花的時間為 t，則單位時間內所流出的質量 Q 為 $\dot{m} = m / t$，則單位時間內釋放出的位能就可以表示為

$$\dot{u} = \frac{m}{t} gh = \dot{m}gh = Qgh$$

其中 Q 為每秒鐘所落下的質量，$\dot{u}$ 則為每秒鐘所釋放出的位能。如果 $\dot{u}$ 要以流體的體積來表示，因水的密度 $\rho = 1 \text{ g/cm}^3$，或 $\rho = 1 \text{ Mg/m}^3 = 1{,}000 \text{ kg/m}^3$，假設水的總體積為 V，則質量與體積之間的關係為

$$m = \rho V \qquad \text{代入上式得}$$

$$u_g = \rho Vgh$$

$$\dot{u} = \rho \frac{V}{t} gh = \rho \dot{V}gh$$

其中 $\dot{V}$ 為水每秒鐘所落下的體積，所以 Q 也可以用每秒鐘流下的體積 $\dot{V}$ 來計量，亦即 $Q = \rho\dot{V}$。

高處的水落下到低處釋放出位能，並將位能轉變為動能來帶動水渦輪機時，其效率 η_t 視渦輪機之設計好壞，大約介於 50%～70% 之間，而水渦輪機帶動發電機發電時，因為發電機已經是非常穩定的產品，效率 η_g 通常可以達 90% 以上。當兩者相結合進行水力發電時，總發電效率為兩者效率的乘積，亦即 $\eta = \eta_t \times \eta_g$，結果可以達到 45%～65% 之間，可以算是高效率的發電方式。

觀念對與錯

(○) 1. 水力發電除建造壩體和安裝設備會排碳之外，往後的發電過程中即不再排碳，是目前所有發電方式中排碳量最小的一種方式。

(○) 2. 由於水力發電良好的壩址難求，因而一個國家絕對不能以水力發電來做為其主要電力來源。

(○) 3. 水壩大都建造在河流上，如果該河流會流經數個國家，則在上游建造水壩會影響下游國家的生態與水資源運用，容易引發爭端，中國大陸即將進行的雅魯藏布江水力發電計畫，就是明顯的例子。

(○) 4. 用電量穩定的地方，大都設置慣常式水力發電，而在日夜用電量有巨大落差的地方，則適合設置抽蓄式水力發電站。

(✕) 5. 利用流水的動能來發電，至今無法擴大規模的緣故，是與它破壞景觀至鉅，受到環保人士的抗議與節制有關。

例題 8-1

石門水庫之上下落差為 50 公尺，若每秒鐘落下的水量為 3 噸，試估算每秒鐘所釋出的位能？

解

每秒鐘釋出位能 $\dot{u} = \dot{m}gh$

$\dot{m} = 3000$ (kg/s)，$h = 50$ (m)，

則 $\dot{u} = 3000 \times 9.81 \times 50 = 1.47 \times 10^6$ (J/s) = 1.47(MJ/s)

單位：kg/s · m/s^2 · m = (kg · m/s^2) · m/s = N · m/s = J/s

故每秒鐘所釋出的位能為 1.47 MJ/s

例題 8-2

上題中，若水渦輪機的效率為 65%，發電機的效率為 90%，則每小時可發電力為多少？

解

每秒鐘總釋出位能為其功率，亦即

$Q_T = P = 1.47$ MJ/s = 1.47 (MW) = 1470 (kW)

實際轉換所得功率為

$Q_R = 1470 \times 0.65 \times 0.9 = 860$ (kW)

故一小時發電量為

$E_R = Q_R \cdot t = 860 \times 1 = 860$ (kWh) = 860 (度電)

例題 8-3

若上題中所發電力被用來將水由低處抽回到 50 公尺高處，抽水機效率為 80%，試問可以抽回多少水量？

解

有效能量傳遞為

$E_e = 860 \times 0.8 = 688 \text{ (kWh)} = 688(\text{kJ/s}) \times 3600 \text{ (s)} = 2.4768 \times 10^6 \text{ (kJ)}$

轉換成位能 $u = mgh = E_e$

$m = \dfrac{E_e}{gh} = \dfrac{2.4768 \times 10^6}{9.8 \times 50} = 5054.7 \text{ (Ton)}$

m 單位：$\dfrac{\text{kJ}}{(\text{m}/\text{s}^2) \cdot \text{m}} = \dfrac{\text{kN} \cdot \text{m}}{(\text{m}/\text{s}^2) \cdot \text{m}} = \dfrac{\text{kN}}{(\text{m}/\text{s}^2)} = \dfrac{\text{k(kg)} \cdot (\text{m}/\text{s}^2)}{(\text{m}/\text{s}^2)} = 1000 \text{kg} = 1 \text{ Ton}$

例題 8-4

某水庫每天可釋放出 80 萬立方公尺的水，若水庫上下高度差為 30 公尺，試估算最高發電量？

解

每日釋放出

$V = 800000 \text{ m}^3$

合質量

$M = 800000 \text{ Mg}$

或

$M = 8 \times 10^8 \text{ kg}$

則每秒流量

$\dot{m} = 8 \times 10^8 \div 24 \div 3600 = 9259 \text{ (kg/s)}$

$\dot{u} = 9259 \times 9.81 \times 30 = 2724.9 \text{ (kW)}$

$E_r = 2724.9 \times 0.65 \times 0.9 \times 1 = 1594 \text{ (kW} \cdot \text{h)} = 1594 \text{ (度電)}$

三、水力動能的應用

當水沿著溪流往下流動時，短距離之間的高度落差不大，因此位能的變化有限。然而，流水原本是從更高之處往下而來，所釋放出的位能扣除掉水流過程中的摩擦損失，尚有部分能量是以動能的型式存在，這些殘留的動能可以被用來推動水渦輪機和發電機，一樣可以用來發電，只不過其設置規模和發電量往往不大，無法和水壩所產出的相比擬。

以台灣來說，運轉中的川流式電廠有 24 座，裝置容量最大的圓山水力發電廠，容量僅有 18 MW，而許多電廠的裝置容量都在 3 MW 以下，對於整體電力的供應幫助有限。茲將裝置容量超過 8 MW 的川流式電廠列出如表 8-3 所示。

表 8-3　台灣川流式水力電廠

電廠名稱	地區	水源	年度	落差(m)	裝機容量(MW)	年發電量(MWh)
圓山電廠	宜蘭三星	蘭陽溪	1989	70	18.0	86.0
民間電廠	南投民間	濁水溪	2004	31	16.7	75.9
水里電廠	南投水里	水里溪	1995	39.5	12.8	50.0
西口電廠	台南東山	曾文溪	2004	24.5	11.5	42.0
水簾電廠	花蓮秀林	木瓜溪	1982	69.6	9.5	69.0
天送埤電廠	宜蘭三星	蘭陽溪	1921	39.4	8.4	45.6

資料來源：維基百科

當河川中水流的流速為 v 時，質量 m 的水所具有的動能可以表示為 $T = \frac{1}{2}mv^2$，動能帶動水渦輪機時會有一些能量損失，水渦輪機在帶動發電機時，又會有一些能量損失，假如其效率分別為 η_t 與 η_g，則實際產生效用的動能為

$$T_{eff} = \eta_t . \eta_g . T$$

如果單位時間內所流入的水質量為 $\dot{m}$，則單位時間內所具有的動能可以表示為 $\dot{T} = \frac{1}{2}\dot{m}v^2$，此即為該發電機的功率 P，單位為瓦(W)或千瓦(kW)。

例題 8-5

試估算平均流速 1m/s 的水流經截面積 1m^2，每個月的平均能流密度？

解

質量流率

$\dot{m} = \rho\dot{V} = \rho v A = 1000 \times 1 \times 1 = 1000 \, (\text{kg/s})$

功率 $\dot{T} = \dfrac{1}{2}\dot{m}v^2 = \dfrac{1}{2}\times 1000 \times 1^2 = 500 \, (\text{W})$

單位：$(\text{kg/s}) \cdot (\text{m/s})^2 = (\text{kg} \cdot \text{m/s}^2) \cdot (\text{m})(\dfrac{1}{s}) = \text{N} \cdot \text{m}(\dfrac{1}{s}) = \text{J/s} = \text{W}$

每月平均能流密度

$\dot{T}_M = 500 \times 24 \times 30 \div 1000 = 360 \, \text{kWh/M}$

若要計算一組水力發電機所發的電量，只要將其功率 P 乘以運轉時間 t 即可，亦即 $E = Pt$，單位為千瓦小時(kWh) 或度電。當考慮水渦輪機與發電機的驅動能量損失時，只要將其效率考慮進去即可，亦即

$$E_{eff} = \eta_t . \eta_g . E = \eta_t . \eta_g . Pt$$

例題 8-6

流速為 2 m/s 的水流，流經直徑為 1.5 公尺的導管進入水渦輪機中，再帶動發電機發電，設水渦輪機引擎的效率為 65%，發電機的效率為 90%，試求每天的發電量？

解

管的截面積為

$A = \dfrac{\pi}{4}D^2 = \dfrac{\pi}{4}\times(1.5)^2 = 1.77 \, (\text{m}^2)$

每秒的流入水量為

$\dot{V} = vA = 2 \times 1.77 = 3.54 \, (\text{m}^3/\text{s})$

每秒流入質量為

$$\dot{m} = \rho V = 1000 \ (\mathrm{kg/m^3}) \times 3.54 \ (\mathrm{m^3/s}) = 3540 \ (\mathrm{kg/s})$$

每秒產生動能或功率為

$$\dot{T}_s = \frac{1}{2}\dot{m}v^2 = \frac{1}{2} \times 3540 \times (2)^2 = 7080 (\mathrm{J/s}) = 7080 (\mathrm{W})$$

單位：$(\mathrm{kg/s})(\mathrm{m/s})^2 = (\mathrm{kg \cdot m/s^2}) \cdot (\mathrm{m/s}) = (\mathrm{N \cdot m/s}) = (\mathrm{J/s})$

功率 $P = \dot{T}_s = 7.08 \ (\mathrm{kW})$

每天所發電量為

$$E_T = 7.08 \times 0.65 \times 0.9 \times 24 = 99.4 \ (\mathrm{kW \cdot h}) = 99.4 \ (度電)$$

例題 8-7

某村莊的居民每日尖峰時間 2 小時內的電力需求為 3600 度，若以類似例 9-2 之系統發電，則其每秒鐘的最小落水量為多少？

解

假設用電量平均分布於尖峰時間內，則每小時用電量

$$E = \frac{3600度}{2} = 1800 \ 度$$

所以，須增加的倍數為

$$n = \frac{1800}{860} = 2.093$$

則每秒鐘所需落水量為

$$m = 3 \times n = 3 \times 2.093 = 6.279 \ (噸)$$

例題 8-8

上題中，若有 10% 的電力來源欲以例 9-5 所示，河流中的水力發電系統 20 座來作為替代，試問在流速不變下，導管的直徑應為多少？

解

每小時取代電力為 1800 度 × 10% = 180 度

以 20 座來取代，每座發電量為每小時 180 ÷ 20 = 9 (度)

原發電機每小時 99.4 度 ÷ 24 = 4.142 (度)

增加倍數為 $n = 9 \div 4.142 = 2.173$ 倍

故截面積須增為 2.173 倍

亦即直徑增為 $D = 1.5 \times \sqrt{2.173} = 2.21$ (公尺)

例題 8-9

上題中，若不改變水渦輪發電機的規格，亦即導管的直徑仍維持 1.5 公尺，則需要幾座水渦輪發電機才能滿足需求？

解

每小時取代電力為 1800 度 × 10% = 180 度

原發電機每小時 99.4 度 ÷ 24 = 4.142 (度)

所需水力發電機座數 $n = 180 \div 4.142 = 43.57 = 44$ (座)

　　流速為 v 的水流經截面積為 A 的管道，然後再進入水渦輪機之中來帶動渦輪機時，當經過時間 t 以後，流過此截面積的水之總體積，或是進入渦輪機的水之總體積為 $V = Avt$。若要計算每秒鐘流過此截面積的水之體積，或是每秒鐘進入渦輪機的水之體積，則可以將總體積 V 除以時間 t 即得，亦即 $\dot{V} = Av$。

　　假設水的密度為 ρ，則每秒鐘流入的質量為 $\dot{m} = \rho \dot{V} = \rho Av$，而每秒鐘產生的總動能可以表示為

$$\dot{T} = \frac{1}{2}\dot{m}v^2 = \frac{1}{2}\rho Av^3$$

因此得到單位截面積的功率 P 為

$$P = \frac{\dot{T}}{A} = \frac{1}{2}\rho v^3$$

由上式中可以得到，水流的單位截面積功率 P 和流速的三次方成正比，此與風力發電之單位截面積功率 P 和風速的三次方成正比，兩者情況完全相同，雖然一爲液體，另一爲氣體，但皆爲流體，差別只是密度的大小而已。

例題 8-10

寬 25 米，深 4 米的河流，其流速爲 2 m/s，若在此河流的 30%截面建構水渦輪發電系統，若整體效率爲 68%，試求每天可以發出的電量爲多少？

解

總截面積爲 $A = 25 \times 4 = 100$ (m²)

設置面積爲 $A_e = A \times 0.3 = 100 \times 0.3 = 30$ (m²)

單位面積功率爲 $P = \dfrac{1}{2}\rho v^3 = \dfrac{1}{2}(1000)(2)^3 = 4000$ (W/m²) $= 4$ (kW/m²)

總功率爲 $P_T = 4 \times 30 = 120$ (kW)

每天發電量爲

$E = \eta P_T t = 0.68 \times 120 \times 24 = 1958.4$ (kW·h) $= 1958.4$ (度電)

例題 8-11

上題中，若截流面積不變下，冬季水的流速降低 15%，效率降低 10%，若其電力需求量爲原來之 70%，請問是否夠用？

解

冬季河流之水流速度 $v = 2 \times (1-0.15) = 1.7$(m/s)

單位面積功率爲 $P = \dfrac{1}{2}\rho v^3 = \dfrac{1}{2}(1000)(1.7)^3 = 2456.5$(W/m²)

總功率爲 $P_T = 2456.5 \times 30 = 73695$(W)

冬天每天發電量

$E = \eta P_T t = 0.68(1 - 0.1) \times 73695 \times 24 = 1082.4$(kW·h) $= 1082.4$(度電)

冬天電量需求為

$E_w = 1958.4 \times 0.7 = 1370.9$(度電)

故冬天所發電量將不夠用

例題 8-12

上題中，若該發電設施設置於接近河流之出海口，經量測後得知水的密度為 1.065 g/cm^3，若要滿足冬季的用電需求，試求在深度不變下，截流寬度應該為多少？

 解

單位面積功率為

$P = 1/2\ \rho v^3 = 1/2\ (1065)(1.7)^3 = 2616.2$(W/m^2)

總功率為 $P_T = 2616.2 \times A_e = 2616.2\ A_e$ (W)

冬天電量需求為 1370.9 (kW.h)

則 $E = \eta P_T t = 0.68(1 - 0.1) \times 2616.2\ A_e \times 24 = 1370.9$ (kWh)

解得截流面積為 $A_e = 35.68$ (m^2)

河流之深度為 4m，故其截流寬度應為

d = 35.68 / 4 = 8.92 (m)

四、水渦輪機的型式

　　水渦輪機是將水力的位能或線性動能轉換成旋轉動能的主要機構，因其設計理論與結構方式的不同，能量轉換效率可以由 50%到 70%不等。當位能或線性動能被轉換成轉動能以後，就可以用來帶動發電機發電了。水渦輪機大體可以分為兩種類型，分別為"反應式"(reaction turbine)和"衝壓式"(impulse turbine)。反應式水渦輪機在運作時，流體會沿著水渦輪軸向流經整個水渦輪，其帶動能量來自於流體在水渦輪機前端將動能或位能轉變為高壓的壓力能，藉此壓力使流體順著水渦輪機軸向流動，再於後端以較低壓釋放流出，如圖 8-8 所示。反應式水渦輪機前端與後端之間的壓力降，即為轉動動能的來源。

至於衝壓式水渦輪機，則是水流直接打在與軸向垂直的葉片上使產生力矩，再由力矩來帶動水渦輪機旋轉，大體可以依據水流推動渦輪機葉片所載之部位，分為側推式和上推式兩種，如圖 8-9 所示。此種類型的水流方向與水渦輪機軸向垂直，過程中也沒有產生流體壓力變化或壓力降的情況。

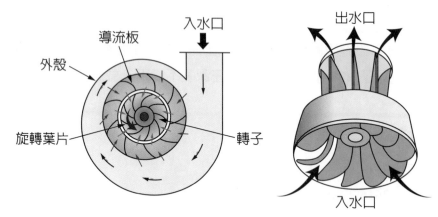

圖 8-8　反應式水渦輪機

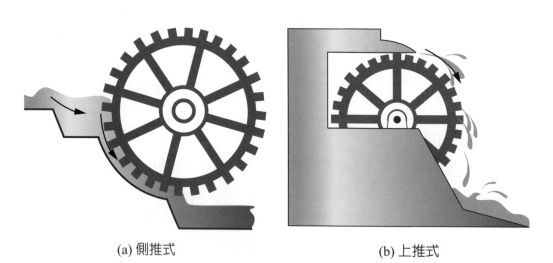

(a) 側推式　　　　　　(b) 上推式

圖 8-9　衝壓式水渦輪機

Chapter

09

海洋能

　　海洋占據了地表 70% 的面積，不但內有豐富的魚類和海洋生物供作人類和其他動物的食物，也蘊涵有大量而生生不息的能源，這些能源被稱為海洋能。海洋能主要可以分為五種，能量的源頭有些差異，一般人較為熟知的有「潮汐能」、「波浪能」和「海流能」，而「溫差能」與「鹽分梯度能」則仍處於研究開發階段，因而也就較少被人提及。

一、潮汐能

　　海洋的潮汐現象來自於太陽和月球對地球的吸引力，依據牛頓萬有引力定律，太陽、月球和地球之間始終存在著相互吸引的引力，因此對於地球上的某一個位置點來說，當該點處於太陽與月球二者連線之上時，海水會受到吸引而形成漲潮。當二者的連線移開不通過該點時，吸引力消失，致使海水的水位下降而退潮。漲潮是海水的水位上升現象，因此位能增加，待退潮時，海水的水位下降，兩者之間的水位落差會釋放出位能，這就是海洋潮汐能(tidal energy)的能量來源，如圖 9-1 所示。

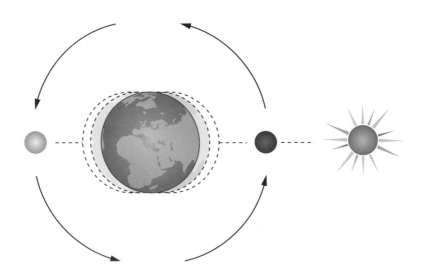

圖 9-1　地球和月球間引力引發的潮汐

　　潮汐具有良好的可預測性，對於某一個位置點來說，處於太陽與月球二者連線的機會，每天有兩次，但由於地球本身的自轉運動以及月球對地球和地球對太陽的公轉運動，使得任何一個位置點於二者連線上的時間都不一樣，因而該位置點產生潮汐的時間也隨之持續的變更，但不變的是每一處每一天都會有兩次漲潮與落潮，

亦即同一地點的海平面每天會有兩次升降的循環，將這種循環產生的位能差用來發電，就稱之爲潮汐發電。潮汐發電並非有潮汐即可，必須要有至少 8 公尺以上的高度落差和強勁的速度才具有開發價值，其設施如圖 9-2 所示。圖中之設施有如在海邊築起一個堰壩，於漲潮時海水經由通道帶動葉輪機發電，然後儲存於壩中，於退潮時海水再經由通道帶動葉輪機發電並且流回大海之中。由於漲潮和退潮的過程時間有限，上一次退潮和下一次漲潮之間，系統處於完全停頓狀態，所以利用此種方式發電的成本相對較高，因而在發展多年之後，潮汐發電始終沒有能夠成爲一種主要的替代能源取得方式。

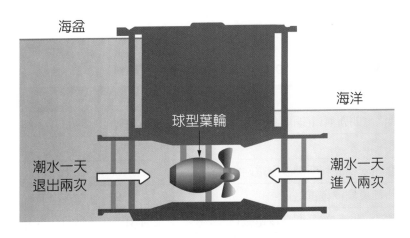

圖 9-2　堰壩式潮汐發電機

　　堰壩式潮汐發電系統(barrage system)並非任何地方都可以建立，而是必須設置於海盆地形，它的壩體建築與海岸整體視覺差異甚大，故而容易破壞海岸景觀，也因爲這個因素，近年來有其他方式的潮汐發電系統被開發出來，這種新的系統是利用潮汐產生的水流而非潮汐的位能來發電，稱爲潮汐流發電系統(tidal stream system)。潮汐流發電系統主要有兩種型式，一種稱作圍籬式系統(fence system)，另一種稱爲渦輪式系統(turbine system)，如圖 9-3 所示。圖中這兩者皆以沉箱結構將其固定於海底淺灘或河流出海口，當潮汐產生時，海水的水流會流經該等設施而帶動發電機發電。此等方式之設置成本較低，也比較不會影響海岸景觀，但有時會影響海底大型生物移動，或影響船隻航行安全，也是有其缺點，不過相較之下，整體負面效應顯然較堰壩式小了一些。

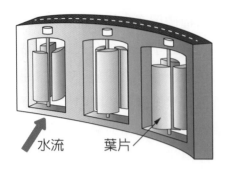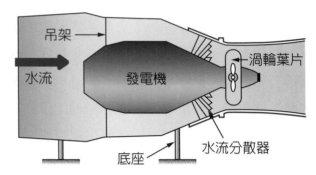

圖 9-3　圍籬式與渦輪式潮汐發電機

　　由於潮汐發電需要有足夠高的潮差和流速,因而好的設置地點尋覓不易,加以因規模皆不夠大的因素,發電成本居高不下,因而也就喪失了競爭力,以致真正設置投入運轉的案例非常有限,將其列於表 9-1 中做為比較。

表 9-1　投入運轉的潮汐發電站

國家	地點	裝機容量	年發電量	商轉時間
法國	聖瑪洛灣朗斯河口(朗斯潮汐發電站)	240 MW	540 GWh	1967
蘇聯	基斯拉雅灣	800 kW	實驗用	1968
加拿大	芬地灣(安納波利斯潮汐發電站)	20 MW	實驗用	1980
中國	杭州(江廈潮汐發電站)	3.2 MW	6.5 GWh	1985
韓國	京畿道鞍山市(始華湖潮汐電廠)	254 MW	550 GWh	2011

　　在上述這些案例中,韓國的始華湖潮汐電廠的裝機容量最大,為 254 MW。有了這個成功經驗,韓國於是近一步計畫在西海岸的加露林灣和仁川灣興建兩處更大的潮汐電廠,預計設置的裝機容量分別為 480 MW 和 1 GW,韓國能夠如此積極發展潮汐發電,乃因其西海岸與南海岸具有強勁的潮流之故。

　　對於堰壩式潮汐發電來說,假設水池的面積為 A,海水升降的高度為 h,則每次潮汐所關係到的海水體積包含漲潮過程和退潮過程共為

$$V = 2\,Ah$$

　　亦即漲潮時水位上升,水流經水渦輪機可以發電,退潮時水位下降,水再次流經水渦輪機,亦可以發電。全部流經的海水質量為

$$m = 2\,\rho Ah$$

至於海水因為水位落差而釋放出的位能為

$$u = mg\left(\frac{h}{2}\right) = \rho gAh^2$$

水位落差從最高的 h 到最低的 0 水位，其平均值為 $\frac{h}{2}$，因此上式之實際落差取 $\frac{h}{2}$ 為合理設定。若潮汐從開始起漲到退潮完畢的時間，或稱為週期為 T，則潮汐能的功率 P 可以表示為

$$P = \frac{\rho gAh^2}{T}$$

當得到潮汐能的功率 P 以後，只要乘以時間，就可以得知總所發電量為多少，亦即 $E = P \cdot t$，單位為焦耳(J)或度電(kWh)。當考慮渦輪機效率 η_t 與發電機效率 η_g 時，實際所發電量為

$$E = \eta_t \eta_g Pt$$

觀念對與錯

(✗) 1. 海洋占據了地表 70% 面積，蘊含了大量能源，其中「潮汐能」、「波浪能」與「海流能」的能量都源自於地球的自轉與繞太陽公轉。

(○) 2. 地球的每一個角落海邊，每天都會有兩次漲潮與退潮，漲潮時海平面上升，位能增高，退潮時海平面降低，便可以釋放出潮汐能。

(○) 3. 堰壩式潮汐發電機每天潮水進入兩次，退出兩次，因而可以有四個發電行程，但由於每天漲潮和退潮時間有限，所以會因系統閒置時間過長而影響發電效率。

(○) 4. 由於堰壩式潮汐發電設施會影響景觀，所以利用沉廂結構將發電機固定於海底淺灘的系統，利用潮汐產生的水流來發電，如此一來，就再也不會有負面的評價了。

(○) 5. 潮汐發電的海面高低落差必須達 8 公尺以上，才具有開發價值，然目前因適當地點難覓，加以規模都不夠大，所以成功商業運轉的案例仍然很少，韓國始華湖潮汐電廠算是最成功的一個。

例題 9-1

在海邊設置長 5 公里，寬 3 公里的潮汐發電水池，若漲潮與退潮時海平面落差為 8 米，週期為 12 小時，試求其功率及其發電量？(設水渦輪機效率為 50%，發電機效率為 90%，海水密度 1025 kg/m³)

解

功率為

$$P = \frac{\rho g A h^2}{T} = \frac{1025 \times 9.8 \times (5000 \times 3000) \times 8^2}{12 \times 3600} = 2.2322 \times 10^8 \text{ (W)} = 223222.2 \text{ (kW)}$$

單位：$\dfrac{(\text{kg/m}^3)(\text{m/s}^2)(\text{m}^2)(\text{m})^2}{s} = \dfrac{\text{kg} \cdot \text{m}^2/s^2}{s} = \dfrac{(\text{kg} \cdot \text{m/s}^2) \cdot \text{m}}{s} = \dfrac{\text{N} \cdot \text{m}}{s} = \dfrac{J}{s} = \text{W}$

發電量為 $E = \eta_t \eta_g P t$　則

$$E = 223222.2 \times 0.5 \times 0.9 \times 12 = 1205400 \text{ (kWh)} = 1205400 \text{ (度電)}$$

例題 9-2

某工廠每日耗電量為 600 度電，若要建造一座潮汐發電廠來取代，試估算所需涵蓋的水池面積？(設總工作效率為 42%，該處的漲退潮落差為 6 米，潮汐週期 12 小時，海水密度 ρ = 1025 kg/m³)

解

所須電量 $E = \eta P t = 0.42 \times P \times 12 = 600$ (kWh)

$$P = \frac{600}{0.42 \times 12} = 119 \text{ (kW)} = 119000 \text{ (W)}$$

又功率 P 為 $P = \dfrac{\rho g A h^2}{T}$，則 $A = \dfrac{PT}{\rho g h^2}$，即所需水池面積為

$$A = \frac{119000 \times 12 \times 3600}{1025 \times 9.8 \times 6^2} = 14216 \text{ (m}^2)$$

二、海流能

地球自轉會帶動海洋內部產生海流或稱之爲洋流(ocean current)，因爲地球自轉屬於穩定不變的運動，故而也會產生穩定而不變動的海流，稱爲恆流。全球各處之海洋皆有洋流通過，如圖 9-4 所示，因而可以發展海流發電的區域甚廣，雖然目前仍然沒有成功商業運轉的案例，但卻具有無窮的發展潛力。由於在海洋中施工困難，且材料容易受海水腐蝕，因而在工程技術以及防腐蝕材料的開發領域中，仍有一些困難需要加以克服。

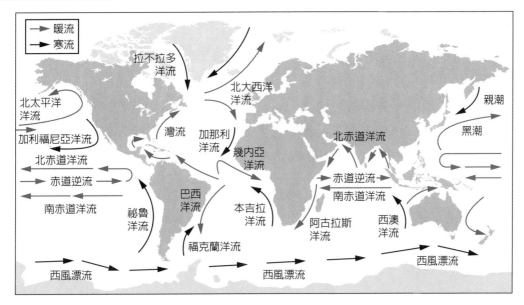

圖 9-4　全球洋流分布圖

另外，潮汐的運動會引發海水規律的運動，亦可視爲海流的一種，只是這種海流會完全伴隨著潮汐的腳步，同時產生或消失，被稱之爲潮流(tide current)，常見於河流的入海口段落。

利用海流發電產生電能的方式，與利用潮汐產生電能的方式相同，只是兩者能量的來源不同而已，後者源自於潮汐所產生的水流，前者則源自於地球自轉產生的海流。雖然兩者所顯現的方式與規律性互異，但用來發電的能量擷取方法則相同。

海流和河流一樣會有流動的海水，具有動能，因此海流能(marine current energy)的利用方式也和河流的水力能相同，是將海流引入管道中帶動水渦輪機，再帶動發電機發電。水渦輪機可以分爲兩種類型，分別稱爲水平軸渦輪機(horizontal axis turbin)與垂直軸渦輪機(vertical axis turbin)，如圖 9-5 所示。

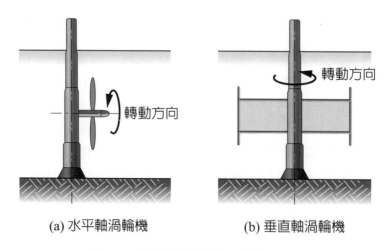

(a) 水平軸渦輪機　　　　　　(b) 垂直軸渦輪機

圖 9-5　水平軸渦輪機與垂直軸渦輪機

　　此外，也有把海流經過的路徑視為通道，直接在河流出海口的河床上，或是在海床上設置水渦輪機和發電機設備來發電，如圖 9-6 所示，該等發電機之結構如同風力發電機一般。因海流規模甚大，所以要找到理想設置地點也不難。海流能理想的功率與風力發電及河流的水流能相同，亦即為

$$P_0 = \frac{1}{2}\rho A v^3$$

圖 9-6　海床上直接設置發電機

　　將功率 P_0 除以總截面積 A，即得單位截面積之功率 $P = \dfrac{P_0}{A} = \dfrac{1}{2}\rho v^3$，假設水渦輪機和發電機的實際效率為 η，則總有效功率為

$$P_T = \eta PA \quad 或將 P 代入得 \quad P_T = \frac{1}{2}\eta \rho A v^3$$

此式也與風力發電和河流的水力發電所得到的公式相同。總有效功率乘以時間，就可以得到總發電量為

$$E_T = P_T t$$

例題 9-3

直徑 20 米的水渦輪機被用來作為海流發電用，已知海流速度為 2.5 m/s，總轉換效率為 40%，試求每天的發電量？

解

總截面積為 $A = \frac{\pi}{4}D^2 = \frac{\pi}{4}(20)^2 = 314.16\,(\mathrm{m}^2)$

單位面積之功率為 $P = \frac{1}{2}\rho v^3 = \frac{1}{2}\times 1025 \times (2.5)^3 = 8007.8\,(\mathrm{W/m}^2)$

總有效功率 $P_T = \eta PA = 0.4 \times 8007.8 \times 314.16 = 1006292\,(\mathrm{W}) = 1006.3\,(\mathrm{kW})$

每天發電量為 $E_T = P_T t = 1006.3 \times 24 = 24151\,(\mathrm{kW \cdot h}) = 24151\,(度電)$

例題 9-4

上題中，若要得到 30000 度電，則水渦輪的直徑應為多少？

解

因 $E_T = P_T t$，則 $P_T = \frac{E_T}{t} = \frac{30000}{24} = 1250\,(\mathrm{kW})$

又因 $P_T = \eta PA$，則 $A = \frac{P_T}{\eta P} = \frac{1250000}{0.4 \times 8008} = 390.235\,(\mathrm{m}^2)$

則直徑為 $D = \sqrt{\frac{4A}{\pi}} = \sqrt{\frac{4 \times 390.235}{\pi}} = 22.3\,(\mathrm{m})$

三、波浪能

海洋波浪是海水表面溫差產生的風對海洋表面海水推動所引發，因此，波浪的能量本質上來自於風能。海洋波浪的運動類似一般的振動波，會上下起伏並且有傳遞性，因此同時具有位能和動能，被稱為波浪能(wave energy)。動能的產生和能量釋出如同水流或海流，已在前面章節提及，因而本節只針對位能部分以予闡述。

波浪起伏的波峰與基準線或波谷與基準線之間的落差稱為波幅 a，兩個波峰或兩個波谷間的距離為波長 λ，每振動一次所需時間為週期 T，每單位時間所來回振動次數為頻率 f。在描述海洋波浪發電的原理時，我們可以把海洋波浪理想化為一個正弦波，因此波浪的縱切面會顯現出正弦波的波形，如圖 9-7 所示，其實際發電設施已被成功開發應用，如圖 9-8 所示。

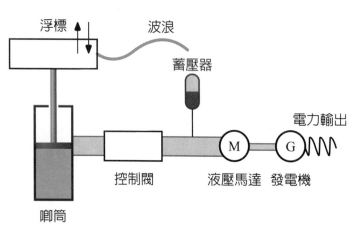

圖 9-7　正弦波海浪發電原理

圖 9-8　波浪發電設施

圖 9-9 為一個正弦波，由圖中可知，若波長為 λ，則週期 $T = \dfrac{\lambda}{2\pi}$，頻率 $W = \dfrac{1}{T} = \dfrac{2\pi}{\lambda}$，故波幅為 a 之正弦波的函數為 $f(x) = a \sin Wx = a \sin \dfrac{2\pi}{\lambda} x$，因此，一個單元正弦波的截面積可以用積分法來求得。若先求 $0 \sim \dfrac{\lambda}{2}$ 區域間的面積，則

$$\frac{A}{2} = \int_0^{\frac{\lambda}{2}} f(x)dx = \int_0^{\frac{\lambda}{2}} a \sin \frac{2\pi}{\lambda} x\, dx = -\frac{a\lambda}{2\pi}\left[\cos \frac{2\pi}{\lambda} x\right]_0^{\frac{\lambda}{2}} = -\frac{a\lambda}{2\pi}[-1-1] = \frac{a\lambda}{\pi}$$

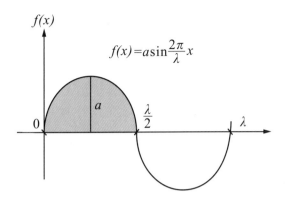

圖 9-9　正弦波

則由積分法求得單元正弦波所涵蓋的面積 A 爲

$$A = \frac{2a\lambda}{\pi}$$

若海水密度爲 ρ，則單位波長內的質量爲

$$M = \rho A\ell = \frac{2\rho a\lambda\ell}{\pi}$$

其中 ℓ 是波浪的長度，若要得到單位長度波浪質量，可以表示爲

$$m = \frac{M}{\ell} = \rho A = \frac{2\rho a\lambda}{\pi}$$

因正弦波的形心在 $h = \dfrac{\pi a}{8}$ 處，波浪上下來回運動的位移量爲 $\Delta h = 2h = \dfrac{\pi a}{4}$，因此，單位長度波浪產生的位能爲

$$q = mg\Delta h = \frac{2\rho a\lambda}{\pi} \times g \times \frac{\pi a}{4} = \frac{1}{2}\rho ga^2\lambda$$

整體波浪產生的位能為

$$Q = q\ell = \frac{1}{2}\rho g a^2 \lambda \ell$$

例題 9-5

若海浪高為 1.2 m，波長為 6 m，浪的長度為 600 m，試求海浪每一週期所釋放出的位能大小？

解

由公式得 $q = \frac{1}{2}\rho g a^2 \lambda$

$$Q = \frac{1}{2}\rho g a^2 \lambda \ell$$

其中 $\rho = 1025 \text{ kg/m}^3$，$g = 9.8 \text{ m/s}^2$，$a = 1.2$，$\lambda = 6 \text{ m}$

代入得 $q = \frac{1}{2}(1025)(9.8)(1.2)^2(6) = 43394 \text{ (J/m)}$

$$Q = q\ell = 43394 \times 600 = 2.6 \times 10^7 = 26 \text{ (MJ)}$$

單位：$(\text{kg/m}^3)(\text{m/s}^2)(\text{m})^2(\text{m})(\text{m}) = (\text{kg} \cdot \text{m/s}^2) \cdot (\text{m}) = \text{N} \cdot \text{m} = \text{J}$

例題 9-6

上題中，若每次海浪起伏的週期為 6 秒，試求每小時的發電量？(設效率為 40%)

解

週期為 6 秒，則每秒所產生的能量為

$$P = \frac{Q}{6} = \frac{26}{6} = 4.333 \text{ (MW)} = 4333 \text{ (kW)}$$

則每小時產生的電力為

$$E = 4333 \times 0.4 \times 1 = 1733 \text{ (kW} \cdot \text{h)} = 1733 \text{ (度電)}$$

四、其他型式的海洋能

除了上述三種海洋能的開發以外，尚有「海洋溫差能(ocean thermal energy)」和「海水鹽分梯度能(salinity gradient power)」兩種，都可以被開發來做爲發電之用，近幾年來不乏研究者投入，但大都仍舊處於試做實驗階段，正式投入商業運轉的案例極爲有限。

1. 海洋溫度差發電

當海面受到太陽照射時，表面的水溫會高於深處的水溫，在熱帶或亞熱帶地區，表面和 1000 公尺深處海水的溫差可以達到 20°C 左右。發電系統以利用高溫海水來使低沸點工作流體蒸發爲氣體(如氨氣)，再利用此氣體來推動汽渦輪機和發電機來發電，然後以低溫海水使其凝結爲液體(如液態氨)，再循環回到原點，此種發電方式即爲海洋溫差發電的應用，其設施如圖 9-10 所示。

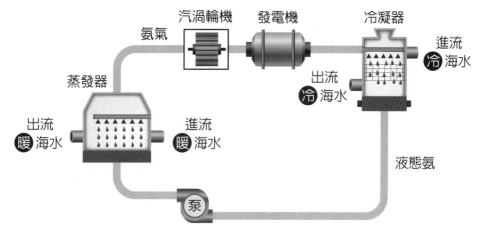

圖 9-10　海洋溫差發電設施

海洋溫差發電顧名思義，在海面與深海兩者之間有越大的溫度差，就是越好的發電場址，比如台灣東部海域，因爲有黑潮暖流通過，表層海水溫度較高，而又因爲該處海底地形陡峭，日照稀少而致深層海水溫度極低，故而具有很大的溫度差，具有發展溫差發電的良好條件。然而若要進入商業營運階段，還是需要對其他各種附屬條件進行廣泛性評估。

若定義使 1 kg 質量海水升高 1°C 所須的熱能爲海水的比熱 C，經由實際測量約得 $C = 3930$ J/kg°C，因此，使質量爲 m 的海水產生ΔT 溫度變化所需的熱能 Q 爲 $Q = mC\Delta T$，海水溫差ΔT 越大，則可釋出的熱能也就越多。

例題 9-7

若海洋溫差發電系統的發電效率為 50%，試求以 20°C 和 12°C 溫差海水發一度電所需要的海水流率？(設海水比熱為 3930 J/kg°C)

解

發一度電需要功率 $P = 1\ \text{kW} = 1000\ \text{W} = 1000\ (\text{J/s})$

因效率 $\eta = 50\%$，故需要實際功率 $P_r = \dfrac{P}{\eta} = \dfrac{1000}{0.5} = 2000\ (\text{J/s})$

溫差 $\Delta T = 20°\text{C} - 12°\text{C} = 8\ (°\text{C})$

質量 m 的海水可釋出之熱能為

$Q = mC\Delta T$，$m = \dfrac{Q}{C\Delta T}$，則一秒鐘所需熱量 $Q = P_r\,t = 2000 \times 1 = 2000\ (\text{J})$

一秒鐘需 2000 J 熱量，則所需的流量為

$m = \dfrac{Q}{C\Delta T} = \dfrac{2000}{3930 \times 8} = 0.0636\ (\text{kg}) = 63.6\ (\text{g})$

單位：$\dfrac{\text{J}}{(\text{J/kg°C})(°\text{C})} = \text{kg}$

例題 9-8

若以核能電廠排出的 35°C 冷卻用水和 15°C 的海水進行溫差發電，若系統發電效率為 50%，試求流率為 10 kg/s 時所能發的電量？

解

溫差 $\Delta T = 35°\text{C} - 15°\text{C} = 20°\text{C}$，$\dot{m} = 10\ \text{kg/s}$

每秒所釋出熱能或其功率為

$\dot{Q} = \dot{m}C\Delta T = 10 \times 3930 \times 20 = 786000\left(\dfrac{\text{J}}{\text{s}}\right) = 786\left(\dfrac{\text{kJ}}{\text{s}}\right)$

每秒得到之有效熱能或其有效功率為

$\dot{Q}_r = \dot{Q} \times 0.5 = 393\left(\dfrac{\text{kJ}}{\text{s}}\right) = 393\ (\text{kW})$

則一小時發電量為

$E_r = \dot{Q}_r t = 393 \times 1 = 393\ (\text{kW} \cdot \text{h}) = 393(\text{度電})$

2. 鹽分梯度發電

在物理實驗中，當濃鹽水和淡水或稀鹽水混合時，兩者會完全互溶變成濃度較低的鹽水。若在兩者混合時，中間隔著一層薄膜，此薄膜可以讓水分子滲透進入濃鹽水中來稀釋它，而不會讓鹽水中的鈉離子和氯離子反向進入淡水或稀鹽水中，如此過了一段時間，可以發現濃鹽水端的水位高度明顯高出淡水端許多，如圖 9-11 所示。以上的理論皆

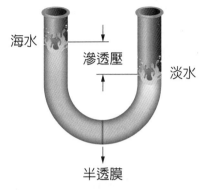

圖 9-11　鹽分梯度位能

已在實驗室中獲得驗證，其中荷蘭使用逆電析法(RED)，而挪威使用壓力遲滯滲透膜法(PRO)，都已經準備要進入商業營運階段，然因必須用到的滲透膜成本太高，是否具有商業開發價值尚未可知。於此同時，美國的史丹福大學研究團隊，也已經開發出鹽差能電池，該電池又被稱為混合熵電池（Mixing Entropy Battery，MEB），它不必使用滲透膜，在經由淡水交換、淡水發電、海水交換與海水發電四個循環步驟後，即可將鹽差能轉換為電能。依據各項評估測試後顯示，鹽差能電池具有低成本與高耐用性等特點，未來正式商品化之可能性極大。從圖 9-11 中可知，薄膜兩邊的高度落差 h 會產生壓力差，稱為滲透壓，其大小為 $P = \rho g h$，此時作用在底面積 A 上的總壓力為 $W = PA$，而 $W = mg = \rho V g = \rho(Ah)g$，故得

$$P = \frac{W}{A} = \frac{\rho(Ah)g}{A} = \rho g h$$

其中 ρ 為濃鹽水端的密度。既然兩邊有壓力差，那麼就可以將此壓力差轉換成動能，再帶動發電機來發電。在實際的應用上，因為河流出海口的河水和海水的鹽分濃度有著明顯的差異，或稱兩者具有鹽分梯度，就可以將其運用來進行鹽分梯度發電。

例題 9-9

河流出海口附近的海水與離岸 20 米處的海水被用來進行鹽分梯度試驗，若兩端水頭高度差為 8 米，試求 1 頓海水可釋放出的能量？若發電系統每分鐘海水流量為 30 頓，總發電效率為 45%，試求每小時發電量為多少？

解

每頓海水可釋出位能為 $Q = mg\Delta h = 1000 \times 9.8 \times 8 = 78400$ (J/Ton)

單位：$[kg \times (m/s^2)] \times m = N \cdot m = J$

每分鐘流量 30 頓，每秒鐘為 0.5 頓，亦即 $\dot{m} = 30 \div 60 = 0.5$ (Ton/s)

故得功率為 $P = Q \cdot \dot{m} = 78400 \times 0.5 = 39200$ (W) $= 39.2$ (kW)

則一小時發電量為 $E = 39.2 \times 0.45 \times 1 = 17.64$ (kW · h) $= 17.64$ (度電)

例題 9-10

若在薄膜兩端分別置入淡水和濃鹽水，開始時若濃鹽水的密度為 1.05 g/cm^3，一段時間後，淡水端的體積減少了 20%，試求兩邊的壓力差？

解

設兩端液體原高度為 1 m，經滲透後一方為 0.8 m，另一方為 1.2 m

高度落差 $h = 1.2 - 0.8 = 0.4$ (m)

最終海水密度 $\rho = (1 \times 0.2 + 1.05 \times 1) \div 1.2 = 1.042$ (g/cm^3) $= 1042$ (kg/m^3)

壓力差 $P = \rho g h = 1042 \times 9.81 \times 0.4 = 4089$ (N/m^2)

單位換算如下：

$$P = \rho g h = \frac{kg}{m^3} \cdot \frac{m}{s^2} \cdot m = \frac{kg \cdot m/s^2}{m^2} = \frac{N}{m^2}$$

鹽分梯度發電的另一個模式是將濃鹽水置於兩個薄膜之間，其中一端的薄膜帶有正電為陽極，另一端薄膜帶有負電為陰極，鹽水中的 Cl⁻ 離子會往陽極方向移動，而 Na⁺ 離子會往陰極方向移動，因而形成電流，如圖 9-12 所示。此種方法可說是一種電化學反應，原理與燃料電池相同。

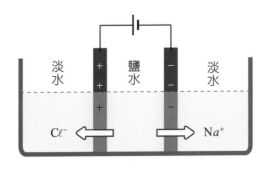

圖 9-12　鹽水薄膜發電單元

想要得到足夠需求的電能，需要串聯更多的鹽水薄膜發電單元，其方法甚為簡易，如圖 9-13 所示。

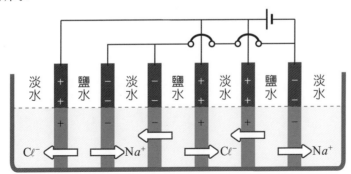

圖 9-13　多單元鹽水薄膜發電系統

Chapter

10

燃料電池

一、燃料電池簡介

　　燃料電池的原理在十九世紀中葉就已經被提出，其靈感來自於對水的電解產生了氫氣與氧氣的實驗。在認爲電解過程可以逆轉的假設下，將氫氣和氧氣分別各裝在一個密封的瓶中，該瓶中並置有一個鉑棒當電極，此時將瓶子都浸入稀釋的硫酸溶液中，即可發現在二個電極之間開始有電流在流動，而且同時有水產生。上述水電解的逆向過程產生了電流，如同電池可供給電流般，因此也被稱爲電池。又因在此過程中，所使用的氫氣和氧氣都是氣體，因此，該發電機構就被稱爲「氣體電池」。水電解與氣體電池的示意圖如圖 10-1 所示，兩者

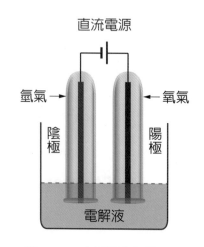

圖 10-1　水電解與氣體電池

互爲逆反應。由於氣體電池中氫和氧的反應並非燃燒反應，因此沒有噪音與環境污染問題，不但效率高，且可靠性亦佳，是很具有發展潛力的綠色能源。另外，也因氫氣和氧氣都可來自可再生的生質物轉化，所以常被視爲是一種可再生的能源。

　　爲了提高前述裝置所產生的電壓，因而將數個單元裝置串聯起來，如圖 10-2 所示，這個串聯的組合被認爲是全世界第一個「燃料電池」的雛型。從此以後，屢經科學家以更爲適當而優良的材料加以改良，或以其他氣體來取代氫氣與氧氣，使得燃料電池的多樣性與可用性，往前跨出了一大步。不過到了十九世紀末期，由於內燃機技術的快速崛起，加以化石能源被大量開採利用，使得燃料電池的發展受到冷落，一直到二十世紀末期，因爲化石能源已逐漸枯竭，且燃燒化石能源所排放的溫室氣體和有毒汙染物，引起了嚴重的溫室效應並衝擊了人類健康，在這些問題無法得到有效的處理情況下，尋找各種可用的乾淨的能源才又再次受到世人的重視，包含燃料電池在內。

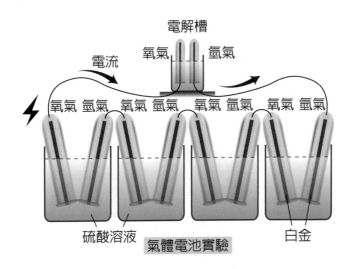

圖 10-2　氣體電池的串聯組合

　　早期的燃料電池基本上都是以氫氣和氧氣爲燃料，所以也被稱爲氫燃料電池。因爲燃料電池的重量要比一般的化學電池輕上許多，因而早先常被設定應用於航空與太空的飛行計畫中，包括美國航空與太空總署(NASA)的數次登月任務在內，燃料電池對於飛行器所需要的電力供應，都扮演了重要的腳色。由於燃料電池的設備成本極度高昂，除了太空和軍事等附加價值比較高的計畫以外，幾乎無法推廣到民生工業，直到 1993 年，加拿大的巴拉德動力系統公司推出了第一輛以燃料電池爲動力的汽車之後，才算開啓了應用之門。二十世紀初期，可以看到許多醫院、學校、商場已經開始安裝燃料電池作爲並聯供電使用，一時之間，燃料電池的開發與應用，變成了熱門的研究領域。

　　近期在燃料電池的應用發展上，日本始終處於領先地位，其次是中國大陸。美國早期雖也投入大量經費研究，並取得了不錯的成果，但因該國能源充裕，電能取得成本低廉，因而不看好燃料電池未來的發展前景，故而暫時停頓了下來。燃料電池主要應用的領域包含汽車、發電機和發電廠等。在汽車領域上，以氫燃料電池爲主，包含日本的豐田汽車、本田汽車、德國的賓士汽車、美國的福特汽車和通用汽車，以及韓國的現代汽車等，都已經推出了燃料電池概念車(FCV Concept)，其中以豐田汽車的 Mirai 最爲成功，已經開始進行試量產，2018 年的產量約爲 3,000 輛，預計在 2020 年東京奧運舉辦時，能夠達到年產 3 萬輛規模的目標。燃料電池概念車的主要構成元件如圖 10-3 所示。

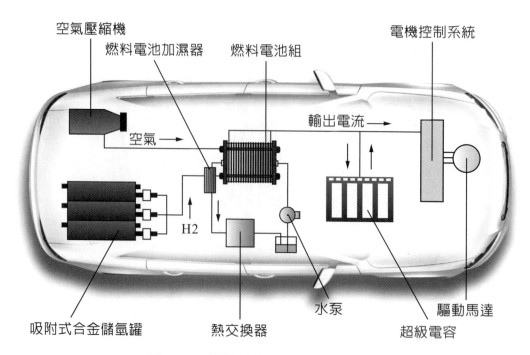

空氣壓縮機
燃料電池加濕器　　燃料電池組　　　　　　　　電機控制系統

空氣 →

輸出電流 →

H2

吸附式合金儲氫罐　　　　熱交換器　　　水泵　　　　超級電容　　驅動馬達

圖 10-3　燃料電池概念車的主要構成元件

　　中國大陸對於氫燃料電池的發展策略，已經在「中國製造 2025」規劃中呈現，那就是預計於 2020 年達成 5,000 輛燃料電池車的目標。由於領土廣大，無法在各處建立加氫站，所以初期以使用於特定公共服務領域如公交車或物流車為主，於 2017 年，泰歌號燃料電池公交車已在武漢試車，應該很快可以加入營運行列。再以物流車來說，只要在某些物流集貨站建置加氫站，就可以解決加氣的問題。經過這樣的測試營運，希望能於 2030 年，擴大規模到百萬輛燃料電池商用車的建置。從上述的規劃中，可以看出中國大陸對於建立燃料電池能源供應系統的企圖心。

　　氫燃料電池汽車的推出，必須附帶建置加氫站，因為有高壓燃燒爆炸的潛在風險，加氫站設置的地點取得甚為不易，雖然中國大陸學者已經發表了常溫常壓的氫儲存技術，是否能夠成功導入關係著整體產業的發展前景。在加氫站無法普及建置的現階段，燃料電池汽車仍然僅能在都會區推廣，距離全民使用的理想還有一段不小的差距。氫氣的高壓儲存技術與安全保障，如果能夠達到完全確認，在有足夠加氫站的條件下，才有可能大規模推廣。由於補充氫氣的時間與加油相近，約僅需要 3 分鐘左右，且每加一次氣，可以供小客車行駛大約 600～800 公里左右路程，這個優勢為電動車暫時無法比擬的。

以目前情勢看，電動車業者必然傾全力進行研究，使充電速度能夠大幅提升，才能消除這個劣勢。台灣知名電子業者台達電公司，首先於 2018 年 6 月發表了汽車儲能系統，可以在 15 分鐘左右充飽電動車的電池。如果鋰電池的儲電容量可以再加提升，且成本可以進一步下降，壽命可以再加長一些，那麼在未來，燃料電池汽車是否能夠取代電動汽車成為新時代的交通運輸工具，亦或只是曇花一現，兩者之間的決戰勝負還在未定之天。

燃料電池的熱與電合併效率理論上可以達到 90% 以上，其中電能的轉換效率可以達到 40～60% 之間，未來甚至還有可能更為提升，可以說是一種效率極高的能源應用型態。此外，燃料電池產生電的過程並沒有任何機件在運轉，因而沒有磨損，噪音甚低，也因為不經過燃燒反應，所以不會釋出硫化物和氮化物等有害物質，也沒有溫室氣體排放，可以說是相當乾淨的能量來源。

無可諱言的，以燃料電池產出的電力相對於風力、火力或太陽能來說，成本還算是太高，主要原因是氫氣具有自燃性，加壓運送與儲存必須有嚴謹的安全防護設施，而加氫站的設置地點取得也甚為不易，這些因素都會拉高整體成本。此外，如何快速而安全的把高壓的氫氣灌入燃料電池的燃料儲存裝置中，也是一大挑戰。除了上述問題以外，部分耗材組件的耐用度不足，使用者在後續的維護保養上會增加較多困擾，因此，必須繼續加以研究開發，有效解決現階段所面臨的問題，燃料電池必可成為未來重要的能量來源。表 10-1 為氫燃料電池汽車與電動車的優劣勢比較，可做為學習者參考之用。

表 10-1　氫燃料電池汽車與電動車的優劣勢比較

優劣勢	燃料電池車	電動車
優勢	低噪音、低污染排放、能量來源廣、充氣快速、每次可行駛里程數高、電池輕	低噪音、低污染排放、能量來源廣、可以選擇油電搭配使用、啟動加速快
劣勢	相關設備成本高、高壓易燃危險性高、充氣站安全仍有疑慮、充氣站仍少、充氣不易、啟動加速慢	電池成本高、電池壽命有限、充電慢、充電站仍少、每次可行駛里程數較低

燃料電池的發電原理，是一種經由電極的催化轉換，將特定活性物質的化學能轉換為電能的裝置，也就是說，它是一個能量的轉換機器，其原理示意如圖 10-4 所示。以氫燃料電池為例，其電極不具活性，並非活性物質，只要不停的輸入氫燃料以及氧化劑等活性物質，就可以連續輸出電流，而其反應後的排出物，僅為水而已，對環境不會有任何傷害。

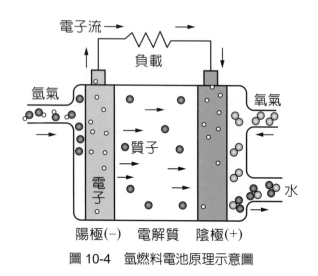

圖 10-4　氫燃料電池原理示意圖

觀念對與錯

(○) 1. 將水電解會產生氫氣與氧氣，而若將氫氣與氧氣裝在密封瓶並裝置上電極中，置於電解液中就會產生電流，這是水電解的逆向過程，被稱為「氣體電池」，而若將數個「氣體電池」串聯起來，也就是「燃料電池」的雛型。

(○) 2. 以氫氣和氧氣為燃料的就稱為「氫燃料電池」於數十年前已經被美國太空總署 NASA 用於登月任務，提供飛行器所需的電力。

(✕) 3. 燃料電池已經被用來做為汽車的主要電力和動力供應機構，燃料電池車是否能大量推廣，主要取決於氫氣的市場價格是否能進一步降低。

(○) 4. 燃料電池車與電動車相比，具有充氣快且每加一次氣可以行駛之里程數高為其優點，但加氣站之設立普及不易且具危險性是其缺點。

(○) 5. 燃料電池的熱與電合併效率可以達 90%以上，電能的轉換效率則可達 40～60%，較燃油車以及電動車都要高。

二、燃料電池堆與燃料電池系統

　　單一燃料電池所發出的電量一般都不大，以氫燃料電池為例，單電池的操作電壓約在 0.6～0.9 伏特(V)之間，與需求端的實際需要往往有很大的差距，因此必須將數個單電池串聯起來，使其電壓增高以符合使用者的需求標準，這樣的組合，被稱為燃料電池堆(fuel cell stack)。

　　因為燃料電池堆是由多個單電池串聯堆疊而成，所以在某些高溫運轉的燃料電池中，由於各元件之間的熱膨脹係數不匹配，電池堆內會產生極大之熱應力，容易造成元件毀損或結構破壞，影響了電池的可靠性與耐久性，此為在設計時不能不考慮之問題。

例題 10-1

某機器所需的工作電壓為 14 伏特，試問其電池堆需要多少節單電池來串聯？(假設單電池操作電壓為 0.7 伏特)

解

單電池操作電壓為 0.7 伏特，所需的工作電壓為 14 伏特，

則其所需串聯數量為

$N = 14 / 0.7 = 20$ (節)

例題 10-2

上題中若實際裝置 18 節即可完全滿足所需工作電壓，試估算單電池操作電壓為多少？

解

當裝置 18 節時，工作電壓即可滿足，亦即單電池操作電壓最小值為

$V = 14/18 = 0.778$ (伏特)

當裝置 17 節時，工作電壓仍然不足，亦即單電池操作電壓最大值為

$V = 14/17 = 0.824$ (伏特)

由此推斷，單電池操作電壓必介於兩者之間，亦即

0.778 伏特 $\leq V \leq$ 0.824 伏特

　　除了電壓之外，使用者需求端還有電流大小的要求，基本上，燃料電池的操作電流大小與其電極工作面積有關，以質子交換膜燃料電池來說，單電池操作電壓下的電流密度，大約為 200～800 (mA/cm^2) 之間，其大小差距相當大，一般都以大於

500 (mA/cm^2) 為選用標準，設計時大都會提供相關的參考數值，可以給使用端作為需求規劃依據。

例題 10-3

某機器在工作電壓為 14 伏特(V)下須 400 瓦(W)功率始能運轉，試求其電極之工作面積？(假設單電池的電流密度為 600 mA/cm^2)

解

依據功率計算公式　$P = IV$

所需工作電流　$I = P / V = 400 / 14 = 28.57$ (安培)

假設單電池的電流密度為 600 (mA/cm^2) 或 0.6 (A/cm^2)，則

所需工作面積為

$a = 28.57 / 0.6 = 47.62$ (cm^2)

例題 10-4

某機器所需工作電壓為 24 伏特，運轉功率為 800 瓦，試設計其所需之燃料電池規格？(假設單電池操作電壓為 0.7 伏特，電流密度為 500 mA/cm^2)

解

單電池操作電壓為 0.7 伏特，則其所需串聯數量為

$N = 24 / 0.7 = 34.28 = 35$ (節)

依據功率計算公式 $P = IV$

所需工作電流 $I = P / V = 800 / 24 = 33.34$ (安培)

單電池的電流密度為 500 (mA/cm^2) 或 0.5 (A/cm^2)，則

所需工作面積為 $a = 33.34 / 0.5 = 66.68$ (cm^2)

　　燃料電池系統於工作時必須不停的供給燃料氣體與氧化劑，並作適量的管理控制，如同汽油引擎或柴油引擎需要連續供給油料和氧氣，並作適量的管理控制一般。

此外，燃料電池反應後會排放出生成物，也和引擎燃燒後相同，只不過兩者所排放出的成分不同罷了，前者幾乎只有水和廢熱，其他成分極少，後者則還有大量的硫化物 SO_X、氮化物 NO_X 以及二氧化碳和懸浮微粒等的排放，相較之下燃料電池要乾淨得多。除了燃料供給以及生成物排放之外，燃料電池所產生的電流調節與控制運用，則相近於電動車的電力供應與控制系統，包含變壓器、電力控制與動力控制等單元。

三、燃料電池的種類與應用

燃料電池最早是以氫氣和氧氣為其燃料，並以稀硫酸為其電解質，但隨著研究領域與規模的擴大，多種不同的燃料如甲烷、甲醇、煤氣等，在利用不同成分的電解質作用下，已被成功的運用來製作燃料電池，因此，燃料電池的進料來源相當廣泛，可以依使用者的需求，配置成小至 1 W，大至 1000 MW 的各種不同大小之供電系統。目前一般都是依所使用電解質的不同，大略將燃料電池分為 7 類，如表 10-2 所示。

表 10-2　各類燃料電池分類

種類	燃料氣體	氧化劑	實際發電效率
a. 鹼性燃料電池(AFC)	純 H_2	純 O_2	約 50～60%
b. 質子交換膜燃料電池(PEMFC)	純 H_2	純 O_2 或空氣	約 40%
c. 磷酸燃料電池(PAFC)	甲烷	純 O_2 或空氣	約 50%
	純 H_2		
d. 熔融碳酸鹽燃料電池(MCFC)	甲烷	純 O_2 或空氣	約 50%～60%
	煤氣		
	純 H_2		
e. 固態氧化物燃料電池(SOFC)	甲烷	純 O_2 或空氣	約 45%～60%
	甲醇		
	純 H_2		
f. 直接甲醇燃料電池(DMFC)	甲醇	純 O_2 或空氣	約 40%
g. 微生物燃料電池(MFC)	有機質	純 O_2 或空氣	約 40%

　　針對表 10-2 中所列之各種燃料電池的基本原理、應用領域、現階段發展狀況以及未來發展前景等加以說明如下：

1. 鹼性燃料電池(Alkaline Fuel Cell；AFC)

　　於 20 世紀初即被開發完成，並於 1960 年代被運用於人造衛星上，用來供應衛星上所需要的電力，也被用於阿波羅太空船作為飛行期間所需電力來源。由於其操作時溫度不高，約在 60～90°C 之間，熱管理較為容易，且轉換時常以鎳、銀等為觸媒，價格較便宜，效率又好，本具有相當好的發展優勢，然因其電解質 KOH 為液態，不易維持平衡，且必須使用高純度的 H_2 和 O_2 為燃料及氧化劑，因此較不受開發者喜愛。鹼性燃料電池的發電原理示意如圖 10-5 所示。

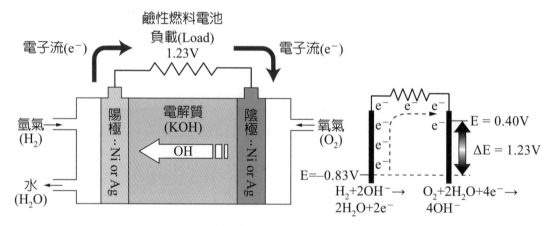

圖 10-5　鹼性燃料電池的發電原理示意圖

　　氫燃料氣體由陽極側輸入後，於多孔陽極內與電解質發生氧化反應，釋放出電子並生成水，然後再與氧氣於陰極發生還原反應，在電池內發生的電極反應之反應式如下：

$$陽極：H_2 + 2OH^- \rightarrow 2H_2O + 2e^-$$

$$陰極：\frac{1}{2}O_2 + H_2O + 2e^- \rightarrow 2OH^-$$

鹼性燃料電池的燃料氣體與氧化劑分別為純氫和純氧，不可以含有任何二氧化碳，因為二氧化碳會和電解質 KOH 發生反應，產生碳酸鉀，如此，氫氧根離子 OH⁻就會被碳酸根離子 CO_3^{2-} 所取代而減少濃度，陽極反應的強度下降，燃料電池的效率也就會因而降低。其反應式如下：

$$2 KOH + CO_2 \rightarrow K_2CO_3 + H_2O$$

鹼性燃料電池雖然有效率高、觸媒成本低、啟動快以及低溫操作熱管理容易等優點，但因電解質與二氧化碳結合會弱化電池效率的緣故，所以並沒有被拿來做為地面上的供電系統，蓋因地面上的空氣中雖有充足的氧氣作為氧化劑，但必須先把其中的二氧化碳成分去除，會增加很多成本之故。

2. **質子交換膜燃料電池(Proton Exchange Membrane Fuel Cell；PEMFC)**

質子交換膜燃料電池是以表面塗有白金等為觸媒之離子交換膜為電解質，該電解質主要成分為固態高分子聚合物，所以又被稱為高分子電解質燃料電池(polymer electrolyte fuel cell；PEFC)，或被稱為固態高分子燃料電池(solid polymer fuel cell；SPFC)，其發電原理示意如圖 10-6 所示。由於此種燃料電池可以在接近常溫的溫度下快速操作，又沒有汙染排放，且固態電解質不會有外溢與腐蝕問題，因而非常適合作為運輸動力或可攜式電力。近年來，除了質子交換膜材料性能顯著改善以外，電池堆的能量密度也大幅提升，加以成本逐漸下降，使得質子交換膜燃料電池具備了商業開發的價值。以燃料電池車來說，包含豐田、本田、福特、通用、賓士等世界級的大車廠，都已投入大量資金與人力進行開發，並且成功的推出了幾款原型車，預計 2025 年，將有機會成為汽車市場上的主力新產品。

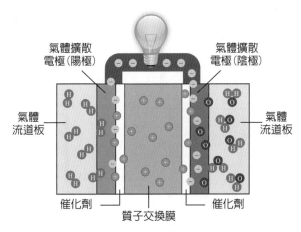

圖 10-6　質子交換膜燃料電池的發電原理示意圖

質子交換膜燃料電池之質子交換薄膜位於電池中央，薄膜兩側分別供應氫氣和氧氣。適當的操作溫度介於 80～100°C 之間，安全性高，惟觸媒白金價格昂貴，且若氧化劑中含有一氧化碳 CO，容易吸附在白金表面而使電流密度下降，並產生反應導致中毒，所以觸媒的開發與改良，是現階段的研究重點。雖然目前已經有鉑-釕雙元合金觸媒的開發成功，也確能大幅改善陽極電催化性能，但鉑基多元觸媒的開發，仍是質子交換膜燃料電池可否開花結果的重要關鍵。

此外，由示意圖中可知電解質左右兩邊分別為陽極與陰極，在陽極中，氫氣燃料在觸媒催化下解離為氫離子與電子，陰極則是氧分子與氫離子和電子在觸媒催化下發生還原反應產生水。電池內發生的電極反應之反應式如下：

$$陽極：H_2 \rightarrow 2H^+ + 2e^-$$

$$陰極：\frac{1}{2}O_2 + 2H^+ + 2e^- \rightarrow H_2O$$

3. 磷酸燃料電池(Phosphoric Acid Fuel Cell；PAFC)

平地上不適合高效率的鹼性電池，蓋因要以空氣作為氧化劑時，必須先除去其中的二氧化碳，大大的提高了成本，以致無法和現有的發電系統來比擬。因為如此，世界各國於 1970 年以後乃轉而開發酸性燃料電池，其中，以磷酸為電解質的磷酸燃料電池獲得技術突破，成為開發應用的主要方向。磷酸燃料電池的電解質為 100%濃度之磷酸，與二氧化碳不會產生反應，因而可以直接利用空氣作為氧化劑，可以適度降低成本，其結構如圖 10-7 所示。

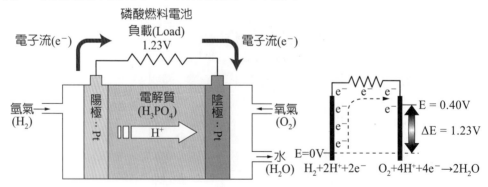

圖 10-7　磷酸燃料電池之結構圖

　　磷酸燃料電池以白金為觸媒，價格昂貴，若與一氧化碳 CO 產生反應會有導致中毒危險，工作溫度介於 180～220°C 之間。此類型燃料電池雖已被商業化運用於大型發電機組上，惟成本仍然過高以致無法普及。近年來，已有科學家成功的利用碳材料來做為白金的載體，以及使用石墨來做為電池的結構體，不但成本大幅降低，並且具有良好的導電性與抗腐蝕性，使得磷酸燃料電池的發展得以更為加速，並且價格低廉到已經具有大規模商業化的境地，很有機會成為能源缺乏時代的新式能量來源。

　　磷酸燃料電池以純氫為燃料，以純氧為氧化劑，在電池內發生的電極反應之反應式如下：

$$陽極：H_2 \rightarrow 2H^+ + 2e^-$$

$$陰極：\frac{1}{2}O_2 + 2H^+ + 2e^- \rightarrow H_2O$$

4. 熔融碳酸鹽燃料電池(Molten Carbonate Fuel Cell；MCFC)

熔融碳酸鹽燃料電池是繼磷酸燃料電池之後被開發出來的燃料電池，以碳酸鋰或碳酸鉀等鹼性碳酸鹽為電解質，並以多孔質的鎳為其電極，因必須在 600～700°C 高溫下操作，致使白色碳酸鹽固體熔解為透明液體，才能發揮電解質功能。因其不需使用昂貴的金屬白金當觸媒，因而可有效降低成本，故適合作為集中型發電廠，發電效率可高達 60%左右。

熔融碳酸鹽燃料電池可以用純氫氣作為燃料，以空氣作為氧化劑，因為不使用白金當觸媒，因而沒有與一氧化碳 CO 產生反應導致中毒的危險。熔融碳酸鹽燃料電池也可以採用甲烷、煤氣、柴油等碳氫化合物作為燃料，可以適度降低成本，以熔融碳酸鹽燃料電池建立發電廠，因為必須符合高溫操作環境的安全規範，所以建廠成本較高，但因後續營運所使用的燃料和氧化劑較為便宜，整體來說更具有商業開發價值。

熔融碳酸鹽燃料電池的結構與工作原理如圖 10-8 所示，與其他型態之燃料電池不一樣之處，在於反應後陽極除了有水 H_2O 的排放外，還會釋放出二氧化碳 CO_2，

不過，以 MCFC 燃料電池來發電，其二氧化碳的排放量，比起用傳統的燃油或燃氣火力發電，可以說相對輕微許多，因此，也算是一種低碳排放能量的取得方式。

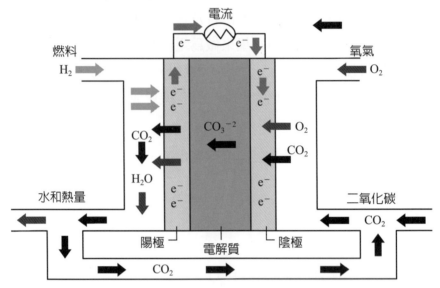

圖 10-8　熔融碳酸鹽燃料電池的結構與工作原理示意圖

熔融碳酸鹽燃料電池所排放出的水和二氧化碳，含有極高的餘熱，直接排放到大氣中會產生嚴重的熱汙染，因而最好加以回收再利用，或以汽電共生方式與氣渦輪機併聯發電更為理想，總發電效率可以高達 80%左右。在電池內發生的電極反應之反應式如下：

$$陽極：CO_3^{-2} + H_2 \rightarrow H_2O + CO_2 + 2e^-$$

$$陰極：CO_2 + \frac{1}{2}O_2 + 2e^- \rightarrow CO_3^{-2}$$

5. 固態氧化物燃料電池(Solid Oxide Fuel Cell；SOFC)

固態氧化物燃料電池比起其他燃料電池來說，算是較新的第三代產品，以氫氣為燃料，氧氣為氧化劑，其電解質為含有少量氧化鈣與氧化釔的氧化鋯，為固體型態，穩定性高且沒有蒸發、洩漏與腐蝕等問題，運轉壽命相對較長，其結構與工作原理如圖 10-9 所示。系統之操作溫度可達 1000°C 高溫，發電效率可高達 60%，過程中會有極大之廢熱排放，因此，如果以汽電共生方式與氣渦輪機併聯發電，

其總發電效率可以高達 80%以上，效果相當理想。因為是在高溫下進行電化學反應，所以不必用貴金屬如白金等為觸媒，又可以採用甲烷、煤氣或柴油等碳氫化合物作為燃料，因而成本較為低廉。

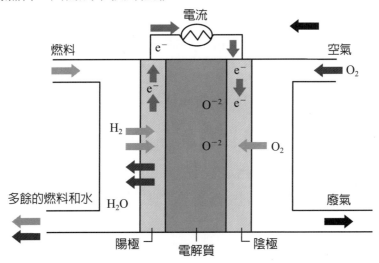

圖 10-9　固態氧化物燃料電池的結構與工作原理示意圖

固態氧化物燃料電池若以氫氣為燃料，唯一的排放物為水 H_2O，在電池內發生的電極反應之反應式如下：

陽極：$H_2 + O^{-2} \rightarrow H_2O + 2e^-$

陰極：$\frac{1}{2}O_2 + 2e^- \rightarrow O^{-2}$

若以甲烷 CH_4 為燃料，排放物除了水 H_2O 以外，還有二氧化碳 CO_2，在電池內發生的電極反應之反應式如下：

陽極：$\frac{1}{4}CH_4 + O^{-2} \rightarrow \frac{1}{2}H_2O + \frac{1}{4}CO_2 + 2e^-$

陰極：$\frac{1}{2}O_2 + 2e^- \rightarrow O^{-2}$

6. 直接甲醇燃料電池(Direct Methanol Fuel Cell；DMFC)

直接甲醇燃料電池本質上是質子交換膜燃料電池的一種，如圖 10-10 所示，該燃料電池使用甲醇(CH_3OH)作為發電的燃料，其反應式如下：

陽極：$CH_3OH + H_2O \rightarrow 6H^+ + 6e^- + CO_2$

陰極：$3/2\ O_2 + 6H^+ + 6e^- \rightarrow 3H_2O$

直接甲醇燃料電池的主要優點，在於甲醇取得容易且便於攜帶，而其能源密度相對較高，在各種環境下都保持穩定的液態。甲醇氧化產生氫氣的過程不算複雜，但發電效率不高，使用的最主要理由為攜帶與應用的便利性和安全性。

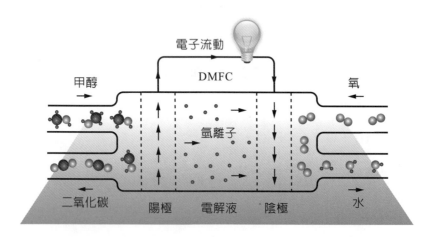

圖 10-10　直接甲醇燃料電池的結構與工作原理示意圖

7. 微生物燃料電池(Microbial Fuel Cell；MFC)

微生物燃料電池又被稱為生物燃料電池(**Biological Fuel Cell；BFC**)，是一種使用自然界細菌或仿真細菌交互作用，來將化學能轉變為電能的生物電化學反應系統。一般來說 MFC 可以分為兩種類型，一類是必須使用質子交換膜做為電解質，另一類則是不需要質子交換膜，僅以具有防空氣滲透功能的材料為陰極，就可以達到相同效果。微生物燃料電池的結構與工作原理如圖 10-11 所示，其陽極槽內充滿有機質和微生物，前者為燃料，後者為催化劑。有機質燃料可以為

碳水化合物、葡萄糖、乳酸，或甚至富含有機物的廢水等，催化劑不再使用鉑等貴金屬，而是以微生物如大腸桿菌、厭氧性梭孢桿菌、酪酸菌等多種。當微生物將有機質發酵分解時，會把有機質轉化爲電子和氫質子 H^+，當質子 H^+ 從質子交換膜滲透到陰極槽以後，陽極槽的多餘電子便會順著電路從陽極流至陰極，如此就構成了完整的微生物電池供電系統。

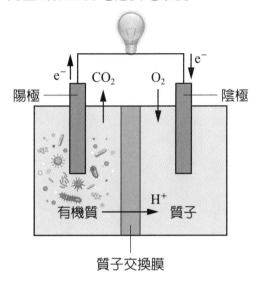

圖 10-11　微生物燃料電池的結構與工作原理示意圖

微生物燃料電池的陽極槽在反應後會產生二氧化碳，而當陰極槽沒有供給氧氣時，氫質子會和電子結合產生氫氣，變成了生物產氫系統。如果陰極槽有氧氣輸入，氫質子會和氧氣反應生成水，是爲燃料電池，其反應式如下：

陽極：有機物催化分解 $\rightarrow H^+ + e^- + CO_2$

陰極：$\dfrac{1}{2}O_2 + 2H^+ + 2e^- \rightarrow H_2O$　（發電模式）

陰極：$2H^+ + 2e^- \longrightarrow H_2$　（產氫模式）

　　上述所列出的七種不同類型燃料電池中，固態氧化物燃料電池 SOFC 的工作溫度最高，約為 1,000℃左右，其次是熔融碳酸鹽燃料電池 MCFC，約介於 600～700℃之間，除了這兩個特別高溫的型態外，其餘大都是在 200℃以內溫度工作。在如此高的溫度之下運轉，除了必須注意前面所提熱應力導致的元件損壞與結構崩毀的問題以外，也必須進一步思考廢熱回收的問題。廢熱回收可以採用汽電共生的方式來處理，如此約可增加 25～30%的效率，使得燃料電池從原本的 40～60%發電效率，能夠有效提升到 85～90%之間，使燃料電池更具有商業應用價值。

Chapter

11

其他可再生能源

　　現階段應用較爲普遍且規模較爲龐大的可再生能源類別已經在前述章節加以介紹，本章針對其他新興的或規模較小的再生能源型式加以說明，包含地熱能、氫能以及廢棄物再利用等。

一、地熱能

　　地熱能來自於地球內部高溫熔岩的熱能逸散，或地球內部某些放射性元素衰變的能量釋放，大都經由對地下水的加熱，而以高溫熱水的形式流出，稱爲水熱型，這是一般人最熟悉的。有些地區因水量不足，只能產生蒸氣，而以熱蒸氣的型式帶出，稱爲蒸氣型。當然，也有部分區域因缺乏地下水流經，因此雖有豐富的地熱能，但卻只能將這些熱能埋藏在地下岩石中，稱爲乾熱岩型，這種型態的地熱能，過去幾乎無法被有效利用。地熱能之分布與應用如圖 11-1 所示。

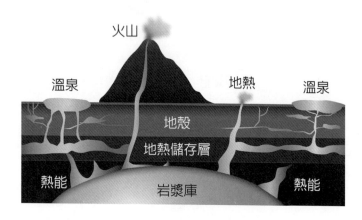

圖 11-1　地熱能之分布與應用

　　地熱因所在位置地質條件的差異，溫度可以高達 200°C 以上，也有些在 100°C 以下，可以依溫度高低應用於發電、工業、農業或休閒娛樂業之上。一般來說，溫度低於 100°C 以下的地熱，大都僅能在農業和休閒娛樂方面加以應用，也都僅限於周遭的狹小區域，例如利用地熱溫水做漁業養殖以及溫室栽培，或發展以溫泉爲主體的觀光休閒產業，雖然也可以帶動當地經濟發展，但對現階段能源需求孔急的窘境卻沒有直接的幫助。

　　地熱溫度如果高於 100°C，可以發展工業上的應用，主要是乾燥加工以及蒸餾或分餾所需的能量提供，可以用來作爲其他能源的替代。而當地熱超過 200°C 以上時，

可以將高溫之熱蒸氣透過管線引導出來，再以所得到的熱蒸氣輸入汽渦輪機並帶動發電機來發電，如圖 11-2 所示。

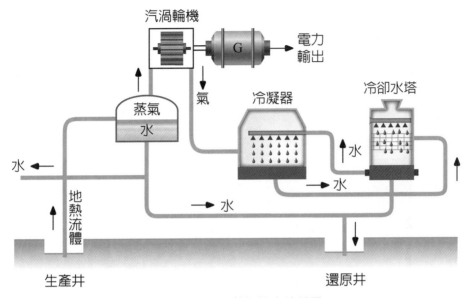

圖 11-2　地熱蒸氣能直接發電

此外，還有另一種地熱發電方式，乃是將地表下高溫的熱水取出，用來加熱沸點較低的液體如液態氨，使其汽化，然後再以汽化後的蒸氣去帶動汽渦輪機和發電機，稱為熱交換發電，如圖 11-3 所示。

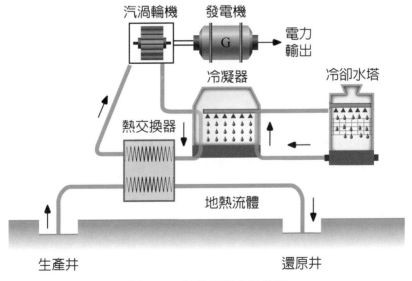

圖 11-3　地熱能熱交換發電

在有乾熱岩型地熱的區域，如果要有效加以開採利用，工程實務上是在地面鑿兩口平行的深井，由其中一處引水灌入，使其於地層深處產生高溫高壓蒸氣，並且從另外一口井中導出高溫蒸氣，如圖 11-4 所示。以此種方式取得之蒸氣，其後續發電與蒸氣型的應用相同。

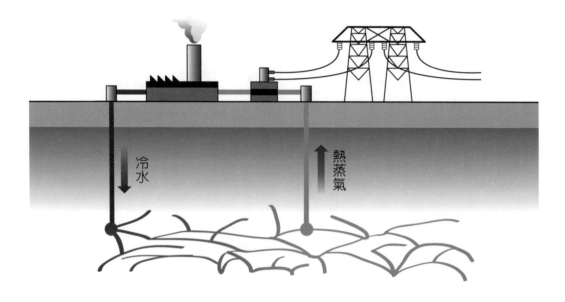

圖 11-4　乾熱岩型地熱之開採應用

事實上目前開發地熱發電的國家還不算多，至 2015 年底，地熱發電機組容量以美國為最多，約為 3,700 MW，其次是菲律賓、印尼、墨西哥及紐西蘭，機組容量分別約為 1,900 MW、1,400 MW、1,100 MW 以及 1,000 MW。這些國家的地熱發電系統，每年實際發電量都高達 500 MW 以上。

菲律賓為發展地熱發電最積極也最成功的國家之一，該國於 1990 年開始停止利用核能發電，轉而開發地熱發電，二十幾年來已成為全球第二大地熱發電國，除了有效降低該國電力成本以外，更將其技術轉移到智利與肯亞等國家，成為地熱發電的技術輸出國。

例題 11-1

某面積為 100 m² 之地熱井釋出的平均能量密度為 30 W/m²，試求該地熱井每天可能的發電量？(設發電效率為 60%)

解

總出功率為 $Q = 30 \times 100 = 3000$ (W) = 3 (kW)

總發電量為 $3 \times 0.6 \times 24 = 43.2$ (kW·h) = 43.2 (度電)

例題 11-2

某公司每天需要 30 MJ 的熱能，若有能量密度 15 W/m² 之地熱井可以取熱，需要多少面積？(設取熱轉換效率為 85%)

解

若需地熱井的面積為 A，則每天取得的熱能為

$Q = A \times 15 \times 3600 \times 24 \times 0.85 = 3 \times 10^7$ (J)

整理得 $1.1016 \times 10^6 \, A = 3 \times 10^7$

則面積 $A = 27.23$ (m²)

例題 11-3

設由地心滲透出地表的平均熱能流率為 0.087 W/m²，試求地心滲透到中國的總熱能流率為多少？

解

中國總面積為 9597000 平方公里，或 9.597×10^{12} m²

總熱能滲透流率為

$P = 0.087 \times 9.597 \times 10^{12} = 8.35 \times 10^{11}$ (W)

二、氫能

　　氫是地球上所存在最豐富的化學元素，其質量約佔所有元素的 75%，一般情況之下，氫都是以分子 H_2 的狀態存在，我們稱之為氫氣(Hydrogen)。然因氫原子具有非常小的原子量，每莫耳僅有 1 公克，所以被排在元素週期表的第一位。因此之故，地表上若產生出氫原子或氫分子，就會飄逸至大氣層的最上端，因而在我們生活的周遭環境中，可以說幾乎沒有氫原子或氫分子的存在。雖然如此，氫卻很容易與其它原子形成化合物，並普遍存在於地球上各個角落的許多物質中，比如水、葡萄糖、碳水化合物、脂肪、化石燃油、煤炭、天然氣、酒精等，都是氫的載體。

　　由於氫分子 H_2 和氧分子 O_2 進行化學反應以後，可以釋放出熱能，因此，氫氣就被當成是一種燃料，又因為氫氣燃燒後，唯一的產物就是水，沒有其他不良成分，也因此，氫被視為是一種乾淨的綠色能源。反應式如下：

$$2H_2 + O_2 \rightarrow 2H_2O + \Delta Q$$

　　上式中，每燃燒 1 公克的氫氣 H_2 可以釋放出 120 kJ 的熱能，因為氫的原子量為 1，而每莫耳氫氣 H_2 的質量為 2 公克，因此也可以說，每燃燒一莫耳氫氣會釋放出 240 kJ 的熱能。此處所說釋放出的 240 kJ 熱能，並未將存在 H_2O 中的部分含括進去，稱為 "低熱值"，如果把存在 H_2O 中的熱能也包含進去，就稱為 "高熱值"，則燃燒每公克氫氣釋出的熱量就會高達 142 kJ，亦即每燃燒一莫耳氫氣實際上共釋放出 284 kJ 的熱能。

　　雖然氫是一種乾淨又好用的能源，不過它卻是一種導出能源，或稱之為二次能源。為何說氫是導出能源呢？這是因為地表空氣中氫氣的含量很少，若要取得，就必須以透過對它的載體進行加工的方式，比如說從水中、天然氣中或是煤炭中，以電解法、熱化學法或光生物法來取得氫氣，製程需要消耗大量能源，故而氫氣實為不折不扣的導出能源。除了能源的消耗以外，在製氫過程中，往往會產生不受歡迎的溫室氣體一氧化碳 CO，或二氧化碳 CO_2 等，如果要加以處理，還會增加其他額外成本，所以說要取得氫氣來做為潔淨燃料，基本上也不會是廉價的選擇。為了讓乾淨的氫能源能夠被開發利用而不會造成負面效應，以生物發酵方式產氫的技術正在被積極開發。

氫既然是存在於各種化合物中，在進行產氫之前，必須先研究應該選取那個載體？用何種方法或製程才是最為經濟有效？一般來說，常用製備方法如下：

1. **電化學法(水電解)**

   利用電化學原理把物質加以分解，從而得到氫氣的方法。此法係以水為最佳氫原子載體，由於水在常溫常壓下是一種非常穩定的化合物，因此必須從外在給予能量ΔQ才能夠將其分解，而能量供給又以施予電場最為直接，因而此法也被稱為電解法(Electrolysis)。其反應式如下：

   $$2H_2O + \Delta Q \rightarrow 2H_2 + O_2 \text{ (水電解反應)}$$

   由式中可知，2 莫耳的水在吸收了熱能 ΔQ 之後，在陰極產生了 2 莫耳的氫氣，同時也在陽極產生了 1 莫耳的氧氣。由於氫氣和氧氣都是有用的氣體，因而可以將其分別收集使用。

   傳統的水電解法是利用鹼性溶液來做為電解液，以鐵板為陰極，鎳板為陽極。為了提升電解效率，常將鎳板開設多個小孔洞以增加反應表面積，如此可以在 1.65 V 的操作電壓下，得到約 75%的轉化效率。

   目前工業上使用的電解產氫製程，已經不再使用鹼性溶液來做為電解液，而是改採用固態高分子電解質(Solid Polymer Electrolyte；SPE)的電解槽設計，類似燃料電池的逆反應一般，並且使用昂貴的白金為電極，在操作電壓 1.6V，操作溫度 150℃ 的條件下進行電解產氫。

2. **熱化學法(天然氣蒸氣重組)**

   熱化學法是將物質以直接加熱方式，使其分解並重組，以得到所要的氫氣。反應物以低碳燃料甲烷 CH_4 為最佳，熱能ΔQ 的載體則為高溫水蒸氣，並以鎳基金屬為觸媒。當甲烷吸收了足夠的熱能以後，在觸媒的作用催化下和水產生化學反應，得到氫氣 H_2 和一氧化碳 CO 的合成氣(Synthesis gas)，然後此合成氣中的一氧化碳 CO 再進一步與水產生反應，得到氫氣和二氧化碳 CO_2。在這兩個過程中，合成氣生成乃為吸熱反應，ΔQ 為正值，而合成氣轉化反應則為放熱反應，ΔQ 為負值。其反應式如下：

$$CH_4 + H_2O + \Delta Q \ \rightarrow \ CO + 3H_2 \ (\text{合成氣生成反應})$$

$$CO + H_2O + \Delta Q \ \rightarrow \ CO_2 + H_2 \ (\text{合成氣轉化})$$

$$CH_4 + 2H_2O + \Delta Q \ \rightarrow \ CO_2 + 4H_2 \ (\text{甲烷吸熱產氫總反應})$$

本製程以鎳基金屬為觸媒，如果甲烷中含有硫分，則硫與鎳兩者會反應產生毒性，故而所使用的甲烷必須做脫硫處理，含量最好達 0.5 ppm 以下才算安全。本法屬於高溫高壓製成，反應溫度以 650～700°C 之間為佳，壓力則須保持在 25～45 大氣壓之間。以本法產氫會附帶產出二氧化碳，必須加以回收，一方面可以避免此溫室氣體逸散至大氣中，另一方面可以供給藻類養殖或溫室種植業者，做為藻類或植物生長行光合作用之所需。

3. **熱化學法(煤炭氣化)**

另一種常用之產氫方式，是將煤炭氣化成一氧化碳 CO 和氫氣 H_2 的合成氣體，然後再以水蒸氣和一氧化碳 CO 反應，生成氫氣和二氧化碳。與前述使用天然氣為原料的狀況相同，在這兩個過程中，煤炭氣化反應為吸熱反應，ΔQ 為正值，而合成氣轉化反應則為放熱反應，ΔQ 為負值。反應式如下：

$$C + H_2O + \Delta Q \ \rightarrow \ CO + H_2 \ (\text{煤炭氣化反應})$$

$$CO + H_2O + \Delta Q \ \rightarrow \ CO_2 + H_2 \ (\text{合成氣轉化})$$

$$C + 2H_2O + \Delta Q \ \rightarrow \ CO_2 + 2H_2 \ (\text{煤炭吸熱產氫總反應})$$

與上法相同，本法產氫以後將有二氧化碳生成，必須加以收集。而除了甲烷和煤炭以外，各種含碳的化石燃料都可以當作反應原料，只是製造流程複雜一些，因而較少被拿來使用。

上述三種反應都可以得到氫氣，但問題是需要供應不少的熱能，站在能源效率的角度上來看，並不是很恰當。在煤炭產氫的案例中，若進一步反應可以產生天然氣甲烷，在這類的製程上一般都會加上淨化設施，可以把煤炭中的硫和灰渣除去，如此就可以把煤炭轉化為乾淨的能源，反應式如下：

$$CO + H_2O \rightarrow H_2 + CO_2 + \Delta Q$$

$$CO + 3H_2 \rightarrow CH_4 + H_2O + \Delta Q$$

上二反應式為放熱反應，因此並不需要消耗額外的能量，但建置反應設施需要有資金投入，初期會增加不少成本。

4.　**生質物產氫法(發酵與光解)**

氫氣除了以含有氫的載體來加以轉換以外，也可以利用生質物經過發酵來產生氫氣，被稱為「發酵法」。除此外，也可以利用光合菌進行光合作用來製造氫氣，稱為「光解法」。發酵產氫的細菌其產氫能力和生長速度都算優異，且無需光源，因而所需裝置設備也較為簡單。光解法早期以透過藍藻或綠藻等生物的光合作用來產出氫氣，但與其他產氫法相比效率相對較低，因而必須再加以深入研究，否則將不具良好發展前景。

以生物或生質物產氫所需要的基質是水、纖維素、醣類等物質，皆為可再生之物，因此，以生質物為基質或以生物產製出來的氫氣，不但是一種乾淨的綠色能源，也是不折不扣的可再生能源。

在前述煤炭吸熱反應中，碳的來源可以是由木材、秸稈或稻草等生質物轉化而來，反應式為：

$$C + H_2O + \Delta Q \rightarrow CO + H_2$$

像這種利用可再生的生質物來生成氫氣的方式，都是可再生能源的項目，也是現階段一個可以發展研究的方向。

例題 11-4

試計算每公斤氫氣燃燒後可釋放出的熱能？可以將 500 公斤的水加熱升溫幾度？
(燃燒熱以低熱值 120kJ/g 計算)

解

(a) 每公克的氫燃燒可釋出 120 kJ，則每公斤所釋放出的能量為

$$Q = 120 \times 1000 = 120000 \text{ (kJ)} = 120 \text{ (MJ)}$$

(b) 釋放出的能量單位轉換

$$Q = 120 \text{ (MJ)} = 28.68 \text{ (Mcal)} = 28680 \text{ (kcal)}$$

$$Q = ms\Delta T， \Delta T = \frac{Q}{m \cdot s}$$

水 500 公升質量為 $m = 500$ kg，因此升溫為

$$\Delta T = \frac{Q}{m \cdot s} = \frac{28680}{500 \times 1} = 57.36 \text{ (℃)}$$

單位：$\dfrac{\text{kcal}}{\text{kg}} \cdot \dfrac{\text{g℃}}{\text{cal}} = ℃$

氫氣作為一種新型態的燃料，可以利用內燃機燃燒來取得動力，一般都是單獨使用，必要時還可以和燃油或天然氣混合使用，不但可以增加效率，也可以有效降低燃油或天然氣燃燒時所排放的有害氣體和物質。

例題 11-5

上題中，氫氣燃燒後所生成的水中含熱量多少？溫度為幾度？(設在常溫 20℃ 下燃燒)

解

每公克氫氣燃燒後留在生成的水中之熱量為

$$\Delta Q = 142 - 120 = 22 \text{ (kJ)}$$

每公斤 H_2 的 mole 數為

$$1000 \text{ g} \div 2 \text{ g/mole} = 500 \text{ (mole)}$$

產生的 H_2O 亦為 500 mole，

質量為 $m = (1 \times 2 + 16) \times 500 = 9000$ (g)

所含熱量為

$Q = 22 \times 1000 = 22000$ (kJ) $= 5258.126$ (kcal) $= 5258126$ (cal)

$\Delta T = \dfrac{Q}{m \cdot s} = \dfrac{5258126}{9000}$ 　　超過 $100°C$

故有部分會蒸發為水蒸氣。

要讓 1 g 的水蒸發為水蒸氣必須吸收 539 cal/g 的汽化熱。

當水全部到達 $100°C$ 沸騰時需消耗的熱能為

$Q' = ms\Delta T = 9000 \times 1 \times (100 - 20) = 720$ (kcal)

所剩餘熱為 $\Delta Q = Q - Q' = 5258 - 720 = 4538$ (kcal)

使全部的水蒸發所需汽化熱為

$Q_g = 539 \times 9000 = 4851000$ (cal) $= 4851$ (kcal)

比較得 $Q_g > \Delta Q$，亦即所餘熱量 ΔQ 尚不足使所有水分都蒸發為水蒸氣，故水的最終溫度為 $100°C$，包含大部分的水蒸氣和少部分液態水。

例題 11-6

使用 50 公升汽油可以完成的行程，若改用氫氣為燃料，試問需要多少量？
(燃燒熱以低熱值 120kJ/g 計算)

解

每公升汽油的熱值為 34.8 MJ/L，因此，所需要的總熱能為

$Q_T = 34.8 \times 50 = 1740$ (MJ)

氫氣每公斤可釋放出熱能為 120 MJ

故所需之氫氣為 $m = \dfrac{1740}{120} = 14.5$ (kg)

例題 11-7

以每小時 20 kg 的氫氣燃燒驅動發電機發電，在總效率 25% 條件下可發多少電力？

解

氫氣總釋出熱能為

$Q = 120 \times 20 = 2400 (MJ)$

有效熱能轉換為

$Q_e = Q \times 0.25 = 600 (MJ)$

$P_e = 600000 \div 3600 = 166.67 \ (kJ/s) = 166.67 \ (kW)$

則一小時發電量為

$E_e = 166.67 \times 1 = 166.67 (kW \cdot h) = 166.67 (度電)$

例題 11-8

例題 11-6 之行程，若改以電能來驅動，試估算每度電所等於之汽油消耗量？

解

以例題 11-7 之標準，14.5 kg 氫氣之發電量為

$E = 166.67 \times \dfrac{14.5}{20} = 120.84 (度電)$

電力與汽油消耗量比

$\eta = \dfrac{50}{120.84} = 0.414$，即每度電的驅動效率與 0.414 公升的汽油相等

三、廢棄物轉換成能源再利用

在工業生產以及居家生活中每天都會有大量廢棄物產生，依據統計，每人每天所製造的廢棄物平均約 0.5 公斤，除了少部分被回收再利用以外，大部分都是以掩埋或焚燒的方式處理，除了會污染水源和空氣以外，也是資源的嚴重浪費。日常廢棄物可分為有機廢棄物和無機廢棄物，絕大多數都可以回收再利用，有些可以轉換成為寶貴的能源。表 11-1 列出現今社會最常出現的廢棄物種類及其可轉化項目。

表 11-1　廢棄物種類及轉化項目

	項目	可轉化物質
有機廢棄物	動物排泄物及下腳料、有機廢水、樹枝、樹葉、稻草、秸稈、廚餘、廢食用油、廢紙	沼氣、固態燃料棒、生質柴油、生質酒精、有機肥
無機廢棄物	廢磚石、廢五金、廢電路板、廢油泥、廢塑膠、廢溶劑、廢油漆、廢輪胎	再製磚石、再製五金、貴金屬、燃料油、溶劑、化石燃氣、地磚、花磚

　　由表 11-2 中可知，有機廢棄物大體都可以轉化爲生質燃料，包括將樹技、樹葉、稻草、秸稈等絞碎再擠壓製作成固態燃料棒的直接利用方式，以及如前面章節將纖維轉化爲酒精，或將廢食用油轉化爲生質柴油的利用方式。然而，有機廢棄物也有許多不好利用的種類，比如說牲畜的排泄物，以及屠宰時產生的肉品下腳料、血水、廢水等，此外，家庭中產生的果皮、茱渣、廚餘等，回收再利用也具有困難度。爲了維護生態環境，這些過去被任意丟棄、排放或掩埋的廢棄物都必須加以處理。目前成熟的處理方式是使其發酵產生沼氣(甲烷 CH_4)，是一種非常乾淨的再生能源，其副產物可進一步製作成有機肥料，是現代農業的必備資材。對於有機和無機廢棄物的先進處理方式詳述如下：

1.　有機廢棄物發酵產生沼氣

　　有機廢棄物在天然環境下會自然腐爛分解，成爲植物生長的有機肥，這是早期許多農村處理有機廢棄物的方法。然而，隨著人口的快速增加，都市化程度提高，每天所產生的廢棄物質量太大，已無法以此種傳統方式來處理，因此改以焚化或掩埋方式來解決。當有機廢棄物被掩埋時，在某特定的溫度以及酸鹼度條件下，經過微生物的發酵會產生一種可燃氣體，一般稱之爲「沼氣」。沼氣的成分主要是甲烷 CH_4 和二氧化碳 CO_2，約占 90% 以上，此外，還有微量的一氧化碳 CO、氧氣 O_2、氫氣 H_2 和硫化氫 H_2S 等。沼氣經過純化以後，必須先把有毒的成分和有臭味的硫化氫等去除，剩下的甲烷就是非常優良的乾淨能源，其燃燒反應式爲：

$$CH_4 + 2O_2 \rightarrow 2H_2O + CO_2 + \Delta Q$$

其中ΔQ為燃燒熱，數值約為每莫耳 210 kcal。這些高熱值燃料如果任其排放到大氣中而沒有善加利用，除了糟蹋了寶貴的能源以外，還會加強大氣中的溫室效應。近十年來，大氣中的甲烷濃度有明顯上升的趨勢，因甲烷是溫室氣體的一種，且其效應為CO_2的 25 倍之多，被認為是造成氣候變遷的因素之一，因此，將有機廢棄物發酵產生的甲烷回收再利用，是新的再生能源課題之一。除了有機廢棄物之外，有機廢水回收再利用也是未來的重點之一，不但可以達到水資源再利用的目的，也可以防止河流、湖泊的水質產生優養化，並減少釋放出溫室氣體甲烷，可謂一舉數得。

例題 11-9

試計算每公斤甲烷燃燒後所釋放出的燃燒熱？可以使一噸的水升高幾度？

解

甲烷燃燒熱為每莫耳 210 kcal，每 mole 甲烷 CH_4 質量為

$12 + 4 = 16$ 公克，一公斤甲烷的莫耳數為

$$n = \frac{1000}{16} = 62.5 (莫耳)$$

每公斤 CH_4 燃燒總熱能為 $Q = 210 \times 62.5 = 13125$ (kcal)

一噸的水為 1000 kg，水溫升高為

$$\Delta T = \frac{13125}{1000} = 13.125 \left(\frac{kcal}{kg \cdot \dfrac{cal}{g \, ^\circ C}} \right) = 13.125 \ (^\circ C)$$

例題 11-10

某養豬場利用豬的排泄物發酵產生沼氣並用來發電，若系統的設備費用為 5000 萬元，每天所產生沼氣為 500 公斤，發電效率為 65%，政府回收綠電的價格為 9 元每度電，試問投資款多久可回收？

解

每天可釋放出的甲烷燃燒熱為 $Q_d = 13125 \times 500 = 6.5625 \times 10^6$ (kcal)

若以之來發電，有效熱能轉換為

$Q_e = Q_d \times 0.65 = 4.266 \times 10^6$ (kcal) $= 4.266 \times 10^9$ (cal) $= 1.785 \times 10^{10}$ (J)

功率為 $P = \dfrac{Q_e}{3600 \times 24} = 206.6$ (kJ/s) $= 206.6$ (kW)

則一天發電量為 $E = 206.6 \times 24 = 4958.4$ (kW · h) $= 4958.4$ (度電)

亦即一天產值為 $v = 9 \times 4958.4 = 44625.6$ (元)

回收期為 $n = \dfrac{50000000}{44625.6} = 1120.4$ (日) $= 1121$ (日)

2. 化石廢棄物裂解產生燃料油

化石廢棄物指的就是我們日常生活中所俗稱的塑膠，其生產製造過程是將化石原油裂解的產物乙烯、丙烯等，利用化學方法加以聚合，所得到的聚合物如聚乙烯和聚丙烯等塑膠產品，給人類生活帶來了相當大的便利。如圖 11-5 所示，這些塑膠廢棄物的量非常龐大，如果還是以過去掩埋或燃燒的方式來處理，而不妥善加以因應，久而久之，對環境的傷害將致無法彌補，尤其對空氣、土壤與水質的汙染最為嚴重。

圖 11-5　化石廢棄物及其裂解後之產出燃油

當聚合反應進行時，某些化學成分可能被添加在內以增加塑膠的性質，因此產品項目眾多，形成了一個複雜而龐大的產業體系。日常生活中常用的塑膠製品如表 11-2 所示。

表 11-2　日常生活中常見的塑膠製品

名稱	常見製品
聚乙烯 PE	包裝薄膜、瓶、容器
聚丙烯 PP	包裝材料、袋、瓶、容器
聚苯乙烯 PS	玩具、廚房用品、保麗龍（發泡）
聚氯乙烯 PVC	建材、自來水管、玩具、塑膠布
聚乙烯醇 PVA	塗料、粘著劑
聚醯胺 PA	合成纖維、醫療器具、耐磨耗用品
壓克力 PMMA	建材、玻璃替代
聚偏二氯乙烯 PVDC	漁網、織品、帳蓬

表 11-2 中的塑膠由於成分不同，性質各異，唯一相同的是它們的材料來源。因此，在這個基礎下，如能把這些聚合物裂解，應該就可以回到它們原來的狀態，也就是液態燃油。以塑膠裂解取得的燃料油成分相當複雜，如果要讓成分單純化，裂解前必須加以分類，但會增加成本。

為了使聚合物的化學鍵斷裂，裂解過程中需要有高達 600°C 以上的工作溫度，外加使反應能夠加速的催化劑如通用溶劑等，在適當的壓力下才能有效進行。因為溫度與壓力都是裂解能否進行的條件，因此，一般都以密閉式鍋爐爲之，如此可以在沒有廢氣和廢水等二次污染問題的情況下完成裂解程序。

化石廢棄物的裂解條件以及產出物如表 11-3 所示，確實可以把難以處理的廢棄物轉換成爲可資利用的能源，其可行性在於是否具有經濟效益而非技術層面。化石廢棄物的裂解流程與設備布置如圖 11-6 所示。

表 11-3　廢化石產品熱裂解產出物

產出物	比例(%)	用途
液態油	45～55	作爲燃料油
溶劑	5～10	回收再利用
油氣	10～15	作爲系統輔助燃料
固態爐渣	25～30	和木質物混合製成燃料棒

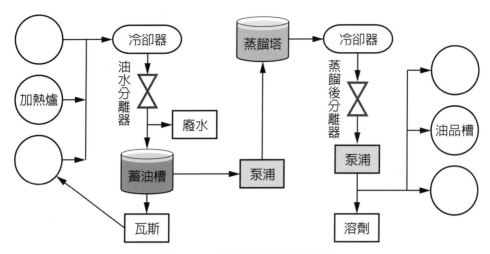

圖 11-6　化石廢棄物裂解流程

　　由表 11-3 中可知，化石廢棄物經過裂解以後會還原成各式不同的燃料，其中以燃料油為最大產出，其熱值約為 10000 kcal/kg 左右，介於柴油與重油之間，雖然成分有點複雜，但可做為較不講究品質的鍋爐燃料油。由於化石廢棄物成分複雜，因而裂解所得的燃油可能會帶有難聞的味道，可設法將其改善，以免污染週遭空氣。

　　目前，大部分的化石廢棄物都被混在一般垃圾中送到焚化爐燃燒，然後利用焚化所產生的熱能來進行汽電共生發電，不過，焚化的廢氣污染較大，汽電共生的效率也仍有待提升。

3. 廢棄物焚化與汽電共生

　　最常見的廢棄物處理方法為掩埋和焚化，在土地廣大的國家或地區，掩埋處理不但快速，而且成本低廉，雖然周遭會有臭氣產生，土壤和地下水也會受到污染，但如果掩埋場座落在人煙稀少之處，對居民的生活衝擊不大，因而大多無人聞問。廢棄物的產生量，一般來說是和人口量成正比，大都市或人口稠密區，地價昂貴甚或一地難求，每天所產生的垃圾廢棄物數量龐大，因此無法以掩埋方式處理，只能運往垃圾焚化廠去焚化。

　　廢棄物的成分複雜，焚化時會排放出煙霧、微小顆粒以及多種有毒氣體如戴奧辛等，因此在排放時必須加以過濾處理，否則這些汙染物隨風飄散到各地，影響範圍將非常大。在廢棄物焚化過程中，大量的燃燒熱會產生，如果直接將其排放到自然界，會有嚴重的廢熱污染問題，除了將增高區域溫度以外，影響生

態環境至鉅。為了兼顧環保與廢熱再利用，垃圾焚化廠一般都設置有汽電共生設備，利用廢棄物焚化產生的熱能來製造蒸氣，再以汽渦輪機來帶動發電機發電，其製程與設施如圖 11-7 所示。

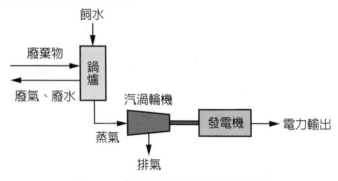

圖 11-7　廢棄物燃燒汽電共生流程

四、核融合

　　太陽雖然距離地球有 1.5 億公里之遙，然而它卻是地球最大的能量提供者，如此巨大的能量源源不絕往外發送，已經歷時 47 億年的太陽，卻仍然沒有枯竭的跡象，那麼到底是甚麼物質在何種條件下，才能夠產生如此巨大的能量？依據科學家的研究，太陽的質量約為地球的 33.3 萬倍，其中 75% 為氫，其餘大部分為氦，還有非常少量的氧、氮、氖、鐵等其他元素。從化學成分上來分析，太陽之所以擁有如此巨大的能量，必然與氫的燃燒有關。從這個角度出發，許多科學家於是開啟了製作人造太陽的想法，以做為未來能源供應的一種可能方式。

　　所謂人造太陽的產生原理就是我們常說的核融合(nuclear fusion)，或稱之為核聚變，截至 2021 年止，在這個領域拔得頭籌的應屬南韓，該國科技人員成功製作了一個人工太陽 KSTAR，它能在 1 億℃高溫下存在 20 秒之久，如圖 11-8 所示。接著，中國大陸於 2020 年 7 月完成相關實驗裝置 HL-2M，如圖 11-9 所示，並隨即進行試驗，成功地產生了溫度高達 1.5 億度的人造太陽長達 10 秒，頗有後來居上之勢。除了韓、中兩國之外，2006 年起，歐盟即邀請了美、中、日、韓等國，在法國南部普羅旺斯地區，開啟了國際熱核聚變計畫 ITER (International Thermonuclear Experimental Reactor)，將要建造一座世界規模最大的人造太陽能量供應機構，以解決人類未來可能面臨的能源短缺問題。

圖 11-8　南韓建造之核融合反應裝置 KSTAR

圖 11-9　中國建造之核融合反應裝置 HL-2M

　　核融合和現今使用的核分裂(nuclear fission)在原理上是不同的，核分裂是將較重的原子分裂成較輕的原子，反應中會有質量損耗，這些失去的質量，會依據愛因斯坦質能互換公式 $E = mc^2$ 轉換為能量釋出。至於核融合，則是指在某設定條件下，將兩個小質量的原子聚合成一個較大質量的原子和一個極輕粒子之核反應形式。在這個反應過程中物質也並非維持守恆，而是有一些質量耗損，這些失去的質量會被轉化為巨大能量，其大小也同樣是依據愛因斯坦 $E = mc^2$ 的質能互換公式。

　　除了反應方式不同之外，所用的材料也有很大差異，核分裂必須使用鈾 235(^{235}U) 或鈽 239(^{239}Pu) 為原料，具有放射性質，且地球上的鈾礦和鈽礦有限，繼續使用數百年就會枯竭，不可再生。至於核融合，則是以地球上儲量豐富的氫原子為原料，這種材料可以在海水中輕易提取，不但安全又取之不盡、用之不竭，而且有很多生物也有產氫能力，可以算是道道地地的可再生材料，故而把核融合視為可再生能源的一員。

　　核融合試驗常被運用的例子包含 D-D 反應或 D-T 反應，D 指的是氫的穩定同位素氘(deuterium)，被稱為重氫，具有 1 個中子和 1 個質子，常以 ^{2}H 或 D 來表示。至於 T 指的是氫的另一穩定同位素氚(trituim)，被稱為超重氫，具有 1 個中子和 2 個質子，常以 ^{3}H 或 T 來表示。而所謂 D-D 反應，就是讓兩個質量較小的氘原子處於超高溫和高壓的條件下，使兩者產生巨大吸引力互相吸引而造成高速碰撞，如此便能產生聚合反應，生成中子 n 和氦原子(helium；^{3}He)，或是生成超重氫原子氚和氫原子 H，並伴隨著巨大的能量釋放。其反應式為：

$$_1^2H_1 + {}_1^2H_1 \rightarrow {}_2^3H_{e1} + n + \Delta Q$$

$$_1^2H_1 + {}_1^2H_1 \rightarrow {}_1^3H_2 + {}_1^1H_0 + \Delta Q$$

　　至於 D-T 反應，則是將質量較小的氘原子和氚原子在極高溫度和高壓下產生高速碰撞，產生聚合反應並生成中子 n 和氦原子，同時釋放出巨大的能量。不管是 D-D 反應或 D-T 反應，都可以獲得極大的能量來供人類使用。

$$_1^2H_1 + {}_1^3H_2 \rightarrow {}_2^3H_{e1} + n + \Delta Q$$

觀念對與錯

(○)　1.　化石廢棄物若以燃燒處理會造成汙染並排放出溫室氣體，如果利用熱裂解處理，可以大大降低汙染和溫室氣體排放，不但可以得到燃料油，還可以回收廢熱進行汽電共生，是一種理想的處理流程。

(○)　2.　核融合與核分裂在原理上是相同的，兩者在反應中皆會有質量耗損，這些耗損的質量，可以依愛因斯坦質能互換公式轉為能量釋出。

(○)　3.　核分裂必須使用鈾 235 或鈽 239 為原料，因而有使用枯竭之時，核融合則可以用氫為原料，取之不盡用之不竭，可以說是一種永續能源。

(╳)　4.　氘是氫的穩定同位素，被稱為重氫，兩個重氫原子在常溫常壓下，以彼此之間的相互吸引力造成高速碰撞，因而達成核融合反應，並釋放出巨大能量，這就是所謂的 D-D 反應。

(○)　5.　氚是氫的另一種穩定同位素，被稱為超重氫，一個重氫原子和一個超重氫原子在高溫高壓下，兩者彼此之間會產生巨大吸引力造成高速碰撞，因而達成核融合反應，並釋放出巨大能量，這就是所謂的 D-T 反應。

Chapter

12

低碳經濟學

由於工商業的快速發展，能源需求不停的擴張，人類對於石油、天然氣和煤炭的依賴達到了極點，這些型態的能源取得容易，價格相對便宜，且使用設施和技術都已成熟，很難有適當的能源供應方式可以大規模的加以取代。

石油、天然氣和煤炭的使用方式相同，都是以燃燒釋放出燃燒熱的方式，直接或間接加以利用。燃燒需要 O_2，而石油、天然氣和煤炭的主要成分為碳(C)與氫(H)，因此，燃燒後必定會產生二氧化碳(CO_2)和水(H_2O)。水是自然界中大量存在的物質，對環境無害，但二氧化碳就不同，濃度太高會有麻煩，最明顯的就是它對地球溫室效應的增強，導致氣候變遷巨大而威脅了全球生物的生存。

近幾年來，許多國家都曾發生因極端氣候引發大水或乾旱的災難，人民的生命和財產遭受了極大的損失，甚至有馬爾地夫、吐瓦魯等海洋中的島國將因海平面上升而消失，諸多臨海國家也會因而失去大量低海拔的土地。要避免情況繼續惡化，專家們認為管制溫室氣體排放是當務之急，有鑑於此，聯合國世界氣象組織和聯合國環境署因而共同發起，在 1988 年成立了「氣候變化政府間專家委員會，IPCC」，針對與氣候變化有關的各種議題展開定期評估，並於 1992 年制定了「聯合國氣候變化綱要公約，UNFCCC」，1994 年正式生效，以便共同因應處理氣候變化所導致的種種危機。從 1995 年開始，聯合國依據氣候變化綱要公約每年都要舉行一次締約國大會(Conference of the Parties, COP)，公約生效隔年，即在德國柏林舉辦第一次締約國大會(COP 1)，討論氣候變遷引發的相關議題，截至目前已經舉辦了 26 屆。

溫室氣體已被確認為是引發全球暖化與氣候變遷的主要元凶，因此，世界各國對於溫室氣體的排放管制已經達成了共識。西元 1997 年在日本京都舉行的第三屆締約國大會(COP 3)，制定了「京都議定書」，對附件一中所列國家的溫室氣體減量排放做了嚴格的規範，如表 12-1 所示，並訂出從西元 2008 年起到 2012 年之間，全球溫室氣體排放量要控制在比 1990 年再削減 5.2% 的水準。由於當時的與會者，把溫室氣體減量排放這件事看得太簡單了，以為幾年之間就可以達成預設目標，誰知到了 2012 年表定時程，地表溫室氣體濃度不降反升。成效不彰的問題根源，被歸咎於工業發展大國基於本身利益，有些沒有簽約意願，有些則簽約而不依約執行，因而爭議四起。其實同步各依比例削減溫室氣體排放量在執行上有些困難，比如要美國削減 7%，其困難度必定遠遠高於要歐盟小國削減 8%，因為前者量體太大，且有很高比例的製造業，轉型不易，而後者量體小，大都以服務業為主，變革容易，因此之

故，兩者實在很難放在同一個天平上來比評。美國是全球累積排碳量最多的國家，如果要比 1990 年再削減 7%。若以 2014 年的排碳量計算，則必須減排 26%才能達到這個水準，其困難度可見一斑，美國之所以遲遲不願意簽字同意，就是知道其問題之所在。

表 12-1　京都議定書中附件一各國減碳目標

基準年	目標年	管制氣體	削減比率	國家
1990 年	2008 年 ｜ 2012 年	CO_2 CH_4 N_2O HFCs PFCs SF_6	− 8%	歐盟 15 國、東歐 12 國及非附件一國家摩納哥、斯洛維尼亞、列茲敦士登
			− 7%	美國
			− 6%	日本、加拿大、匈牙利、波蘭
			− 5%	克羅埃西亞(非附件一國家)
			0%	紐西蘭、俄羅斯、烏克蘭
			+ 1%	挪威
			+ 8%	澳洲
			+ 10%	冰島
			自發性減碳	其他非附件一中之國家

依據表 12-1 所示，中、印、韓等工業急速發展國家，其溫室氣體排放量接近全球總量的 40%，但並未被列入附件一國家之列，亦即未被要求強制減碳。又為了彌補「京都議定書」所規範之減排目標無法達成的事實，於 2012 年卡達會議中(COP 18)，將「京都議定書」減排執行期限延後至 2020 年，並且在西元 2015 年 12 月法國巴黎召開的第二十一屆大會(COP 21)中，擬定了具法律約束力的「巴黎氣候變遷協定」，以強迫各締約國做出應有貢獻。

《巴黎氣候變遷協定》係具有法律約束力的國際氣候協議，一共有 195 個締約國，於 2015 年 COP 21 上通過以後，將於次年 11 月 4 日生效。協定中載明，締約方未來必須致力推動減碳政策，將本世紀全球氣溫升幅控制在不超過 2℃以內，並訂定出更具雄心的 1.5℃目標。有基於此，所有締約國均須提出國家自訂貢獻(Nationally Determined Contributions, NDCs)的承諾，並且每 5 年須做一次檢討，檢視一下各國對

減排的貢獻是否達標,並將透過提供所謂的「氣候融資」,協助各開發中國家應對氣候變遷所帶來的衝擊與傷害。

西元 2016 年 9 月在杭州舉辦 G20 工業高峰會前一刻,中國和美國雙雙同意簽約加入減碳行列,使綠色產業正式成爲未來工業發展的主流。身爲全球最大排碳國,中國雖然不在京都議定書附件一中必須強制減碳的名單內,但卻能堅定的自我要求負起減碳責任,並在其國內大力推動碳權交易機制,實爲有遠見的明智做法,值得其他國家學習跟進。

然而,在看似有機會邁向溫室氣體減量和有效管制的關鍵時刻,美國 2016 年上任的川普總統在化石能源業者的簇擁下於 2017 年 3 月簽署了行政命令,廢止前任歐巴馬總統對減碳的大部分法律承諾,並宣稱溫室氣體與氣候變遷之間並無相互關係,純粹是有心人的一場騙局。由於對減碳義務與意義的扭曲,川普總統更於 2017 年 6 月 1 日宣布,美國自該日起退出「巴黎協定」。由此觀之,要美國信守 2025 年達成減碳 26%的承諾已不可能,更糟的是,其他工業國家有可能也因而拒絕履行,使數十年來人類共同努力控制溫室氣體排放的地球永續生存計畫,也有可能瞬間化爲泡影。所幸於 2021 年拜登總統上台後,立即宣示美國將會繼續遵守「巴黎協定」的減碳承諾,才使得這個「地球永續生存計畫」重新燃起希望。

要如何才能使全球溫升限制在巴黎協定目標的 1.5℃ 以內呢?首先得全體同心協力找出可行辦法,於是在 2021 年 3 月底以前,包括歐盟等 128 個國家,宣示了規劃淨零排放(Net Zero Emissions)的目標,也就是在 2050 年底,全球的溫室氣體淨排放量能夠趨近於零的共同目標。

一、碳權與碳權交易

要有效管制溫室氣體排放,須胡蘿蔔與棒子一起出動才會有效,也就是必須獎勵與懲罰兩者雙管齊下。獎勵之法爲使「碳」成爲一種商品,當某個國家或某個機構執行了削減溫室氣體排放計畫後,所削減下來的溫室氣體可以換算成「二氧化碳當量」,此即稱爲「碳權」,可以拿到碳交易市場上做公開交易,這就是現階段在推行的「碳權交易」模式。目前國際上常見的減碳計畫,包含協助未開發及開發中國家提升污染防治、碳排放減量技術,或改善現有工業設施,以得到減排、減污等效果。除此之外,有規模的造林,或投入保護熱帶雨林,使大自然吸收二氧化碳的機制得以維持,也可以取得相對之碳權。當然,開發可以獲得乾淨能源的設備如太陽能板,或

是創造可以使用乾淨能源以代替使用化石能源的設施，如電動車或氣動車等，皆可以透過一定程序申請碳權。

碳權的取得一般都須透過盤查，並經由 UNFCCC 所認可之認證機構，依所訂標準查核認證後，才具有國際公信力與實際價值，因而得以在國際市場上公開交易。而所謂的認證機構，係指具國際認證論壇(International Accreditation Forum, IAF)會員資格，且已簽屬確認與查證相互承認協議(Multilateral Recognition Agreement, MLA)，並於當地政府機關合法完成登錄者，由於角色嚴謹且超然公正，因而其查核與認證資料，也才具有國際公信力。

至於碳權的取得形式以及交易機制，則是依據「京都議定書」的規定而來，包含下列三項：

1. **聯合履行機制(Joint Implementation, JI)**

    京都議定書附件一中之國家間，共同投資，執行某項減排計畫，直到總排放量低於額定標準，超額減排的部分即為所得到之碳權，國與國之間可以用來自由交易。(京都議定書第六條規範)

2. **清潔發展機制(Clean Development Mechanism, CDM)**

    京都議定書中附件一之國家對開發中國家或未開發國家進行減排項目投資或技術援助，亦可得到相等之可交易碳權。(京都議定書第十二條規範)

3. **國際排放權交易(International Emission Trading, IET)**

    依據表 12-1 中，京都議定書附件一各國額定的碳排放減量，超額完成減排義務的部分可以拿來交易，販賣給其他未達成目標的國家。(京都議定書第十七條規範)

除了京都議定書附件一中各締約國訂有強制減排的義務與目標，而且可以利用上述機制進行碳權交易以外，歐盟自身亦建立有碳排放交易體系，用來規範和處理各成員國之間的溫室氣體排放問題。除了國家以外，對於企業或個人基於理念或形象建立而參與自願減排者，是在一個被稱為「無碳議定書」的框架上，發展出一套可行且是被公開認可的碳排放評估、自我減排、碳排放抵消以及第三方認證等步驟，來達成低碳或無碳的目標。

自願減排因屬於非強制性，因此具有較大的彈性，可以透過設備更新、使用綠能、採用綠色材料，或經由造林、保護雨林生態等計畫的實施，達到有效減碳之目的。由於自願減排的非強制性，因而在評核與認證上較為簡單快速，透過此等自願減排計畫所得到之碳權，在交易上價格較為低廉，主要被用於國際大企業的排碳充抵，以維持其重視環境生態、愛護地球的企業形象。

現階段碳排放管制僅針對國家而未及於個別產品，因此，企業投資執行減排計畫仍止於企業形象的提昇。不過，當京都議定書附件一中的國家在被迫必須達成額定的減排比例時，該等國家勢必會把壓力均攤於該國家內部排碳超量的企業，如火力發電廠、煉鋼廠和石化廠等，在此情況下，自願減排者所獲得的碳權就會具有較大的市場價值。

依據西元 2014 年的排碳量統計，全球年排碳量約為 355 億噸，中國為最大排放國，年排碳量高達 98 億噸之多，約占 27.6%左右。為了負起相對的責任並提昇國家形象，目前已分別在北京、天津、上海、重慶、深圳等城市，以及湖北、廣東兩省建置了碳交易試點，開始進行碳交易營運。據統計資料顯示，初期約有 2000 家企業被納入，並於西元 2015 年締造了 8,000 萬噸的交易量，交易金額高達 25 億元人民幣，其平均單價約為每噸 30 元人民幣或 5 元美金。碳權的價格由各國自訂，目前未統一且差距甚大。依 2022 年世界銀行碳價最新報告顯示，歐盟每噸碳稅為 90 歐元，加拿大 40 美元，愛爾蘭 45 美元，南非最便宜為 10 美元，瑞典和烏拉圭最高，前者每噸碳稅為 130 美元，後者更高達 137 美元。至於 2021 年的全球碳稅總收入，則高達 840 億美元，比 2020 年成長了 60%左右，成長率預期將會逐年增高，從這裡可以看出，著眼於全球溫室氣體管制的作為，確實可以開創一個新興的經濟項目，有些人稱此為「碳經濟」或「綠經濟」。

中國是世界的製造工廠，排碳量超過全球總量的四分之一，若積極投入碳排放減量必可獲致驚人的成果。因此，任何國家只要有決心，願意朝此方向努力，很快就會達成京都議定書中所規定的減碳目標。於中國開始投入減碳行列之前，歐盟國家早已在西元 2010 年起即大規模執行減碳計畫，且歐盟本身還建立屬於自己的碳排放交易系統，以便各盟國之間能依各自所擁有的條件決定買進或賣出碳權，以符合京都議定書中規定的減碳目標。2021 年歐盟執委會在布魯塞爾的會議中宣示，歐盟將於 2030 年，讓碳排放量至少減少 55%，可見其決心之一般。

　　台灣著名的半導體製造公司聯華電子，於西元 1999 年開始，從設備更新，製程改善及各項節能設施的導入著手進行減排計畫，儘管產能增加了二倍，但單位面積的溫室氣體 FCₛ 之排放量卻有效的減低了 67%，該公司自發性減排所獲得之碳權，經公司所在地之政府環境保護單位認可，售予當地的一家中龍鋼鐵公司，來作爲鋼鐵產業高排碳特質之排碳沖銷以善盡企業社會責任。此項成功的碳交易案例，使得聯華電子公司於西元 2013 年被國際碳揭露專案 CDP 列爲氣候揭露領導指數 CDLI 與氣候績效領導指數 CLPI 的成分股，此即爲企業自發性減排的典型範例。

　　森林是地球天然的碳平衡機構，負起了吸附各種生物所製造、排放的大部分二氧化碳，同時釋放出生命存續所必需的氧氣。全球最大的森林爲面積廣達 550 萬平方公里的亞馬遜雨林，它跨越了南美洲的 9 個國家，占全球森林總面積的 20%，吸附二氧化碳量的比例高達 25%，因而被稱之爲「地球之肺」。這樣大面積的森林具有良好的固碳功能，對地球的永續生存何其重要，然而不幸的是，近年來森林火災頻傳，燒毀面積無數。就以 2018 年爲例，被燒毀的雨林面積達 7000 平方公里以上，相當於 110 萬個足球場面積大。可怕的是，這種情況有惡化的趨勢，依據巴西太空研究所(INPE)的監測統計，光 2019 年 1～8 月之間，亞馬遜雨林總共發生了 7 萬 3,000 起火災，比往年同期暴增了 83%，被燒毀的面積也將以等比例增加。無獨有偶，全球第三大的印尼熱帶雨林今年也是火災頻傳，根據印尼抗災署(BNPB)的統計，2019 年 1～8 月之間，印尼被燒毀的土地面積竟然高達 3,280 平方公里，其中大部分都落於雨林分布區域。大規模的森林火災會產生大量煙霧霾害，嚴重影響空氣品質並危害人體健康，對於地球溫室氣體的自然平衡機制產生破壞，可以想見，未來因此而導致的氣候變遷等負面效應將何等巨大，保護森林來維持地球永續生存的努力實已刻不容緩。

觀念對與錯

(○)　1.　於 2012 年結束前，26 個「京都議定書」附件一中所列國家，皆無法達成減排目標，因此於 2015 年巴黎召開的會議中，擬定了具法律效力的「巴黎氣候變遷協定」。

(○)　2.　企業或國家若執行減碳計畫有成，可將其轉換成「二氧化碳當量」，並拿到市場上公開交易，用以鼓勵真心投入減碳計畫者。

(✗) 3. 依據「京都議定書」的規定，碳權交易可以分爲三種機制，其中附件一所列國家，對於開發中或未開發國家所進行的減排投資或技術援助，可以得到相等之可交易碳權，被稱爲「聯合履行機制 JI」。

(○) 4. 未被列入附件一中的國家，被認可的減排計畫較具彈性，包括推廣綠能、造林、雨林保護等都是，其評核與認證也會相對較爲簡單快速。

(○) 5. 企業所採取的自發性減排措施，如更新耗能設備、採用低排碳設備、改善具汙染性製程，使用綠色材料等，都可以申請認證取得碳權。

例題 12-1

森林的固碳量每公頃約爲 600 公噸，某公司欲以認養熱帶雨林來沖銷其排碳量。若該公司每年的沖銷量定爲 10 萬公噸，爲期 30 年，試問認養面積應爲多少？

解

30 年間沖銷總量爲

$100,000 \times 30 = 3,000,000$(公噸 CO_2e)

認養面積爲

$3,000,000 \div 600 = 5,000$(公頃)

例題 12-2

上題中，若該公司可選擇 500 萬美元認養雨林，或是以每公噸 10 美元支付碳稅，選擇何者較划算？

解

30 年間總排碳量爲

$100,000 \times 30 = 3,000,000$(公噸 CO_2e)

須付碳稅

$10 \times 3,000,000 = 30,000,000$(美元)

共爲 3000 萬美元，高於認養雨林的 500 萬美元，故認養雨林較爲有利。

例題 12-3

剛果共和國計畫於 10 年內投入 26 億美元種植 100 萬公頃林地， 再將碳權以每公噸 10 美元出售給美國，試問可否損益兩平。

解

在每公頃固碳量爲 600 公噸水準下，總固碳量爲

$600 \times 1,000,000 = 600,000,000$(公噸 CO_2e) = 6 億(公噸 CO_2e)

碳權價值爲　$10 \times 6 = 60$(億美元)

剛果共和國的實質收益爲　$60 - 26 = 34$ (億美元)

例題 12-4

某公司建置了 150 kWp 容量的太陽能發電設施，用來取代部分來自於火力發電廠的電力須求，若容量因素爲 15%，試求每年可獲得之碳權。設每度電排放係數爲 0.78。

解

可得碳權爲

$150 \times 24 \times 365 \times 0.78 \times 0.15 = 153738$(kg CO_2e) = 153.738(公噸 CO_2e)

註 1：kWp(峰瓦)，指太陽能板於最佳環境狀態下所得到的高峰值。
註 2：容量因素＝毛發電量÷滿載發電量×100%。

例題 12-5

日本 1990 年之總排碳量爲 10.66 億公噸，2013 年爲 16.30 億公噸，若依京都議定書規定要達成目標須減排多少碳？

解

依京都議定書規定，日本須比 1990 年削減 6%排碳量，故其容許排碳量爲

$10.66 \times (1 - 0.06) = 10.02$ (億公噸)

故應削減之排碳量爲　$16.30 - 10.02 = 6.28$ (億公噸)

例題 12-6

依聯合國氣候變化專門委員會 IPCC 公布,西元 2014 年全球總排碳量為 363.5 億公噸,若要達成京都議定書的減碳目標,應削減多少排碳量?(基準年 1990 年全球總排碳量為 316.3 億公噸)

解

依京都議定書規定,削減後的排放總量為比基準年的排放總量再降 5.2%,亦即標準總排放量為

$316.3 \times (1 - 0.052) = 299.85$ (億公噸)

故欲達成目標的總減碳量為

$363.5 - 299.85 = 63.65$ (億公噸)

例題 12-7

某公司年排放或逸散到環境中的 PFC_s 為 20 公噸,若更換新設備須花費 30 萬美元,能減少 45%的排放量,假如其碳權可以值每公噸 10 美元,試求碳權交易的收入幾年內可以使設備投資回收?(已知 GWP 為 1800)

解

年減排量為

$20 \times 0.45 = 9$ (公噸 PFC_s)

相當於 CO_2e 量為

$9 \times 1800 = 16,200$ (公噸 CO_2e)

碳權價值為

$10 \times 16,200 = 162,000$ (美元)

回收年數

$n = 300,000/162,000 = 1.85$(年)

二、氣候科學評估報告

聯合國政府間氣候變遷專門委員會 IPCC，於 1992 年發布了第一次氣候科學評估報告(Assessment Report,AR)，之後便啟動了以科學方法研究氣候的循環機制，每隔幾年便會發布一次氣候評估報告，並將每次報告稱為一個循環(cycle)，在每次評估報告發布後，同時也就啟動下一循環的科研彙整，並在適當時機將其結果予以發布。IPCC 每次發布的氣候科學評估報告都有四冊，第一冊著重於物理科學依據(The Physical Science Basis)，第二冊為衝擊、脆弱度與調適(Impacts, Vulnerability and Adaptation)，第三冊為氣候變遷減緩(Climate Change Mitigation)，第四冊則是前三冊的統整報告(Synthesis Report)。為了及時產出有效的科學評估報告，IPCC 成立了三個工作小組(Working Group, WG)，來負責完成評估報告撰寫任務，再交由大會參考使用。

自 1992 年以來，已經發布了 6 次，最近一次是於 2021 年 8 月 9 日發布的，也就是第六次氣候科學評估報告 AR6。此第六循環是於 2015 年啟動，直到 2021 年截止，期間曾發布了 1.5℃ 全球暖化特別報告(Global Warming of 1.5℃, 2018)、氣候與陸地特別報告(Climate and Land, 2019)，以及變遷氣候中的海洋與冰雪圈特別報告(The Ocean and Cryosphere in a Changing Climate, 2019)。以上述這三份報告為基礎，再加上最新的一些研究成果，彙整後就成為 2022 年發布的 AR6 之主要內容來源。圖 12-1 分別為 AR6 之 WG I、WG II 與 WG III 所產出之氣候科學評估報告，其內容將會被提交給第 27 屆聯合國氣候大會 COP27，作為全球氣候政策制定與推動的參考依據。

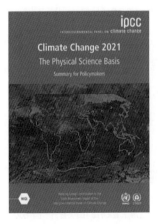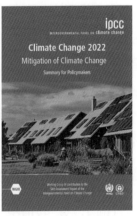

圖 12-1 IPCC AR6 產出之氣候科學評估報告

　　IPCC 本身不做科學研究，而是組成編審工作小組，進行搜尋、了解、彙整發表於學術期刊的氣候變遷研究成果，然後根據這些內容撰寫評估報告，完成後再廣徵志願者審查報告內容，提出審查意見。一般而言，只要是氣候相關領域專家上網登記就可參與審查，就以 AR6 來說，登記參與的專家達數萬人之多，參考論文則達一萬四千多篇。以如此公正公開的方式產生結論，其正確性無庸置疑，不過最後審查階段只有各國政府代表參與，因此常被懷疑有政治力介入，如此參雜了非科學的看法在內，雖不能推翻科學研究的發現，然對某些敏感議題卻可加以淡化或強化，喪失了部分真實性。

1. 第六次評估報告的第一工作小組(AR6 WG I)報告重點摘要

　　IPCC 於 2021 年 8 月公佈了第六次評估報告的第一工作小組(AR6 WG I)報告，概述目前最新的氣候科學證據，其內容可謂是有史以來結論最明確的，那就是指出了人為暖化造成的氣候變遷衝擊已經無法避免的事實，讓各國政府、企業、新聞媒體到廣泛大眾，都能意識到問題的嚴重程度。其實此報告只是再次確認之前幾份報告提出的警訊，但是因為現況已經逼近氣候臨界點，大家才會有時不我與的急迫感。從台達電子文教基金會與科學月刊解讀聯合國 IPCC 氣候報告的專論中，可以精簡歸納如下：

科學研究證實，全球暖化的全面衝擊正在持續發生中

　　這些現象包括，目前二氧化碳濃度是 200 萬年以來最高，冰河退縮是 2000 多年來最嚴重，10 年全球平均氣溫破 1 萬 2500 年紀錄，海平面上升速度比過去 3000 年任何時期都快，夏季北極海海冰覆蓋面積比過去 1000 年任何時期都小，以及最快的海洋暖化速度與最嚴重的海洋酸化程度。這些不斷破紀錄的現象都與工業革命以來過多的二氧化碳排放有關。此外，人為溫室效應所吸收的多餘熱量，大約有 90% 儲存於海洋之中，造成海水暖化、膨脹，加上近年來日漸明顯的陸冰溶化，導致海平面上升速度越來越快，甚至發生海洋熱浪(ocean heat wave)事件，衝擊海洋生態並加劇極端氣候狀態。

無論那一種排放情境，地球升溫 1.5℃ 已經難以避免

　　地球升溫 1.5℃ 的情境，在之前的 IPCC 報告中就已經被推估遲早會發生，但西元 2000 年以來，溫室氣體加速排放而導致的暖化，使得 1.5℃ 溫升的事實提前

到來。世界氣象組織 2020 年發布的十年氣候預報中，就已提及 1.5℃ 溫升很有可能在 2021～2030 年間就發生。在 AR6 WG I 報告中指出，唯有在最低排放情境下，全球溫度才會於本世紀中被控制在升高 1.6℃ 以內，然後開始緩慢下降，而其他排放情境都會使溫度持續上升，在最高排放情境下，於 21 世紀中期溫升可達 2.4℃，到 21 世紀末則會高達 4.4℃ 之多。

🍃 想避免 1.5℃ 溫升，可排碳量所剩不多

最低排放情境與最高排放情境在 2100 年對地球的相對影響如表 12-2 所示。從表中可以發現，在溫度、雨量、海平面高度以及北極海海冰面積的變化上，高排放情境的影響分別是低排放情境的 3.1 倍、3.5 倍、2 倍與 8 倍。在升溫 1.5℃ 與 2050 淨零排放的最低排放情境下，情況雖仍會惡化，但是相較於高排放情境，衝擊會小很多，也相對容易調適。報告中估計，如要避免地球溫升超過 1.5℃，只能再排放 400 Gt(10^9 tone)二氧化碳，以目前每年排放 36.4 Gt 二氧化碳的量來計算，大約再過 10 年，總排放量就會超過此一界限。

表 12-2　最低與最高排放情境在 2100 年對地球的相對影響

註：2021 年 9 月 15 日北極海海冰面積為 473 萬平方公里

項目	最低排放情境	最高排放情境
溫度變化	上升 1.4℃	上升 4.4℃
全球年平均雨量	增加 2.4%	增加 8.3%
全球海平面高度變化	上升 0.38 公尺	上升 0.77 公尺
9 月北極海海冰面積(註*)	減為 240 萬平方公里	減為 30 萬平方公里

🍃 減少溫室氣體排放，21 世紀末溫升不超過 1.5℃ 仍有機會

AR6 WG I 報告指出，21 世紀末地球溫升要控制在 1.5℃ 以內仍有可能，但經濟發展與能源使用需要徹底轉型，此一結論與 1.5℃ 暖化特別報告一致，但是更加明確。而被認為唯一可能達成目標的路徑，就是實踐「2050 淨零排放」，除了必須急速減少二氧化碳排放外，還須要進行去碳過程，也就是要從大氣中捕捉二氧化碳，將之儲存於森林、土壤、地層或海洋之中。去碳過程與方法有很多種，包括森林復育、造林、改造土壤增加吸碳量、發展生質能、人工捕集二氧

化碳並加以封存等。如同 2018 年公布的 1.5℃ 全球暖化特別報告提到的，即使達成了淨零碳排目標，地球溫度還是會持續上升，這是因爲在減少碳排的同時，也降低了氣膠排放，而氣膠整體而言有降低地表溫度的作用。亦即，減少碳排的降溫效果，有一部分會被氣膠濃度下降效應所抵銷。因此之故，要讓全球溫度在 21 世紀末上升不超過 1.5℃，任務遠比想像艱鉅。

立即採取行動，才能開創地球永續生存契機

AR6 WG I 第一工作小組已提出了有史以來結論最爲明確的報告，指出了人爲暖化造成的氣候變遷衝擊已經無法避免。而於 2022 年初公佈的第二工作小組報告 WG II 中，則更明確指出不同排放情境下的全球暖化衝擊、地球系統脆弱度，以及所需調適作爲；第三工作小組報告 WG III，則將指出應有的氣候變遷減緩作爲，以及如何有效的快速減排與去碳。能夠防止讓地球產生巨大衝擊的時間越來越有限，人類可以說已經走上了不歸路，因而僅能採取所有可能的行動，並調整人類社會的運作方式以降低即將面臨的衝擊，如此或許是開創人類嶄新、永續生存的契機。

2. **第六次評估報告的第二工作小組(AR6 WG II)報告重點摘要**

2022 年 2 月 28 日，IPCC 發佈了第六次評估報告的第二工作小組(AR6 WG II)報告，論述氣候變化的衝擊、適應與脆弱度，內容聚焦氣候變化對人類的衝擊，以及全球須如何加以應對才能適應，才能克服其中的脆弱性。報告描繪出一幅發人深省的圖景，而我們已經深陷氣候危機當中，且情況可能會變得更糟。因爲在全球生物多樣性喪失、自然資源無法持續消耗、快速城市化造成社會不公等的前提下，氣候暖化所引發的多重全球危機，情況預計將逐步惡化升級。其中最重要的是，此報告展示出我們在這關鍵十年中必須面臨的選擇。報告講到，地球上氣候高度脆弱地區如非洲、南亞及中南美洲，因極端氣候所導致的死亡人數，比其他地區高出很多，這顯示出了氣候對待人的不公。報告同時也點出，保護和恢復生態系統，將有助增強人類社會對氣候風險的適應、復原，並降低脆弱度。綠色和平組織對此一狀態，整理了以下重點與對策，讓人更易於掌握其中關鍵，有利於齊心對抗全球暖化所帶來的衝擊，並逐步加以改善。

氣候危機將變得更為頻繁、更加劇烈

氣候變化對自然環境和人類社會，已經造成了廣泛的損失和破壞，然而此種情況並不會停歇，還有可能會變得更壞。科學家們在報告中更新了他們對未來暖化水平的總體評估，得出目前對氣候危機關注的主要理由，那就是與上次評估(AR5)相比，關於減低全球暖化部分，氣候風險已被調升到到「高」或「非常高」的水平。氣候變暖對生態系統的影響已經比預期出現得更早、更廣泛，影響也更深遠。報告也指出，全球約 50% 物種已經向極地或更高海拔地區遷移，極端高溫已造成數以百計物種喪失，而陸地及海洋發生大規模生物死亡的事件也時有所聞。

人類迄今尚未做好應對氣候衝擊的準備

面對當前影響並不太大的氣候衝擊，我們都還沒有做好準備，那當嚴重的氣候危機出現時，人類必然束手無策而難以避免造成巨大傷亡。雖然很多政府為適應不斷惡化的氣候災害已開始作出改變，但大部分的氣候適應策略，即使應對目前情況已顯不足，更遑論對付繼續惡化的氣候危機，是以暴露在氣候災難下的人命、財產損失只會有增無減。目前，全球約有 33～36 億人生活在氣候危機高風險的環境中，這些氣候脆弱的國家和地區有西非、中非、東非、南亞、中南美洲、海島國家、北極地區等，過去十年因洪水、乾旱和風暴所造成的死亡人數，比其他地區要高出 15 倍之多。

將地球溫升控制在攝氏 1.5℃ 以內，必可大幅減少氣候災害

全球氣溫每上升一些，都會將更多的人和物種進一步推向衰亡邊緣，因此之故，我們必須按照「巴黎協定」建議，將全球暖化幅度限制在 1.5℃ 以內。依照目前的溫室氣體排放情境，2040 年之前，全球溫升就可能達到 1.5℃ 的臨界值，及至本世紀末，升幅更可能達 2.7℃，進而造成多種複合性災害。在生態方面，如溫升在 1.5～2℃ 之間，則生物多樣性熱點地區的特有物種滅絕風險至少翻倍。對於人類社會，暖化程度越高，則熱浪的暴露人口會持續增加，水資源風險及水災害程度將擴增，而糧食生產的壓力與城市基建所承受的風險也將增加，預計如果全球平均海平面相較於 2020 年上升 0.15 米，遭受百年洪災的人口

會增加 20%。報告指出，若能將溫升控制在 1.5℃ 以內，雖無法完全制止災難發生，但卻可大幅減少自然和人類的損傷。

保護至少 30%自然環境，才足以提升氣候韌性

我們必須讓自然復育，並至少保護 30% 的地球自然環境，這樣自然才會反過來保護我們，所以保護地球健康對於人類和社會的健康至關重要，也是我們擁有氣候未來的先決條件。IPCC 在這份報告中，特別指出保護生物多樣性與生態系統，是發展氣候韌性(climate resilience)的基礎，豐富的生物多樣性、自給自足的生態系統，將有助於人類社會應對可能發生的氣候危機。科學家們更強調，如果要保持生物多樣性和生態系統的復原力，全球必須確實保護地球上約 30～50% 的自然生態系統，包含土地、淡水和海洋，然而目前全球僅不到 15% 的土地、21% 的淡水、8% 的海洋屬於保護區，離 30% 的目標尚遠，有待繼續努力。

未來十年是確保能否實踐可持續未來的關鍵

這是確保地球宜居和可持續未來的關鍵十年，全球須從漸進式改變提升到更進取且更全面的氣候變革。由於複合式的環境災難頻繁發生，加上適應策略的不足與社會結構缺漏，使氣候變化的影響和風險變得越來越複雜且難以管理，並因此導致新的衝擊與風險。各地政府需要立即在能源、食品、工業、城市和社會系統中，進行具備全面性和包容性的規劃和變革，藉著跨領域的合作，實現具有氣候韌性的未來。報告更強調，人類在接下來十年所採取的社會選擇與行動，將決定未來氣候韌性的高低。重要的是，若當前不立即減少溫室氣體排放，當溫升超過 1.5℃ 時，氣候韌性發展的前景，將會越來越有限。

面對有如滔天巨浪般的氣候衝擊，人類到底應該如何因應面對，才能維持得以繼續生存的起碼條件？綠色和平組織向全球公民做出了以下 5 點建議，希望大家都能共同遵守，善盡地球一份子的基本義務：

a.　立即淘汰化石燃料

過去數十年，人類以燃燒化石燃料來獲取能源與動力，是加劇全球暖化的主要因素。目前，「淨零碳排」已是全球共識，國際能源署(IEA)更於 2021 年提出全球達到 2050 碳淨零排放的可行路徑，並指出：「不需要投資新的

化石燃料。」科學證據皆已證明，若要達成控制溫升於 1.5℃ 內的目標，淘汰化石燃料是必要行動，且刻不容緩。事實上，截至 2022 年 8 月爲止，全球已經有 137 國政府都已做了承諾，準備將此一構想付諸行動。

b. 到 2030 年至少保護 30% 海洋與陸地不被開發破壞

2022 年 3 月，各國政府在聯合國召開會議，針對訂定全球海洋公約進行最後一次協商會議，目標是設立全球海洋保護區，在 2030 年前保護至少 30% 海洋。此外，各國代表也將於 2022 年 12 月，於加拿大蒙特利爾召開聯合國《生物多樣性公約》第十五次締約方大會(COP15)。綠色和平力倡世界領導人，於本次會議中必須承諾，在尊重原住民和當地社區權利的情況下，至 2030 年以前，最少須保護 30%的陸地和海洋不被開發破壞，作爲地球永續存在的條件依據。

c. 實現氣候公義

2021 年，全球各地締造多番氣候及環境訴訟勝利，顯示企業必須爲其產生的碳排放負責，政府必須爲減緩氣候變化作出更加積極的行動；更彰顯生活在安全環境是基本人權。綠色和平將持續爲氣候脆弱的社區發聲、協助原住民守護家園爭取生存權利，避免弱勢族群的聲音被湮沒在政商私利中。

d. 爲你我值得擁有的未來而行動

經濟掛帥的無節制開發行爲，與無限制擴張的商業模式，已對環境造成沉重負擔與傷害，必須受到淘汰。爲了讓世世代代擁有豐饒且宜居的家園，全球產業必須轉型，走向更環境友善，可持續發展的循環經濟模式，各地政府則應該以尊重自然、人權的方式，廣泛採納各族群意見，制定、落實更完善的氣候適應政策，也就是持續推動企業與政府落實減碳政策、全面淘汰化石燃料、轉用可再生能源、保護自然生態、守護生物多樣性等，共同爲你我的未來而行動。

e. 誠實地面對眞相

要解決問題，首先需要誠實正視眞相，無論它有多令人難堪。目前，全球既沒有全力爲控制溫升 1.5℃ 而行動，更未有對可能導致溫升 2.7℃ 的結果作出任

何準備。事實上，2021 年在英國格拉斯哥舉行的聯合國氣候大會(COP26)上，各國政府已承認，他們在實現《巴黎協定》控制溫升 1.5℃ 的目標力有未逮，並同意在 2022 年底前重新審視自己的目標，更需要在 COP27 氣候大會中，商討足以應對最新科學發現的氣候行動，以積極落實氣候正義。

3. 第六次評估報告的第三工作小組(AR6 WG III)報告重點摘要

2022 年 4 月，聯合國政府間氣候變遷專門委員會 IPCC 第三工作小組，發布了最新報告 AR6 WG III，該報告係延續 AR6 WG I 概述目前最新的氣候科學證據，以及 AR6 WG II 聚焦全球面對氣候變遷的影響、適應和脆弱性，對評估「減緩」氣候變遷的方法加以論述，也就是提出實現《巴黎氣候協定》目標的解決方案，並疾呼世界各國必須「立刻行動」，否則將陷於難以挽回的境地。報告指出，綜觀全球溫室氣體年均排放量，2010 至 2019 年是人類歷史最高，如果要減緩氣候變遷，將溫升控制在 1.5℃，那人類必須在 2030 年將溫室氣體排放量減半，並在 2050 年實現淨零排放目標，且必須在達到淨零之後，繼續邁向負碳排。科學家們也疾呼全球必須「立刻行動」，才有機會達到 2050 年淨零排放目標。因為如果溫室氣體排放量在 2025 年以後仍繼續上升，將導致全球在 2100 年溫升高達 3.2℃，在此期間，全球各地將可能遭遇劇烈的環境災難，所面對的氣候風險也將大幅升高。然而我們應該怎麼做，才能有效阻止暖化繼續加劇？綠色和平組織從這份報告中獲得六項啟發並提供大眾參考。

🍃 你我擁有控制溫升在 1.5℃ 內所需的最佳途徑

全球早已擁有解決方案，可以在短短 8 年內，也就是 2030 年減少全球一半以上的溫室氣體排放，並在此基礎上繼續達成 2050 淨零排放，這是實現《巴黎氣候協定》，將溫升控制在 1.5℃ 目標所需要的途徑。在 2030 年之前的這關鍵期間，達到減排最有效的方式為淘汰化石燃料，轉而使用太陽能和風能、保護、恢復森林、海洋和其他自然生態系統、發展氣候友善的農業和食品產業，並提升能源使用效率。此外，到 2030 年，半數的減碳方案成本將會降低，甚至可能是負成本。這也意味著投資解決方案，如太陽能和風能，將比持續現行的氣候政策成本如碳稅等更加低廉。

🌱 氣候行動的成本比你我想像的更便宜

報告也指出，如果要達到 2050 淨零目標，「需求面(demand-side)」存在巨大減碳潛力，可以減少 40%～70% 的排放量。這意味著，只要你我實踐永續的生活方式，就能大幅減碳，成為全球淨零目標的強大助力。邁向永續生活，則可以經由以下方式實現：

- 設計和重新利用基礎設施
- 提升公眾氣候意識
- 交通運輸選擇步行、騎自行車、共享式或電氣化運具
- 健康的植物性飲食
- 減少飛行里程
- 以重複使用及改善舊物回收系統來減少消費

綠色和平全球城市專案共同負責人 Chiara Campione 呼籲：「發展低碳城市已是必要之舉，這將可使我們生活在更加安全的環境中，也能建立城市面對氣候變遷的復原力。IPCC 的最新報告已向地方政府強調，致力於投資和轉換為潔淨能源、減少消費產品的碳排放、實現綠色運輸，城市可以成為拯救氣候的關鍵。」

🌱 政府、企業須將資金投注在解決方案上

為了實現減排目標，到 2030 年，每年流向潔淨能源、提升能源效率、運輸、農業和森林的投資，至少需要增加數倍，才能產生成效。雖然目前全球有足夠資本和彈性來填補此投資缺口，然直到今日，由於金融產業的激勵措施不一致，流向化石燃料的私人和公共資金，仍然多於流向再生能源等氣候解決方案。就以取消化石燃料補貼一項，就能讓全球於 2030 年減少 10% 的碳排量。然而對開發中國家來說，要取得資金來發展氣候解決方案仍是困難重重，而已開發國家所承諾提供的每年 1,000 億美元氣候資金，至今也未能兌現，理想與現實之間差距仍大。

🌱 全球政府的氣候政策未達標，必須從根本改進

雖然許多國家及地區已改進了他們的氣候計畫，但還沒有一個國家以達到《巴黎氣候協定》目標所要求的速度，在落實減少溫室氣體排放。而許多錯誤的政

策仍引導著資金繼續大量流入化石燃料經濟,在已經沒有任何發展化石燃料空間的時代,這是極不正確的事。依據估算,如果要避免溫升超過 1.5℃,則全球的化石燃料使用量須在 2050 年以前減少 10% 以上,繼續投資發展化石燃料產業,將與理想背道而馳。此外,世界領導人也不應該「假定」在未來的某個時候、某個地方,某個人會從大氣中大量清除你我現在所製造的碳排放,雖然目前「碳捕捉與封存」(Carbon capture and storage)技術已開始蓬勃發展,然其結果仍難預料,許多不確定因素和風險尚待克服。在這些創新技術尚未成熟之前,唯有以實際行動進行減排才能達成氣候目標。

「碳排大戶」也是「減碳潛力股」

報告也指出,收入在前 10% 的家庭占全球碳排放量的 36%～45%,其中有三分之二的人生活在已開發國家,三分之一的人生活在其他經濟體。那些製造高排放量的家庭在保持良好的生活水平和福利的同時,也有更大的減排潛力。總的來說,確保「公平」和「正義」是有效氣候政策的基礎,因為目前已開發國家和低發展國家在歷史上的碳排放貢獻、脆弱性和影響程度,以及應對氣候變遷的能力是不同的。所以加快國際合作,也是實現低碳未來和氣候正義的關鍵。

氣候行動已成全球趨勢

要轉向永續未來,就必須顛覆現有的生活與思考模式。這可以從科學技術、系統和社會文化等各個層面切入做出改變,因此政府、企業和人民都必須自發性地展開氣候行動。就以太陽能、風能和儲能等解決方案來說,在成本、效能和應用層面上都有突破性進展,其速度遠比專家預期的更快。如果能將這些解決方案結合起來,就可以在能源、交通、建築和工業領域上,逐步把化石燃料淘汰掉。重要的是,這樣的突破並不是偶然發生的,它是由政策、科技創新和全球公眾對「改變」的強烈需求所推動的,它已成為全球趨勢,志在必行。

社會上對氣候行動的認識和支持持續上升,越來越多的公眾為了獲得生活在健康環境中的權利,以法律途徑要求政府、企業和金融機構負起氣候責任。自 2017 年以來的短短三年裡,全球氣候訴訟案件的數量幾乎翻倍。而 IPCC 也發現「學術界有越來越多學者同意,氣候訴訟已經成為氣候治理的強大力量」。到 2030 年,我們還有不到八年的時間,必須將全球的溫室氣體排放量減半,隨著太陽

能和風能發展的蓬勃，若能更加積極來淘汰化石燃料、來修復糧食系統、並保護森林和土地，人人願意為實現氣候正義而奮鬥，則目標必有達成的一天。當然，除了個人與團體願意實踐更加永續的生活方式外，也要來共同督促政府、企業落實減碳政策及參與氣候行動，共同為建立一個更加安全、更有遠景的未來而努力。

觀念對與錯

(○) 1. IPCC 第六次評估報告的第一工作小組報告，概述目前最新的氣候科學證據，指出了人為暖化造成的氣候變遷衝擊已經無法避免的事實，讓各國政府、企業、新聞媒體到廣泛大眾，都能意識到問題的嚴重程度。

(○) 2. AR6 WG I 報告中指出，唯有在最低排放情境下，全球溫度才會於本世紀中被控制在升溫 1.6℃ 以內，而在最高排放情境下，於 21 世紀中溫升可達 2.4℃，到 21 世紀末則會高達 4.4℃ 之多。

(✕) 3. 在最高排放情境下，北極海 9 月的海冰覆蓋面積將縮減為 30 萬平方公里，如此有利於開發漁業資源。

(○) 4. 21 世紀末地球溫升要控制在 1.5℃ 以內仍有可能，但經濟發展與能源使用需要徹底轉型，而達成目標的路徑，就是實踐「2050 淨零排放」。

(○) 5. IPCC 第六次評估報告的第二工作小組報告，論述氣候變化的衝擊、適應與脆弱度，內容聚焦氣候變化對人類的衝擊，以及全球須如何加以應對才能適應，才能克服其中的脆弱性。。

(○) 6. AR6 WG II 報告中指出，地球上氣候高度脆弱地區如非洲、南亞及中南美洲，因極端氣候所導致的死亡人數，比其他地區高出很多，這顯示出了氣候對待人的不公。報告同時也點出，保護和恢復生態系統，將有助增強人類社會對氣候風險的適應、復原，並降低脆弱度。

(✕) 7. AR6 WG II 報告中指出，保護地球至少 30% 自然環境不加以開發，雖可以提高氣候韌性，但會造成全球經濟嚴重衰退。

(○) 8. AR6 WG III 內容對評估「減緩」氣候變遷的方法加以論述，也就是提出實現《巴黎氣候協定》目標的解決方案，並疾呼世界各國必須「立刻行動」，否則將陷於難以挽回的境地。

(○) 9. 全球早已擁有解決方案，可以在 2030 年減少全球一半以上的溫室氣體排放，並在此基礎上繼續達成 2050 淨零排放，這是實現《巴黎氣候協定》，將溫升控制在 1.5℃ 目標所需要的途徑。

(○) 10. 發展低碳城市已是必要之舉，這將可使我們生活在更加安全的環境中，也能建立城市面對氣候變遷的復原力。致力於投資和轉換爲潔淨能源、減少消費產品的碳排放、實現綠色運輸，城市也可以成爲拯救氣候的關鍵。

三、淨零排放與碳中和

2015 年的聯合國氣候變化綱要公約第 21 次締約國大會(COP 21)，通過了「巴黎協定」，與會成員國同意，設定本世紀末地球平均溫升，以不超過 2℃ 的範圍爲目標，最理想的結果，甚至希望能控制在 1.5℃ 範圍以內。但是根據各種國際智庫的預估，今後不久，大氣增溫幅度就會超過 2℃，因此，各國必須加快腳步，在 2050 年以前達成淨零排放(net zero emissions)，亦即指溫室氣體的淨排放量爲零。而全球排碳量高居首位的中國，也於次年提出 2030 年碳達峰，並承諾 2060 年達成淨零排放，雖較一般國家晚了 10 年才達成，但對於排碳量超過全球四分之一的製造業大國來說，這個任務無疑是艱鉅的，只要中國願意努力去做到，全球的淨零排放計畫就有機會能夠實現。

淨零排放計畫所針對的溫室氣體，包含表 3-2 中，聯合國所規定管制的全部七種在內，不是光指二氧化碳 CO_2 而言。處於全球皆願意對溫室氣體排放承擔各自的責任之時，除了政府機關外，企業也必須早日覺醒，抓緊時間做好相關準備以爲因應，否則將會被市場淘汰或被供應摒棄而造成經濟上的巨大損失，對於企業本身或國家整體財政稅收，都會造成難以承受的壓力。

除了淨零排放以外，近兩年來常被提及的概念就是碳中和(carbon neutrality)。所謂的碳中和是指國家、企業、產品、活動或個人等，在一定時間內，其直接或間接產生的二氧化碳溫室氣體排放總量，通過以低碳能源取代化石燃料，或植樹造林、節能減排等形式，以抵消本身所製造出的二氧化碳或溫室氣體排放量，如此正、負相抵消，就能達到相對「零排放」的目的。從定義上可知，碳中和主要是針對二氧

化碳排放的正負相充抵，相較淨零排放的所有一切溫室氣體排放歸零，具有相對比較寬鬆的達成條件。

對於在限定時間內達成碳中和之目標，除了政府的資源投入外，許多跨國大公司如美國的蘋果公司，以及最近改名爲 Meta 的臉書、微軟、亞馬遜、谷歌母公司 Alphabet 等，還有大陸的阿里巴巴與騰訊，也都在 2021 年 COP 26 舉辦前後，不約而同地加以響應，眾多公司如此爭相投入所謂的氣候科技(climate tech)，目的是期望在 2030 年達成碳中和的目標，因而得以在新一輪的競爭中搶得先機。由於科技是爲了讓人類擁有更好生活而存在，於不傷害人類生存環境前提下所創造的，才是眞正可以長久存活的。當領頭的大公司下定如此決心後，下游的供應商就必須同步啓動，來建構一個完整的綠色供應鏈，台灣的許多傑出科技公司如台積電、日月光、鴻海、廣達、國巨、和碩、仁寶、億光等，皆爲國際大公司的供應商，因此也就有責任趕快調整自己的腳步，快速向成爲綠色供應鏈的一員邁進。未來如果不努力向這個大趨勢靠攏的廠商，在無法成爲綠色供應鏈成員的條件下，將會漸漸失去原有的訂單，終至退出市場。所以這樣的一場綠色革命，其本質可以說是利用市場經濟來督促企業轉型，直接或間接地解決了地球過度暖化的氣候異常問題。

碳中和和碳淨零到底有何差別呢？簡單地說，碳中和只著重於二氧化碳排放與吸納的平衡，淨零排放則是除了二氧化碳 CO_2 以外，其他如甲烷 CH_4、氧化亞氮 N_2O、全氟碳化物 PFCs、氫氟碳化物 HFCs、六氟化硫 SF_6，以及三氟化氮 NF_3 等，七種受聯合國管制的溫室氣體，都必須加以全部移除，不得排放至大氣之中，也不可以使用碳交易所取得之碳權來抵換，也就是在實際上不製造額外的溫室氣體，才是眞正的淨零排放。由上可知，碳中和相對容易達成，在人類努力達成碳中和之後，才有往碳淨零理想邁進的一天。

要達成碳中和的目標，首先必須盡量減少碳排放，比如多開發太陽能、風能等綠電來取代火力發電，其次是改良機具設備之能源使用效率，再者必須搭配「負碳技術」和其他政策工具，比如造林等，才有可能。而所謂的「負碳」，指的就是被移除的二氧化碳大於被排放的量，比如用較少碳排放量所發的電去捕捉數量更大的二氧化碳，或以排較少碳的工作量，去完成森林復育以建構能長久大量吸碳的機構。最近有一種生質能碳捕集與封存(Bioenergy with Carbon Capture and Storage, BECCS)系統，就是結合生質能源發電和碳捕集與封存技術，用以創造負碳排放(negative emissions)的利基，目前全球已有 6 個 BECCS 系統在運行，其中英國電力公司 Drax 生質能源電廠已成功試行，成為全球第一座負碳發電站，另五個則是與糖廠之酒精工廠醱酵產生的 CO_2 捕集有關，預計將於 2025 年正式營運。根據現階段所作估算，將機器採收後的蔗葉與蔗渣共同作為燃料，糖廠 BECCS 的發電量與傳統汽電共生系統比較至少可以翻倍，可以說是實現未來淨零排放目標的一個成功案例。

除了農業之外，高排碳的鋼鐵業如中鋼，在台灣成功大學團隊的技術輔導下，完成了難能可貴的減排方案，藉由「負碳科技」的助攻，煉製出了低碳的綠色鋼材。他們的做法是利用氫能冶金製程，讓氫與氧結合產生的高熱能來冶鍊鋼鐵，其產出為鐵與水，完全避免排放二氧化碳，淨零排放的理想就因而達成了。

2021 年被稱為「碳中和元年」，因為此時起碳中和的概念，不但能夠帶動資本市場，更影響及於產業結構、企業營運、消費模式與生活方式等，其變革不可謂不大。碳中和所帶動的產業轉型，將會涉及電力、非電力、工業、交通、建築、服務等六大產業發展，對於不同產業的轉型機遇也皆各自不同，分述如下：

1. 電力碳中和

   在電能取得方面，盡量能夠讓碳的吸納與排放達到平衡，要達成此一目標，就必須大量使用太陽能、風能、水力能、氫能等綠色能源來取得電能，同時建構新的智慧電網，並發展長時效儲電系統，如此多管齊下，才能真正得到效果。

2. 非電力碳中和

   對於依賴化石能源取得動力和熱能的設備與機具，如鍋爐等，由於數量龐大，很難以其他能量來完全取代，此時只能將部分以氫能和生質能源來取代，並設法改變機具驅動方式、提高能源使用效率，使碳排放量能夠減到最低，如此便會有利於整體產業達成碳中和目標。

3. 工業碳中和

   工業生產製程中，常會伴隨著大量的碳排放，尤其是水泥業、鋼鐵業和化工業。來自於製程的這些碳排放並非無法改善，而是必須修改製程，並增加機具設備的投資。在碳稅沒有實施之前，這是企業責任與良心的問題，在“碳”已成為一種有價的商品後，這就變成有利基的投資了。

4. 交通碳中和

過去以運用化石燃料為主的交通工具，包括汽車、火車、飛機、輪船等，在溫室氣體排放過度造成地球暖化以後，其驅動方式已被巨幅改變，除了火車幾乎都已電氣化外，電動汽車的銷售比例也以倍數成長，預計於十幾年後，燃油汽車將會完全退出市場。飛機與輪船由於風險性較高，因而只有少量的測試使用，其比例也有望與日俱增。

5. 建築碳中和

建築業所使用的材料如鋼鐵、水泥、油漆等，皆屬高排碳產業，可以設法改變製程來降低碳排，至於建築材料的運輸，工地的管理，以及建物本身的採光、通風、保溫等設施，則可以透過綠建築的設計施工方式，達到減少排碳之目的。

6. 服務碳中和

服務業的大宗包括物流業、飲食業、零售業、娛樂業等，除了物流業的排碳來自於交通運輸外，其他三者則來自於照明、空調與冷凍保鮮，透過使用電車、使用 LED 照明、變頻空調等的使用，也能適度減少碳排放。

例題 12-8

某公司每年的溫室氣體排放量為 100 萬公噸，其中 30%來自電能供應，65%來自燃油燃燒，5%來自廢棄物處理和冷媒逸散。試問，若每年以增加 5000 萬度綠電來替換，幾年可以達到電能碳中和？(設每度電排放係數為 0.75 kgCO$_2$e)

來自電能需求的溫室氣體排放量為 $Q = 1,000,000 \times 30\% = 300,000$(公噸)

年總用電度數 $E = 300,000 \times 1,000 / 0.75 = 400,000,000$ (度電)

達電能碳中和年數 $n = 400,000,000 / 50,000,000 = 8$ (年)

例題 12-9

上題中,若希望非電能部分也能以逐步造林的方式,在 8 年內達到碳中和,試問每年該造林的面積是多少?(設每公頃林地固碳量為 600 公噸)

解

非電能需求的溫室氣體排放量為 $Q = 1,000,000 \times 70\% = 700,000$(公噸)

需造林總面積 $A = 700,000 / 600 = 1,166.67$ (公頃)

每年需造林面積 $= 1,166.67 / 8 = 145.83$ (公頃)

例題 12-10

例題 12-8 中,若公司以每年造林 200 公頃方式來沖抵排放,試問 8 年後若欲達成碳中和,仍需購買綠電的度數為多少?

解

至 8 年後造林可充抵之量 $Q = (200 \times 8) \times 600 = 960,000$ (公噸)

剩餘需綠電代替之量 $R = 1,000,000 - 960,000 = 40,000$ (公噸)

每年所需購買綠電 $E = 40,000 \times 1,000 / 0.75 = 53,333,333$ (度)

例題 12-11

某交通公司旗下有柴油大巴士 100 輛,每車年平均行駛里程為 18 萬公里,平均載客數為 30 人,為沖抵過度排碳,該公司已造林 200 公頃,試問能否達成碳中和目標?

(設柴油大巴士 90 km 動態排碳係數為 0.384 $kgCO_2e$/人.km,森林每公頃年固碳量為 600 噸)

解

A.柴油大巴士年排碳量　$Q = 0.384 \times 180{,}000 \times 30 \times 100 = 207{,}360{,}000$ (kgCO$_2$e)

$= 207{,}360$(公噸 CO$_2$e)

B.森林固碳量　$R = 600{,}000 \times 200 = 120{,}000{,}000$ (kgCO$_2$e) $= 120{,}000$(公噸 CO$_2$e)

$A - B = 207{,}360{,}000 - 120{,}000{,}000 = 87{,}360{,}000$ (kgCO$_2$e) $= 87{,}360$(公噸 CO$_2$e)

所以未能達成碳中和目標

例題 12-12

例題 12-11 中，若欲將部分巴士改為電動以達成碳中和目標，試問應該汰換多少台才能達標？(設電動大巴士 90 km 動態排碳係數為 0.156 kgCO$_2$e/人.km)

解

汰換一台柴油巴士所減年排碳量

$Q = (0.384 - 0.156) \times 180{,}000 \times 30 = 1{,}231{,}200$ (kgCO$_2$e) $= 1{,}231.2$(公噸 CO$_2$e)

需汰換台數 $n = 87{,}360 / 1{,}231.2 = 71$ (台)

依據英國標準協會 BSI 所制定的「碳中和實施標準」，亦即 PAS2060 中的內容所示，碳中和須要經過「碳盤查」、「碳減量」以及「碳中和」三個步驟，如表 12-3 所示。除此之外，當完成了這三個步驟以後，還必須經由第三方的公證單位確認驗證，才能對外宣告企業已符合碳中和的標準。

表 12-3　執行碳中和的步驟

程序	工作項目	工作內容	相關國際標準
步驟一	碳盤查 (進行量化碳足跡)	1. 確認碳盤查目標 　(主題、範圍、項目) 2. 進行碳盤查工作 　(利用國際認可方法)	組織型碳盤查 ISO14064 產品型碳盤查 ISO14067 能源管理 ISO50001
		3. 擬定碳管理計畫 　(找出高排碳熱點，訂定短、 　中、長期減碳目標)	科學基礎減量倡 SBTi(註 1) 氣候相關財務資訊揭露架構 TCFD (註 2)
步驟二	碳減量 (採取碳減量措施)	1. 製程改善 2. 能源轉換 3. 循環經濟 　(廢棄物減量 Reduce、 　重複使用 Reuse、 　回收再利用 Recycle 之 　3R 概念) 4. 綠色供應鏈建立	
步驟三	碳中和 (進行碳抵換)	無法減少的溫室氣體，以購買 國際合格碳權抵換，達成「碳 中和」目標。	

註 1：「科學基礎減量目標倡議(Science Based Target initiative, SBTi)」，是由碳揭露專案(CDP)、聯合國全球盟約(UN Global Compact)、世界資源研究所(World Resources Institute)，以及世界自然基金會(World Wildlife Fund)等四個單位所共同提出，以便能藉此做為一個削減全球總碳排的基礎，使溫升能被控制在 2℃ 以內。本倡議係藉由科學方法及權重加成方式，計算在全球碳預算的情境下，特定產業和特定公司合理的碳減排額度。自 2016 年起，CDP 便將企業是否採用 SBTi 列為評分項目，各大企業為獲得 CDP 更高的評分，故而有較大意願承諾設立科學基礎減碳目標，如此，於 2050 年達成全球淨零排放的可能性必得以大增。

註 2：「氣候相關財務資訊揭露架構 TCFD」，則是 2015 年，由國際金融穩定委員會(FSB)成立工作小組，負責擬定一套具一致性的自願性氣候相關財務資訊揭露建議，以便協助投資者與決策者，清楚瞭解組織重大風險之所在，並可更準確評估氣候相關之風險與機會。該工作小組所提出的建議可適用於各類組織，包含金融及證券機構等，其目的係為收集有助於決策及具前瞻性之財務影響資訊，尤其更高度專注於組織邁向低碳經濟轉型所涉及的風險與機會。

此外，組織和企業若要實現碳中和和碳淨零的目標，主客觀條件至關重要，若缺乏足夠的實力與能力而貿然執行，則會把自己帶入困境。以下所列之四項關鍵要素至關重要，可謂缺一不可。

1. 技術之可行性

大力發展可複製、可推廣的低碳技術，是達到碳中和目標的基本路徑。而在未來幾十年內可以預見，碳捕集與封存(CCS)和再利用技術、可再生能源技術、智慧化電網技術、通訊技術等，會構成系列低碳技術發展路線，將在能源運用轉型中，發揮關鍵性的不可替代作用。

2. 成本之可控性

綠色低碳技術的發展雖然會帶動技術轉型及技術全面升級，然技術的研究與發展卻會耗費企業大量資源，而低碳技術的應用也會增加產業鏈各環節中產品的成本，造成售價不得不提高的現實。因此，碳中和目標的實現須考慮低碳與市場發展的平衡，在技術可行的前提下做到成本可控，這樣才具備產業持續發展的條件。

3. 有政策支持引導

由於 2026 年起歐盟即將對進口商品開徵碳稅，企業要在如此短的時間內將產品低碳化，實在有些困難。此時需要政府部門帶頭積極投入，除了完善各行各業的排放標準以外，也要藉此建立碳稅徵收機制，建立、健全碳權交易市場，並且構建綠色金融體系等。當然，最重要的，還是要能提供政策上的支持與引導，為企業發展低碳、減排新技術，添加能量與薪火。

4. 能開創多邊共贏

提倡減碳與開發低碳技術，要具備地球村的概念與心胸，若僅有少數人或地區參與，勢必難以達到碳中和目標。故而國際間的合作與交流變得非常重要，而產業鏈上利益共同體的協同努力則至為關鍵，能夠如此，則互惠互利、多邊共贏的理想便得以實現，如果僅是自私地站在自己立場而不惜以鄰為壑，則不管如何努力，終將功虧一簣。

觀念對與錯

(○) 1. 推行碳中和和碳淨零的主要目的,是想有朝一日,大氣中的溫室氣體,能達成不增不減的平衡關係。

(○) 2. 碳淨零相較於碳中和,其困難度更高,蓋因它將聯合國所規定的七種管制性溫室氣體都包含進去,讓其排放歸零。

(✕) 3. 碳中和須要經過「碳盤查」、「碳減量」以及「碳中和」三個步驟,完成以後,即可自我宣告企業已符合碳中和的標準。

(○) 4. 碳中和計畫必須具備「技術可行」、「成本可控」、「有政策支持」以及「能開創多邊共贏」等數點。

(○) 5. 系統中,對於盤查後無法減少的溫室氣體,可以購買國際合格碳權抵換,達成「碳中和」的目標。

四、碳捕捉與碳封存

　　「減碳」可以說是達成碳中和的必要手段,不管是變更設計、改善設備、更新製程或更換材料,只要有效且符合經濟效益,都是可行的辦法。不過,溫室氣體的排放是多元的,很多情況下無法從上述的方法中去減少排碳,那只好用人工捕捉的方式來處理,這就是現階段興起的「碳捕捉」議題。何謂碳捕捉(carbon capture, CC)呢?簡單的說就是以人工方法,將大氣中的二氧化碳加以捕捉收集,以降低大氣中的二氧化碳濃度。其實,人工造林以及前述之生質能源作物的栽培,也算是碳捕捉的一環,這是很容易理解的,本章節則是針對以科學技術或工業技術,將二氧化碳直接捕捉的方式而言。至於碳封存(carbon storage, CS),則是將捕捉到的二氧化碳加以壓縮,並封存於地底或海底等適當的安全地點。

　　碳捕捉與碳封存必須一體考量，才能夠完全解決問題，因而習慣將之稱為碳捕捉封存(Carbon Capture and Storage, CCS)。投入經費支持 CCS 領域的企業家包含微軟創辦人比爾蓋茲(Bill Gatz)，維珍集團創辦人李察布蘭森(Richard Branson)，以及 2020 年成為全球首富的特斯拉執行長伊隆馬斯克(Elon Musk)等人。這些赫赫有名的企業家之所以願意投入這個領域，除了是對挽救地球環境盡一份心力之外，他們還想要利用所捕捉到的碳來製造新材料，甚至做成火箭的固態燃料，可謂是既大膽又具有前瞻性。

　　近十年來，已經有 45 個計劃被提出，包含美國 13 件為最多，其次為中國 9 件、加拿大 6 件、英國 5 件，其他跨國合作 12 件。根據 2019 年的統計，這 45 個計劃中已經有 23 個處於營運或建置階段，其他則尚未有動靜。此外，也已經出現了三家碳捕捉的新創公司，分別是加拿大的 Carbon Engineering、瑞士的 Climeworks 和美國的 Global Thermostat，這三家公司目前都已經設置了前導工廠，加拿大的 Carbon Engineering 公司，甚至已經與美國西方石油公司(Occidental Petroleum)合作，每年大約捕捉了 100 萬公噸的二氧化碳，並將其製作成為新型態的合成燃料。

1.　碳捕捉技術(Carbon Capture, CC)

　　碳捕捉對於科學界來說並不是一項全新的新技術，早在一個世紀以前，就有研究人員透過化學反應，把二氧化碳轉化為碳氫燃料的紀錄。一個世紀下來，科學界在這個領域並沒有太大的進展，主要障礙不在於技術的無法突破，而是成本非常的高。因此之故，未來只能以投入大資本做大計畫的方式，來降低單位成本，或繼續研發有效而廉價的捕捉技術，才有真正的發展前景。維珍集團創辦人李察布蘭森於 2007 年曾提供 2,500 萬美元，尋找從空氣中移除二氧化碳的商用方法，但十幾年下來，並沒有達到標準的參賽者出現。而特斯拉集團創辦人埃隆瑪斯克，則在 2021 年初宣布，將捐贈 1 億美元來尋求最棒的碳捕捉技術，相信必定會引發更高昂地投入熱潮。以目前來說，比較有具體成果的，應該是在 2015 年發起的競賽 Carbon XPize，總獎金達 2,000 萬美元，於 2020 年公布結果時，共有 11 個團隊入選，各個計畫皆有其特色與實際商業價值，如表 12-4 所示。

表 12-4　成功的二氧化碳捕捉應用商業計畫

編號	計畫名稱	國籍	技術內容	領域
1	CUT (Carbon Upcycling Technologies)	加拿大	將捕捉到的 CO_2 轉化爲固態奈米粒子，可以做爲塑膠、噴塗材料、黏著劑、水泥、鋰電池等的添加劑，大大提高材料性質。	新材料
2	C2CNT (Carbon to Carbon nanotubes)	加拿大	將捕捉到的 CO_2 轉化做成奈米碳管，具有質輕、強度高、柔性高以及導電性高等特點。	新材料
3	C4X	中國	將捕捉到的 CO_2 轉化爲碳酸乙烯酯、乙二醇等化學材料，或將其細微化做成強化塑膠。	化學 新材料
4	Newlight	美國	將捕捉到的 CO_2 轉化爲質輕且強度高之可降解塑膠材料。	新材料
5	Air Co.	美國	將捕捉到的 CO_2 轉化爲高純度酒精	化學
6	BREATHE	印度	將捕捉到的 CO_2 轉化爲高純度甲醇及一氧化碳。	化學
7	CERT	加拿大	將捕捉到的 CO_2 轉化爲高純度乙烯。	化學
8	Dimensional Energy	美國	提供技術設備，將 CO_2 轉化爲合成氣，予肥料廠或液態燃料廠製作所需原料。	機械
9	CarbonCure	美國	提供技術設備，將 CO_2 固化成微小粒子加入水泥中，成爲高強度水泥。	機械
10	CCM (Carbon Capture Machine)	蘇格蘭	提供技術設備，以含有鈣或鎂的氫氧化鈉溶液噴灑 CO_2，得到碳酸水供造紙或建材業使用。	機械
11	CO_2 CONCRETE	美國	將直接導入水能生產製程中做成高強度水泥。	新材料

目前對二氧化碳之捕捉大體可以分爲三種方式，分別爲燃燒後捕捉 (post-combustion capture)、燃燒前捕捉(pre-combustion capture)，以及富氧燃燒捕捉(Oxy-combustion capture)等，說明如下。

燃燒後碳捕捉技術

將電廠或工廠所排出的煙氣(flue gas)導入氣體分離裝置中，將二氧化碳分離出來，然後再藉由氨液體溶劑將二氧化碳吸收。當吸收器內的化學物質達到飽和

後，便將一股被加熱到約 120℃的氣體導入吸收器，此時被溶解於氨液體溶劑內的二氧化碳就會被釋放，然後將其收集起來，加以壓縮並運送到預定的地點儲存。

🍃 燃燒前碳捕捉技術

此種方法通常是被應用於燃煤氣化循環發電廠，此處之燃煤並非被直接拿來燃燒，而是先將其氣化產生出一氧化碳和氫氣混成的合成氣體，然後將此合成氣體噴以水幕，一氧化碳即會和水產生反應而後釋出二氧化碳，如此便可加以捕捉、壓縮並運送到預定地點儲存，此時合成氣的剩餘氣體為氫氣，可直接導引至鍋爐燃燒以帶動渦輪機產生電力。除了氣化燃煤外，燃燒前處理技術也可以運用於天然氣發電廠，藉由甲烷和蒸汽反應產生一氧化碳和氫氣，然後再以上述之相同方式與步驟處理。

🍃 富氧燃燒碳捕捉技術

當煤、石油或天然氣等化石燃料在空氣中燃燒後，產生的二氧化碳約佔廢氣組成的 3～15%，若要將其分離出來確有非常大的困難，所需耗費的能源也不少。因此之故，若能將燃料在純氧之中燃燒，則燃燒後所產生的廢氣成分就會變得單純，只有二氧化碳和水蒸氣而已，水蒸氣可以經由冷凝降溫排除，二氧化碳則可以直接加以捕捉、壓縮並運送到預定地點儲存。

2. **碳封存技術(Carbon Storage, CS)**

所謂碳封存，就是將捕捉到的二氧化碳以加壓的方式使其變為液態，然後再運送到事先評估好的地點封存，適當的封存地點可以是大海或陸地，如果選擇陸地，則必須具備人煙稀少與地質結構穩定等特點，目前以開採過後的廢棄油田為第一首選，其次是廢棄的含煤層礦區以及深層鹽鹼含水層。碳封存的地底深度最好超過 2,000 公尺以上，在這樣的壓力下二氧化碳才會變成超臨界流體，也就不會輕易從地底洩漏出來，安全也才有保障。

二氧化碳捕捉與封存截至目前為止並沒有太多成功案例，其原因包含有三，首先是碳捕捉的成本過高，在沒有法令約束下很少有企業願意去做，其次是二氧化碳氣體的壓縮與運送不易，成本亦高，再者碳封存的地點難覓，容易受到周遭居民和環保團體反對與抗爭。雖然如此，但也並非全無成效，最為人知的三大示範工程就是成功案例，如表 12-5 所示。然遺憾的是，這三個工程並非是用

來處理工廠或電廠的二氧化碳排放,而是處理油礦開採所附帶產生的二氧化碳,雖是如此,但其對二氧化碳減量的總體效益是一樣的。

表 12-5　三大碳捕捉封存示範工程

案　例	工 程 內 容	地　點
Weyburn-Midale Preject (IAE)	將北達科達州一座廢棄油田的煤炭氣化廠產生的二氧化碳加以封存	加拿大威本市與米代爾市
英國石油公司	把從阿爾及利亞薩拉油田當地生產的天然氣中提取的二氧化碳加以封存	阿爾及利亞薩拉油田
挪威天然氣公司	把從挪威北海油田當地生產的天然氣中提取的二氧化碳加以封存	挪威北海油田

依目前經驗數據,成功的碳捕捉封存成本每公噸約在 30～60 美元之間,比使用綠色能源所增加的成本要來得高,所以說從源頭減少排放才是最好的選擇。只不過現今綠色能源的產出量太過有限,無法滿足人類正常工商業活動之所需,因此,只能勉為其難以徵收碳稅來支持碳捕捉封存計畫,靠人類的努力與決心來達成地球碳平衡之目的。

觀念對與錯

(✗) 1. 碳捕捉是以人工方法捕捉大氣中的二氧化碳,主要目的是為了利用二氧化碳來做為工業生產的原料。

(✗) 2. 碳捕捉並非是一項新技術,近年來,碳捕捉技術已趨於成熟,一般都將捕捉到的二氧化碳轉化為化學肥料,已少有人將其封存於地底或海底。

(✗) 3. 目前二氧化碳捕捉大體可以分為三種方式,分別是燃燒前捕捉、燃燒後捕捉,以及厭氧發酵捕捉。

(◯) 4. 燃燒前捕捉技術最常被應用於燃煤氣化循環發電廠,此法將二氧化碳分離捕捉以後,剩餘氣體為氫氣,可直接導引至鍋爐燃燒已帶動渦輪機產生電力。

(◯) 5. 碳封存的最理想地點是廢棄油田,具有深度夠、壓力高的特點,在如此高壓下,二氧化碳會變成超臨界流體,如此就不會輕易洩漏。

五、ESG 企業永續發展

　　在地球快速暖化，氣候嚴重異常的年代，越來越多的投資者或企業經營者，漸漸地將永續觀點及數據，納入傳統投資與企業經營的流程中，也就是透過全面性接觸更多相關 ESG 企業永續發展的數據與資料，來做為評估事業投資風險與獲利機會的專業依據，如此必然有助於造就一個全方位的投資人，或全功能的事業經營者，減低了金融投資的風險，同時也讓企業得以避開看不見的地雷，因而更有機會能夠永續經營。

　　何謂 ESG 呢？為何在現階段的企業投資、經營環境中，它是如此地被看重？若要簡單的說，ESG 就是一個讓企業得以永續發展的理念，它的內涵包括環境保護(Environmental)、社會責任(Social)和公司治理(Governance)三個部分。聯合國全球契約(UN Global Compact)於 2004 年首次提出 ESG 的概念，被視為評估一間企業能否永續經營的指標，尤其是金融市場，已普遍將 ESG 因子，納入投資評估的考量當中。有關 ESG 的內涵，分述如下：

1. 環境保護(Environment)：針對溫室氣體排放控制、水資源管理、廢水及廢熱排放控制，以及生物多樣性等環境保護，包含污染防治與控制之作為。

2. 社會責任(Social)：有關產品責任、客戶福利、勞工關係，以及受產業影響之利害關係人等面向，是否盡到其社會責任。

3. 公司治理(Governance)：包含商業倫理、市場競爭、供應鏈管理、品質保證等，與公司穩定經營及聲譽維護相關之事項，是否皆合乎理論與實務的需求。

　　為何 ESG 會突然成為市場上的主流話題呢？首先是因為主管機關和投資人已經開始意識到，公司的財務報告並沒有辦法充分反應企業的真實經營現況，比如台灣的電子大廠日月光公司，其高雄廠不當將廢水排入後勁溪，造成大量魚、蝦死亡的案例，以及食品大廠頂新公司發生的黑心油事件，在食品安全、衛生管理上的重大瑕疵，都在一夕間讓公司及關係企業投資人蒙受巨大損失，主管機關也同時承受了管理不周的指責。上述議題都無法在財務報告中完整呈現，而 ESG 正好能補充這一塊的不足。

　　其次是在新興風險的威脅下，企業經營面對來自各層面的挑戰，從早期數位化過程的資訊安全風險、國際持續關注的人權風險，到近幾年被高度重視的氣候變遷

風險，有別於過往企業只重視的市場、業務、財務等風險，正好給 ESG 風險管理架構搭建了切入的橋樑。另外則是市場品味的改變，在聯合國和全球各品牌大廠的推動倡導下，市場對於 ESG 的重視度不斷提昇，消費者也已不再只是購買商品或服務本身，而更在意於尋求一種認同感，故而以往將價格、品質、服務等條件列為購買行為的關鍵條件，而現在更讓他們關切的，乃企業是否有優良的 ESG 管理以及盡到社會公民的責任。所以在上述條件下，我們看到今日不論是主管機關、金融投資機構或是消費市場，都開始重視企業的 ESG 因子，並且將它視為得以永續經營的必要條件。

根據世界經濟論壇(World Economic Forum, WEF)發表的2020年全球風險評估報告，環境風險已成為當前全球必須面對的難題，如不正面回應，企業將首當其衝受到傷害，這也使得投資人和公民團體，開始嚴格監督企業和政府，定時審查企業的 ESG 標準，對於那些不合格的，就將他們排除在投資名單之外。又根據 WEF 於 2021年發布的報告中指出，未來企業最可能發生的風險中，「極端氣候風險」已連續五年蟬聯第一。實體氣候風險如乾旱、洪水、森林大火等，嚴重衝擊人類生活及企業營運，而氣候變遷同時也會帶來轉型面的風險，如法規變動、市場改變、新技術需求等，這些都將對企業未來持續營運帶來衝擊，增加不確定變數。

在氣候變遷的治理中，最重要的議題莫過於溫室氣體的管理。自 2015 年法國「巴黎協定」簽署後，各國政府即紛紛提出碳淨零承諾，致力於 2050 年之前，將人類活動排放至大氣中的溫室氣體淨值降為零。可見於未來 30 年的環境議題，將圍繞在「去碳」(Decarbonization)這個關鍵字上，不分國家、產業、企業、甚至個人，都必須重視並且做出貢獻。除了碳的議題外，水資源也是許多企業不得不關注的 ESG 議題，國內外皆然，缺水問題將會讓企業感受到切身之痛。台灣被多個境外評比機構認定為高度水資源風險的國家，未來更極端或是更頻繁發生的氣候現象，如暴雨、缺水等現象都有可能更趨常態化。從企業的角度，能打造出因應如此不穩定降雨和水資源供應的，才有機會在眾多競爭對手中脫穎而出。

在社會面上，近年來的焦點都放在勞動人權的提昇，企業對於建立多樣包容的勞動關係，以及有利員工福祉的勞動條件及環境責無旁貸。以蘋果供應鏈為例，供應商若未能重視勞動人權，將有可能被從供應商名單中除名，2020 年底，台灣的 6家企業遭蘋果暫停新業務合作，其原因據說與不夠重視勞動人權有關。因此企業應

儘早進行人權的盡職調查與治理，不應僅以滿足法令法規為目標，而是向國際標竿企業看齊，如此才能打造具未來性和國際化的組織。

在公司治理面上，作為企業營運核心的董事會，其強化與優化一向都是最受關注的焦點。依據 2020 年公佈的「公司治理 3.0-永續發展藍圖」，董事會應扮演公司治理中關鍵的角色，除了直接監督 ESG 的風險管理組織、提昇企業永續價值外，主管機關也要求要針對董事會績效進行內、外部評估，藉此促進董事會的效能。又基於現實的需要，許多企業成立「企業社會責任委員會」，直接向董事會定期報告永續發展策略及執行進度，重點從「企業社會責任」移轉到「企業永續發展」。此外，也有越來越多的企業乾脆將「企業社會責任委員會」升級為「永續發展委員會」，甚至向上設置專責的永續長(Chief Sustainability Officer, CSO)，領導組織建立全觀性的 ESG 治理結構，並客觀協調治理團隊以確保決策維持互補及平衡。

在一片支持叫好聲中，ESG 卻也難免捲入是非而出現負面評價，著名的英國經濟學人雜誌(The Economist)於 2022 年 7 月刊出的一篇社論主張，ESG 這個詞應該被廢掉，蓋因它已成為「漂綠」的工具，企業或公司不管是否確實，只要宣稱符合 ESG 指標，就能從中獲得許多利益。德意志銀行旗下的資產管理事業 DWS 集團以及高盛集團，今年都因為這個因素而遭美國證券交易委員會大動作調查，而紐約梅隆銀行也因「誤稱」旗下共同基金皆經過 ESG 品質審查而遭罰 150 萬美元，這些都是大金融集團試圖「漂綠」的確實案例。

經濟學人同時也列出了當前 ESG 所需面對的三大問題，第一個問題是，現階段大家總是「將一堆眼花撩亂的目標混為一談」，缺乏一套「一致的指引」以協助投資人或企業，做出在「任何社會都無可避免的取捨」。舉例來說，關閉煤礦礦坑、拒用燃煤，雖友善了環境，但卻造成大量失業，這筆帳在 ESG 的指標上該如何計算？這也意味著，透過 ESG 指標能共創雙贏的說法，離事實可能有段距離。

ESG 所須面對的第二個問題是，宣稱 ESG 會讓企業獲利更高，但不管是理論或實務上都缺乏證據，這被稱為是「對獎勵的不坦白」。事實上，敢造成污染的公司成本更低，這意味著善良的人得接受較低的預期回報，這很難跟 ESG 所給的形象相匹配。ESG 所需面對的第三個問題是「如何精準量測」，因為現階段所使用的各式各樣評鑑系統，不但存在著龐大的差異，且讓人得以輕易上下其手。這是一個根本性的

問題，若 ESG 沒有共同遵循的量測工具與方法，將會落入各說各話的困境，不利於未來的推展。經濟學人指出，目前全球各信用評鑑機構的評等相關性高達 99%，而各 ESG 評鑑機構的評級相關性，卻只稍稍過半而已，彼此之間存在的差異實在太大，如此便難成為一種通行天下的標準。造成這樣的亂象，主要在於各家在範疇、測量、加權上各行其是，以致評分太過主觀而缺乏可靠性、可比性與透明度，如此便產生了「以掌握方法來操縱結果」的問題。

以上這些問題可能一時之間無法解決，但這不代表我們應該放棄 ESG，而是先集中精力於具有共識的項目，那就是環境 Environmental，尤其是溫室氣體排放 Emission 的部分，因為它已經有了具公信力的 ISO 14064 標準，在 2026 年開啟碳稅徵收之後，其可靠性與透明度必然無庸置疑，從這個點出發，則可信的 ESG 系統就自然得以建構。

觀念對與錯

(✗) 1. 一個健全的企業，只要財務報表漂亮，就可以永續經營，與環境及社會都沒有任何關係，這是 ESG 的核心精髓所在。

(✗) 2. 台灣多雨，水資源永不匱乏，所以 ESG 於評估環境因素時，可以不必將水資源納入其項目中。

(✗) 3. 一般國際大廠在乎的是供應鏈廠商的品質與報價，供應商場內的勞工人權與員工福利，和他們無關，所以也難列為 ESG 項目。

(○) 4. 許多國家承諾 2050 年將達成碳淨零目標，這意味著未來 30 年間，「減碳」將會是各個國家、產業、企業、甚至個人最重要的議題。

(○) 5. 未來的公司治理，董事會將扮演關鍵角色，除了直接監督 ESG 的風險管理組織、提昇企業永續價值外，並會設法將公司導向永續經營的道路上。

Chapter

13

溫室氣體盤查

從西元 1997 年 COP 3「京都議定書」通過以後，世界各主要工業國家對於溫室氣體的排放管制，已經有了比較具體的協議文件和基本共識。然由於締約國太少，且該等國家的溫室氣提排放總量也未達全球總量的 55%，加以美、中、印等排碳大國仍未簽屬減碳協議，因此成效一直難以顯現。因為如此，所以國際上期望能夠重新產生一個新的溫室氣體減量協議，於是 2015 年在巴黎召開的第 21 次大會(COP 21)中，通過了「巴黎協議」，希望能夠籌措 1,000 億美元的氣候基金，來投入溫室氣體減量的工作，目標是將地球的溫升，控制在 2℃ 以內，甚至期望最理想情況，能夠有機會控制在 1.5℃ 以內。

要達到控制溫室氣體排放的目標，國際標準組織 ISO 於 2006 年訂定了全球統一的盤查標準 ISO 14064，並於 2018 年做了修正，使能與其他國際公約保持一致性。ISO 14064 系列標準包含了三個主要的子標準，其中 ISO 14064-1：2018 說明組織層級溫室氣體排放減量與移除之量化與報告規範；ISO 14064-2：2019 說明專案層級溫室氣體排放減量與移除增進之量化、監督及報告規範，ISO 14064-3：2019 則是說明溫室氣體主張確證與查證規範，一般組織與企業常用到的會是組織層級規範 ISO 14064-1：2018 的部分。

要了解一個工廠，一個組織甚或一個國家的溫室氣體排放量，首先必須經過一定程序的盤查才能有所依據，盤查的程序以及認定標準，都必須依照國際共用標準，也就是 ISO 14064-1 來執行，它是以組織或公司作為基本要求架構，來進行溫室氣體盤查的設計、發展、管理與報告之原則設定。該標準的內涵包含溫室氣體排放邊界的界定、對於組織溫室氣體排放與移除部分的量化，並鑑別組織與公司特定的溫室氣體管理改善措施或活動之要求事項等，以此針對盤查的品質管理、報告、內部稽核及組織在查證活動的責任等事項作為指引。

一、溫室氣體排放邊界設定

要盤查一個組織一年內所排放的溫室氣體總量，首先需要界定盤查的區域範圍，稱之為組織邊界(organizational boundary)，在這個區域範圍內的所有溫室氣體排放，才能列入盤查清單並加以計算。至於盤查的範疇與項目，在 ISO 14064-1：2006 中，常以組織的營運邊界(operational boundaries)為排放邊界，也就是在組織邊界內因實際營運而產生的排放才列入盤查範圍，其他如上、下游組織之間接排放則加以排

除。然在 ISO 14064-1：2018 中，則以報告邊界(reporting boundaries)來取代，對於所有相關之間接溫室氣體排放都加以涵蓋，不過可以依預期使用者的意願，選擇性盤查重大排放項目而忽略輕微排放項目，但須加以文件化並呈現於盤查清冊中即可。

以報告邊界來取代營運邊界，讓溫室氣體需要被盤查的範圍擴大以避免任何漏失，但也因具選擇性而得以簡化盤查作業程序。比如說要盤查一個學校的溫室氣體排放量，若學校被圍牆包圍，牆外再無它物，則學校的圍牆就可以被設定爲組織邊界，但若圍牆外仍有校地供家長停車接送學生，其上設有路燈或噴水池等，則須以校地爲組織邊界而非圍牆，如此便含括了原本營運範圍內所有溫室氣體的排放源。然以上對於學生家長接送，或外租交通車接送所發生的間接排放都付之闕如，如此必然導致盤查失眞，因而必須透過報告的方式，將其列入盤查範圍。此外，對於郵差或快遞運送信件、包裹的交通運輸排放，因其量甚微，故而可以將其排除以簡化盤查作業程序。既可避免漏失，必要時又可簡化流程，這就是爲何 ISO 14064-1：2018修訂以報告邊界來取代營運邊界的理由。

此外，在設定的報告範圍內，也並非所有的排放源都必須要計入，而是和接受盤查的組織或單位有直接權利義務關係的項目，才是應該加以計算的，完全沒有直接權利義務關係的項目則可加以排除。比如學生專車，其排放責任已被出租方所吸收，過去認爲可以加以排除，然其與組織有直接權利義務關係，故而仍需加以盤查。ISO14064-1：2018 版本將上、下游關係單位的所有排放皆納入盤查範圍，其目的是要藉此來進行供應鏈溫室氣體排放管理，使之更具有成效。

在設定邊界時比較容易產生誤解的項目，比如設置於組織邊界內之郵局或連鎖店等，因其服務對象是以邊界範圍內之成員爲主，故仍應加以盤查，但像交通大隊租用空間以設置交通管制設施的部分，組織與之存在的是租賃關係，故其溫室氣體排放與組織無關。邊界的設定考量條件，並不包含位置的相連接與否，如果該組織在他處有分支機構，雖然與主體盤查區域並不連接，也必須將其納入爲同一盤查界限，這樣數據才會準確。

　　鑑別組織邊界有時很單純，有時卻很複雜，比如說要盤查整棟大樓的溫室氣體排放，就以整棟大樓為邊界範圍，但如果機構僅使用了這棟大樓的某些樓層，若要盤查該機構的溫室氣體排放量就有些複雜，因為有許多共用的電力與設施，須按比例加以分割計算。

　　比例分割的方式可以分為兩種，第一種稱為"股權比例法"，第二種稱為"控制權法"。所謂股權比例法，就是依被盤查者在盤查範圍內所擁有的股權比例來計算，而所謂控制權法，就是依被盤查者對盤查範圍內實際上有財務或營運控制權的項目或區域來計算，兩者之間有時會有差異。當完成了上述邊界設定的步驟以後，接下來就是要盤查機構所單獨產生的直接溫室氣體排放，以及對比較重大的間接溫室氣體排放項目文件化並呈現於盤查清冊，然後進行盤查作業，最後再將盤查所得數據透過報告匯入盤查清冊中。

例題 13-1

某公司總部位於台北市，員工 70 人，生產工廠位於桃園市，員工 3,000 人，上海展示中心有 8 名員工，陽明山有一個客戶招待所，台南柳營環保園區設置有廢棄物焚化廠，配置有 2 名員工。如今該公司要進行溫室氣體盤查，盤查範圍該如何設定最為合理？

解

盤查範圍須包含總部、生產工廠以及廢棄物焚化廠。廢棄物焚化廠雖然偏遠且規模小，但因將廢棄物從工廠運送到焚化廠的運輸過程，以及廢棄物焚化所排放的數據不可忽略，因而不能加以排除。招待所雖然與總部距離很近，規模又小，不過接待客戶頻繁，故而不可將其排除。上海展示中心雖與總部相距甚遠，展示行為的碳排放又有限，但人員上下班的運輸工具排放，以及參訪人員的排放，都必須列入報告盤查範圍之內。當然，若該展示中心規模不大且訪客也不多，其溫室氣體排放量佔比確定低於 5%以下，則可考慮將其排除。

例題 13-2

某公司擁有大樓股權 20%，使用樓板面積為 6%，若該大樓年排放溫室氣體量為 200 公噸 CO_2e，試求該公司之排放量？

解

股權比例法：$200 \times 0.2 = 40$ (公噸 CO_2e)

控制權法：$200 \times 0.06 = 12$ (公噸 CO_2e)

上述之排放量均不包含該公司人員活動、運輸及使用組織產品所排放者。

例題 13-3

某公司 2016 年有自用車 2 台，租車公司租賃車 1 台，員工私車公用車 1 台，月補貼費用 2000 元，油費實報實銷，另公司以每月 10000 元代價包租遊覽車載員工上下班，試問上述運輸工具那些該列入公司之溫室氣體排放？

解

排放設施	排放源	計入	溫室氣體型式	備註
1. 公務車	汽油	○	CO_2、CH_4、N_2O	公司使用
	冷媒	○	R_{23}	公司維修
2. 租賃車	汽油	○	CO_2、CH_4、N_2O	公司使用
	冷媒	○	R_{23}	租賃公司維修，須計入
3. 私車公用	汽油	○	CO_2、CH_4、N_2O	公司使用
	冷媒	○	R_{23}	個人維修，須計入
4. 遊覽車	汽油	○	CO_2、CH_4、N_2O	公司僅購買服務，須計入
	冷媒	○	R_{23}	

查證機構對於 ISO 14064-1 標準規範之盤查作業，主要依循的原則包含下列五項，亦即相關性、完整性、一致性、準確性及透明度等，此乃盤查作業之五大原則，用以確保溫室氣體排放盤查資料之適切與正確。說明如下：

1. **相關性(Relevance)**：利用選擇適合預期使用者需求之溫室氣體源、溫室氣體匯、溫室氣體儲存庫、數據及方法，並考量預期使用者所適用之溫室氣體類型與選用準則等之相關性。這裡所謂的溫室氣體匯(GHG sink)，是指可以從大氣中移除溫室氣體之實體單元或過程而言。

2. **完整性(Completeness)**：為避免誤導使用者或產生錯誤，須納入報告之邊界內所有相關之溫室氣體的排放與移除，組織需考量所有涵蓋之營運單位、製程、活動與設施之排放源，不可有所漏失。

3. **一致性(Consistency)**：為了使溫室氣體的相關資訊具備參考價值，組織對於盤查邊界的設定須注意是否與基準年做法一致，且相同設施之前後期間均須採行同一量化方法，如活動數據的統計與排放係數的引用來源，如此才不會因資訊的不一致而失去參考價值。

4. **準確性(Accuracy)**：一切作為均須依據事實做決策，如此便能減少其偏差與不確定性，組織更應注意盤查之量化方式，如活動數據與排放係數等，如此最能反應實際排放狀況，且相關數據須經由定期校驗儀器量測而得，並須確認校驗結果符合規範，亦確保數據的準確性。

5. **透明度(Transparency)**：為使溫室氣體相關資訊能充分的被理解，以利預期使用者做出合理、正確而可信的決策，組織應有效取得所有與溫室氣體主張相關之佐證資訊，如相關之假設、計算方法、文件變更及活動數與排放係數等，一切都攤在透明的陽光下，如此就不會有黑數干擾而產生誤差。

二、基準年擬定與排放源範疇設定

1. 基準年擬定

組織溫室氣體盤查最主要目的是要充分瞭解該組織溫室氣體的年排放量，往後每年或是每二年再進行盤查，並和第一次盤查的數據做比較，用以檢討該組織對能源節約以及溫室氣體減量所做努力之成果。一般來說，第一次盤查用以做為往後比對基礎的那年，我們就稱之為「基準年」。基準年單一年之數據量化所得到的溫室氣體排放量，就被拿來做為往後比對的標準。

基準年的擬定目前都由各公司或組織自行決定，當基準年訂定了以後，若公司遇有重大變動，如分割、合併、擴增、縮編等，亦可重設基準年，否則數據將失去意義。當公司或組織常有較大規模變動，或在經濟環境變動較大的時期，可利用「多年平均值」或「滾動平均值」來量化基準年的溫室氣體排放量。由於 ISO 14064 於 2018 年已發佈更新版，故若有以 2018 年以前之任一年為基準年者，皆應重新設置基準年。

2. **排放源範疇設定**

溫室氣體的排放源，依其不同之營運邊界可以分為三個範疇，欲鑑別溫室氣體的排放源時，又可以將此三個範疇分為 6 個類別，其中範疇一與範疇二各有 1 個類別，範疇三則有 4 個類別，分述如下：

📎 **範疇一(Scop 1)** 類別 1：

組織邊界內，所有製程或設施之直接溫室氣體排放均屬之，包含鍋爐燃油或其他燃料、緊急發電機燃油、冷藏庫及冷氣機冷媒、各式通風設施用電、公務車燃油及冷媒，以及製程中產生之各種溫室氣體等。上述各排放源又可以分為四大型式，分別為：

a. **能源(E)**：各種化石燃料、生質燃料，以及利用燃燒產生之電力、動力、熱能或蒸氣等均屬之，一般指的是固定式如鍋爐、發電機或焚化爐等，若使用天然氣、汽油、柴油或重油為燃料，均將產生 CO_2、CH_4 及 N_2O 等溫室氣體，而垃圾(VOCs)焚化本身則會產生 CO_2 等溫室氣體。其溫室氣體排放量之計算方式為：

$$排放量\ CO_2e = 活動數據 \times 排放係數 \times GWP\ 值$$

b. **製程(P)**：於製程中產生化學反應或物理反應排放之溫室氣體，如水泥、鋼鐵、石灰、碳酸鈉等製程中產生的溫室氣體 CO_2，或硝酸，己二酸製程中產生的 N_2O，半導體製程中產生的 PFCs 等。其溫室氣體排放量之計算方式為：

- 方法 A：依直接監測量計算 CO_2 排放量

> 排放量 CO_2e ＝ 特定時間內 GHG 累積排放量 × GWP 值

- 方法 B：依排放係數計算 CO_2 排放量

> 排放量 CO_2e ＝ 活動數據 × 排放係數 × GWP 值

c. **運輸(T)**：各種有控制權之交通運輸工具如汽車、輪船、飛機等，以及推土機、堆高機等工務用機具之排放，其設施不管所使用的是汽油、柴油、重油、低硫燃油、天然氣或航空燃油等，都難以避免 CO_2、CH_4 以及 N_2O 等溫室氣體的排放。其溫室氣體排放量之計算方式為：

> 排放量 CO_2e ＝ 活動數據 × 排放係數 × GWP 值

d. **逸散(F)**：氣體斷路器(GCB/GIS)會逸散出 SF_6，廢棄物、廢水、廢汙泥、化糞池會逸散出 CH_4，各種空調設備、冷藏設備、冰水機等之 HFC_S 冷媒逸散，可以直接以逸散量來估算，或以填充量乘以逸散率來估算。必須要注意的是，蒙特婁公約有管制之各種冷媒如表 13-1，只需加以揭露而不需要盤查其逸散量以及其溫室氣體排放量，此乃因其為定性管制項目而非定量管制項目，排放後會破壞臭氧層，因而不管其排放量多少，只要有排放就需揭露並加以追蹤管制。

表 13-1　蒙特婁公約管制之冷媒

須揭露不須盤查之非屬 HFCs 及 PFCs 冷媒	
HCFC-21	HCFC-225cb
HCFC-22/R-22	CFC-11/R-11
HCFC-123/R-123	CFC-12/R-12
HCFC-124/R-124	CFC-13/R-13
HCFC-141b/R-141b	CFC-113/R-113
HCFC-142b/R-142b	CFC-114/R-114
HCFC-225ca	CFC-115/R-115

當系統有逸散發生時,其溫室氣體 CO_2e 排放量之計算方式為:

• 方法 A:依該年度冷媒實際填充量計算

> 排放量 CO_2e = 該年度冷媒實際填充量 × GWP 值

• 方法 B:依逸散率計算

> 排放量 = 冷媒原始填充量 × 逸散率 (%) × GWP 值

(1) 常用設備之逸散

常用設備如果有冷藏、冷凍功能,就會逸散出冷媒,各種不同設備之逸散率如下:

(a)家用冷凍、冷藏設備/家用冰箱 0.3%

(b)商用冷凍、冷藏設備、冰箱 8%

(c)中、大型冷凍、冷藏設備/大型冷凍、冷藏室 22.5%

(d)交通用冷凍、冷藏設備/低溫宅配 32.5%

(e)工業冷凍、冷藏設備/低溫設備 16%

(f)冰水機 8.5%

(g)住宅及商業建築冷氣機/冷氣 5.5%

(h)移動式空氣清淨機/車用冷氣 15%

(2) 化糞池之逸散

化糞池之逸散主要成分是 CH_4,其他則量小而可以忽略,其計算方式如下:

CH_4 逸散量 = 廠內作業人年數 × CH_4 排放係數

(CH_4 排放係數 = 0.003825 公噸 CH_4/人年)

> 排放量 CO_2e = 逸散量 × GWP 值

(3) 土地使用與土地使用變更之逸散

包含作物殘留物、畜牧業牲畜糞便、化學肥料殘留、土地翻耕、木質材料之自然發酵或燃燒等，會排放出 CO_2、CH_4 以及 N_2O 等溫室氣體。森林木質材料所含的碳係來自大氣的 CO_2，稱之為生物炭(Biochar)，其燃燒若是起因於天然災害如森林大火，或是因自然循環如發酵等非人為因素，所排放的溫室氣體可以不計，然若是起因於人為而造成的排放，則還是必須加以盤查計算。

範疇二(Scop 2)類別 2：

能源運用之間接溫室氣體排放，亦即組織邊界內使用的能源，其產生並非在邊界內，而是外購得來，雖然沒有溫室氣體排放的直接事實，但因其有需求才促使第三者生產並提供該項能源服務，包括外購電力、熱水、蒸氣、高壓氣體之使用等。其溫室氣體排放量之計算方式為：

$$排放量\ CO_2e = 外購量\ \times\ 排放係數\ \times\ GWP\ 值$$

範疇三(Scop 3)類別 3：

運輸中的間接溫室氣體排放，其項目包含上游廠商與下游廠商之間的運輸與貨物配送、員工通勤、客戶與訪客運輸以及商業旅行等，其中商務旅行與員工通勤，適用於汽車、火車、飛機、輪船等各型各類之交通工具。其溫室氣體排放量之計算方式為：

$$排放量\ CO_2e = 活動數據\ \times\ 排放係數\ \times\ GWP\ 值$$

(活動數據 = 運輸量 $\times$ 運輸距離；排放係數單位：$kg\ CO_2e\ /\ tKm$)

範疇三(Scop 3)類別 4：

組織使用產品所造成的間接溫室氣體排放，包含原材料、零組件採購，委託精煉、委託加工，以及安全、清潔、諮詢等服務之委託等。另外，所租賃之各項商品，以及廢棄物、廢水之委託運輸、處理等均是。委託服務之溫室氣體排放量，有時可依其電力使用量來計算，方式為：

$$排放量\ CO_2e = 購買數據\ \times\ 排放係數$$

(購買數據：所使用之電量 kWh；電力排放係數單位： $kgCO_2e\ /\ kWh$)

✎ 範疇三**(Scop 3)**類別 **5**：

與使用組織產品相關的間接溫室氣體排放，包含所銷售、租賃給他人之產品，如自動販賣機或提款機等，使用時以及廢棄後之處理所排放之溫室氣體。如下游廠商已經將該等產品的使用及廢棄列入其盤查項目，則上游廠商可以不予計入。

✎ 範疇三**(Scop 3)**類別 **6**：

其它來源的間接溫室氣體排放，亦即有實際排放但卻沒有納入前五個範疇的項目，由各盤查組織界定其項目與內容。

茲將上述三個範疇中的 6 個類別所含內容，整理如表 13-2，以利讀者進行實務演練或盤查時參考。

表 13-2　溫室氣體排放之範疇與類別

ISO 之分類		GHG 核算體系之分類	型態
範疇一	類別 1： 直接溫室氣體排放	能源(E)、製程(P)、運輸(T)、逸散(F)所產生之排放。	直接 排放
範疇二	類別 2： 由輸入能源產生之 間接溫室氣體排放	外購電力、蒸氣或其他化石燃料衍生能源所產生之排放。	間接 排放
範疇三	類別 3： 由運輸產生之間接 溫室氣體排放	類型 4：由貨物上游運輸與分配產生之排放	
		類型 9：由貨物下游運輸與分配產生之排放	
		類型 6：員工通勤產生之排放	
		類型 7：由業務旅運產生之排放	

表 13-2　溫室氣體排放之範疇與類別(續)

ISO 之分類		GHG 核算體系之分類	型態
範疇三	類別 4： 由組織使用的產品所產生之間接溫室氣體排放	類型 1：採購資材及其相關服務所產生之排放(原料)	間接排放
		類型 2：採購用於生產的資本財所產生之排放(能源活動)	
		類型 3：採購能源或電力所衍生之排放	
		類型 5：處置營運棄物所產生之排放(垃圾、汙泥與廢汙水等)	
		類型 8：企業使用承租場所及資產所產生之排放 (租賃之場地、設備)	
	類別 5： 與組織的產品使用相關連之間接溫室氣體排放	類型 10：企業所銷售產品的服務與加工	
		類型 11：用戶使用產品之排放	
		類型 12：產品廢棄後所產生之排放	
		類型 13：企業擁有並出租給他方產生之排放	
		類型 14：因授權、連鎖、代理所產生之排放	
		類型 15：企業投資的資產所產生之排放	
	類別 6： 由其他來源產生之間接溫室氣體排放	暫無	

三、排放源鑑別

一般來說，組織內的溫室氣體來自許多地方，有些我們很容易察覺也很容易了解，比如說利用鍋爐透過燃燒機燃燒柴油來產生蒸氣的過程，排放源就是柴油燃燒產生了以 CO_2 為主的溫室氣體。然而，有些排放源卻不易讓人察覺，比如說工作母機運轉時，除了用電驅動以外，有些還有冰水機的配置，而冰水機中冷媒的逸散就容易被忽略。另外，冷氣或冰水機中的冷媒樣式繁多，要弄清楚實在不容易，且有些是屬於 HFCs 或 PFCs 系列如表 13-3 所示，需要加以盤查估算，而舊式的如前述表 13-1 所列的 R-11、R-12 等蒙特婁公約管制的項目，僅需揭露而不需盤查。表 13-3

中，各種不同冷媒種類的全球暖化潛勢(GWP)值各有不同，有些差距頗大，盤查估算時需弄清楚以免產生巨大誤差。

表 13-3　常用冷媒種類及其 GWP 值 (2021, AR6)

冷媒種類(HFCs)	GWP 值	冷媒種類(混合冷媒)	GWP 值
三氟甲烷 HFC-23, CHF_3	12,000	六氟乙烷 PFC-116, C_2F_6	11,900
二氟甲烷 HFC-32, CH_2F_2	550	四氟化碳 PFC-14, CF_4	5,700
一氟甲烷 HFC-41, CH_3F	97	全氟丙烷 C_3F_8	8,600
五氟乙烷 HFC-125, C_2HF_5	3,400	八氟環丁烷 C_4F_8	10,000
四氟乙烷 HFC-134, $C_2H_2F_4$	1,100	全氟丁烷 C_4F_{10}	8,600
四氟乙烷 HFC-134^a, $C_2H_2F_4$	1,300	全氟戊烷 C_5F_{12}	8,900
三氟乙烷 HFC-143, CHF_2CH_2F	330	全氟己烷 C_6F_{14}	9,000
三氟乙烷 HFC-143a, $C_2H_3F_3$	4,300	三氟化氮 NF_3	17,400
二氟甲烷 HFC-152, CH_2FCH_2F	43	R-401a	1,127
二氟甲烷 HHFC-152a, $C_2H_4F_2$	120	R-404a	3,084
一氟乙烷 HFC-161, CH_3CH_2F	12	R-407a	1,990
七氟丙烷 HFC-227ea, CF_3CHFCF_3	3,500	R-407b	2,695
六氟丙烷 HFC-236cb, $CH_2FCF_2CF_3$	1,300	R-407c	1,653
六氟丙烷 HFC-236ea, CHF_2CHFCF_3	1,200	R-408a	3,015
六氟丙烷 HFC-236fa, $C_3H_2F_6$	9,400	R-410a	1,975
五氟丙烷 HFC-245ca, $CH_2FCF_2CHF_2$	640	R-507/R507a	3,850
五氟丙烷 HFC-245fa, $CHF_2CH_2CF_3$	950	六氟化硫 SF_6	25,200
五氟丁烷 HFC-365mfc, $CF_3CH_2CF_2CH_3$	890		
十氟戊烷 HFC-4310, $CF_3CHFCHFCF_2CF_3$	1,500		
資料來源：經濟部能源局			

　　從上述表中可知，不同溫室氣體或冷媒的 GWP 值相差甚大，最大的如六氟化硫 SF_6 的 GWP 值高達 25,200，也就是逸散一公斤的 SF_6，其溫室效應與排放 25.2 公噸 CO_2 的溫室效應相同。

例題 13-4

某公司目前使用六氟乙烷 PFC-116，C_2F_6 和全氟丙烷 C_3F_8 做為冷媒，每個月的逸散量分別為 0.8 kg 與 1.2 kg，試估算每年的溫室氣體排放量？若該公司決定更換系統，改以 R407c 來做為冷媒，每月的逸散量為 3.6 kg，試問減碳量為多少？

解

原系統年排碳量為：

$(11{,}900 \times 0.8 + 8{,}600 \times 1.2) \times 12 = 238{,}080 \ (kg) = 238.08 \ (t \ CO_2e)$

新系統年排碳量為：$(1{,}653 \times 3.6) \times 12 = 71{,}410 \ (kg) = 71.41 \ (t \ CO_2e)$

年減碳量為：$238.08 - 71.41 = 166.67 \ (t \ CO_2e)$

對於各種不同的溫室氣體，各有其主要排放源，列出如表 13-4 所示，以利盤查時參考之用。

表 13-4　溫室氣體排放源(2022 年版)

溫室氣體	主要排放源	GWP
CO_2(二氧化碳)	1. 化石燃料燃燒 2. 木材、秸稈等有機物燃燒	1
CH_4(甲烷)	1. 垃圾、木材等有機物發酵 2. 化石燃料燃燒 3. 動物放的屁及排泄物發酵	27.9
N_2O(氧化亞氮)	1. 化石燃料燃燒 2. 氮化物肥料使用	273
SF_6(六氟化硫)	1. 冷氣機、冰箱、冰水機等之冷媒 2. 半導體、鎂金屬等製程使用	22,800
PFCs(全氟化碳)	1. 冷氣機、冰箱、冰水機等之冷媒 2. 滅火器 3. 半導體、鋁製品等製程使用	5,700～11,900
HFCs(氫氟化碳)	1. 冷氣機、冰箱、冰水機等之冷媒 2. 滅火器、噴霧器 3. 半導體等製程使用	12～1,200
NF_3(三氟化碳)	1. 液晶面板製程使用 2. 太陽能板製程使用	17,200

例題 13-5

據專家估計，一頭牛每天所排放的屁以及其排泄物所產生的甲烷為 0.5 公斤，豬則為 2 公斤，若牛 14 個月可屠宰，豬為 6 個月，請估計在每公噸碳稅為 10 美元水準下，每頭牛和每頭豬應繳納的碳稅為多少？(甲烷 GWP 值為 27.9)

解

牛一生的排碳量 $m_c = 0.0005 \times 30 \times 14 \times 27.9 = 5.859$ (公噸 CO_2e)

需付的碳稅 $T_c = 10 \times 5.859 = 58.59$ (美元)

豬一生的排碳量 $m_p = 0.0002 \times 30 \times 6 \times 27.9 = 1.004$ (公噸 CO_2e)

需付的碳稅 $T_p = 10 \times 1.004 = 10.04$ (美元)

觀念對與錯

(○) 1. 某公司將員工餐廳改以外包方式經營，並且取消交通車，改以補貼交通費給員工的方式，這樣在盤查時可以得到較低之溫室氣體排放量。

(○) 2. 因 2020 年和 2021 年的新冠疫情影響，經營受到嚴重影響的企業，應該在疫情過後重設「基準年」，或是改以「多年平均值」來量化基準年的溫室氣體排放，會是比較合理的作法。

(○) 3. 某單位之守衛室配置有一台巡邏車，則該守衛室的排放源包含範疇一的 T 形式、F 形式，以及範疇二在內。

(✕) 4. 常用的新式冷媒種類很多，其全球暖化潛勢值 GWP 幾乎都很大，所以它們的逸散不能被忽略。對於舊式冷媒如 R-11、R-12 等蒙特婁公約管制項目，則可以不加理會。

(○) 5. 有些排放源鑑別不易，比如畜牧業蓄養之牲畜所排放的屁和排泄物發酵，都會產生甲烷 CH_4，而農業使用氮肥則會排放氧化亞氮 N_2O，這些都是容易被忽略的項目。

四、溫室氣體排放係數與排放當量

一個排放源可能排放出一種溫室氣體,也可能同時排放出多種,此乃因各種能源的成分組成互有差異之故。例如木柴或秸稈等生質物,其成分為 C 和 H,燃燒後僅有 CO_2 的排放,而化石燃料的成分複雜,燃燒後除了 CO_2 以外,還會排放出 CH_4 與 N_2O 等共三種的溫室氣體。常見之排放源於燃燒反應後所排放出的溫室氣體種類如表 13-5 所示。

表 13-5 排放源與溫室氣體排放種類

排放源	溫室氣體種類
生質物(木柴、乾草、秸稈等)	CO_2
化石燃料(汽油、柴油、瓦斯、煤等)	CO_2、CH_4、N_2O
生質燃料(生質柴油、生質酒精、沼氣等)	CH_4、N_2O、CO_2
冷媒	HFCs、PFCs
滅火器	CO_2、HFCs、PFCs
電	CO_2
焚化爐(VOCs)	CO_2

由上表可知,有些燃料燃燒後會排放出多種溫室氣體,若將所排放的溫室氣體分子量 m_e 與排放源分子量 m_o 的比值定義為 "排放係數",亦即 $\eta = \dfrac{m_e}{m_o}$,則在後續計算溫室氣體的排放量時,只要將燃料源的重量乘以排放係數即可得到。對於燃燒後排放多種溫室氣體的燃料,排放係數的計算較為複雜,必須先將每一種排放出的溫室氣體分子量分別和燃燒源的分子量相除,就可以得到該燃料燃燒後所有溫室氣體的排放係數了。國際上對於各種燃料燃燒後所排放出的不同溫室氧體,已經加以計算處理,並訂有標準排放係數,使用者於計算時,只要將該等係數直接拿來運用即可,不必重新計算以節省時間。國際上所公布常用燃料的標準排放係數,請參考表 3-4 所列,表上的數值可能與實際燃燒測試所收集到的數據計算有些微出入,此乃因國際標準值是依燃料燃燒的標準化學式計算而來,與實際燃燒的結果有部分差異乃為正常之事。

例題 13-6

試計算甲烷燃燒過程產生 CO_2 的排放係數？

解

甲烷 CH_4 燃燒的化學反應式為 $CH_4 + 2O_2 \rightarrow CO_2 + 2H_2O$

甲烷分子量：$12 + 1 \times 4 = 16$

CO_2 分子量：$12 + 16 \times 2 = 44$

亦即每一單位分子量為 16 g 的甲烷燃燒後產生一單位分子量 44 g 的二氧化碳 CO_2 溫室氣體，故其排放係數為

$$\eta = \frac{44}{16} = 2.75$$

例題 13-7

已知某型式之滅火器反應式如下，試計算其溫室氣體 CO_2 的排放係數。

$$2NaHCO_3 \rightarrow Na_2CO_3 + CO_2 + H_2O$$

解

碳酸氫鈉 $NaHCO_3$ 之分子量為 $23 + 1 + 12 + 16 \times 3 = 84$

CO_2 之分子量為 $(12 + 16 \times 2) = 44$

兩莫耳 $NaHCO_3$ 會產生一莫耳 CO_2，故其排放係數為

$$\eta = \frac{44}{2 \times 84} = 0.26$$

例題 13-8

乙炔燃燒時之化學式如下，試計算其溫室氣體 CO_2 之排放係數。

$$2C_2H_2 + 5O_2 \rightarrow 4CO_2 + 2H_2O$$

解

乙炔 C_2H_2 之分子量爲 $(12 \times 2 + 1 \times 2) = 26$，$CO_2$ 之分子量爲 $(12 + 16 \times 2) = 44$

兩莫耳乙炔燃燒會產生 4 莫耳 CO_2，故其排放係數爲 $\eta = \dfrac{44 \times 4}{26 \times 2} = 3.385$

排放係數 η 與溫室氣體潛勢 GWP 不同，GWP 指的是將溫室氣體如 CH_4 等直接排放到大氣中，其所造成之溫室效應強度與二氧化碳的比值，此二者不可混淆。溫室氣體的排放係數 η 爲單位重量或單位體積燃料燃燒後，排放出的各種溫室氣體如 CO_2、CH_4、N_2O 等的重量分別與原燃料重量的比，可稱之爲 "重量因子"，而全球暖化潛勢 GWP 則爲 "強度因子"，所以在計算二氧化碳當量時，必須將二者相乘才能得到正確答案，亦即當燃料消耗量（活動數據）爲 Q 時，二氧化碳當量爲

$$CO_2e = Q \times \eta \times GWP$$

當某種燃料燃燒後會產生多種溫室氣體時，總排放當量須將各種不同的溫室氣體當量分別計算出來，然後再將其加總即可得到。

例題 13-9

某發電機利用柴油燃燒產生的溫室氣體種類如下，試計算使用 10 kg 的柴油將產生多少 CO_2e？

CO_2 ($\eta = 2.6$，GWP = 1)，CH_4 ($\eta = 0.0001055$，GWP = 27.9)

N_2O ($\eta = 0.0000211$，GWP = 273)

解

有三種溫室氣體排放，其 CO_2e 分別為

① CO_2 之當量 $CO_2e = 10 \times 2.6 \times 1 = 26$ (kg)

② CH_4 之當量 $CO_2e = 10 \times 0.0001055 \times 27.9 = 0.0294$ (kg)

③ N_2O 之當量 $CO_2e = 10 \times 0.0000211 \times 273 = 0.0576$ (kg)

三者合計之當量 $CO_2e = 26.0873$ (kg)

例題 13-10

上題中，若發電機使用的柴油為 B20，試計算其 CO_2e？若使用生質柴油 B100 的溫室氣體排放為 CO_2 ($\eta = 1.61$，GWP = 1)，CH_4 ($\eta = 0.0000713$，GWP = 27.9)，N_2O ($\eta = 0.0000143$，GWP = 273)

解

所使用 10 kg B20 柴油中含有化石柴油 8 kg 和生質柴油 2 kg，2 kg 生質柴油燃燒的 CO_2，CH_4 和 N_2O 的當量為

① CO_2 之當量 $CO_2e = 2 \times 1.61 \times 1 = 3.22$ (kg)

② CH_4 之當量 $CO_2e = 2 \times 0.0000713 \times 27.9 = 0.0040$ (kg)

③ N_2O 之當量 $CO_2e = 2 \times 0.0000143 \times 273 = 0.0078$ (kg)

三者合計之當量 $CO_2e = 3.232$ (kg)

8 kg 化石柴油燃燒的當量為 $CO_2e = 26.0897 \times 0.8 = 20.870$

故使用 10 kg B20 柴油之碳當量為 $CO_2e = 3.232 + 20.870 = 24.102$ (kg)

　　所有生質燃料燃燒所產生的二氧化碳可視為由生質物吸收空氣中的二氧化碳而來，本可以不必計入整體的碳排放當量中，但依 2018 年之新版盤查規範，則必須加以計算並單獨揭露。

另外，對於其他三種溫室氣體 SF_6、HFCs 和 PFCs 來說，溫室氣體排放量的計算有所不同，其中 SF_6 因具有毒性且會引發燃燒，如有逸漏，所產生的危害將遠大於溫室效應。由於 SF_6 的使用量不大，逸漏的量甚微，因此對 SF_6 的存在或逸漏有時會採揭露而不去計算的方式。至於 HFCs 和 PFCs 兩類溫室氣體，大都是在冷氣機或冰箱中做為冷媒使用，其逸散量雖也不多，但因其潛勢值 GWP 相當大，對溫室效應仍有一定程度的影響性，故一般都會加以計算。

HFCs 和 PFCs 之逸散量換算成二氧化碳當量可以採兩種方式，分別為

$$CO_2e = 冷媒逸散量 \times GWP$$

或

$$CO_2e = 冷媒填充量 \times 逸散率 \times GWP$$

冷媒之型式有非常多種，計算時須先確定為何種冷媒，再由表中查出其 GWP 值加以計算。

例題 13-11

某公司有三台冷氣機，一台冰箱和兩座冷藏庫，其冷媒型式分別為：冷氣(R404a)，冰箱(R12)，冷藏庫(R410a)，逸散量分別為 100g，200g 和 500g，試計算該公司冷媒逸散所造成之 CO_2e？

解

① 冷氣冷媒：R404a 屬於混合冷媒，GWP = 3084

② 冰箱冷媒：R12 屬於蒙特婁公約管制種類，只需揭露，不需盤查估算。

③ 冰藏庫冷媒：R410a 屬於混合冷媒，GWP = 1975

故二氧化碳當量合計為

$Q = 0.1 \times 3 \times 3084 + 0.5 \times 2 \times 1975 = 2900.2 \ (kgCO_2e) = 2.9(公噸 \ CO_2e)$

觀念對與錯

(○) 1. 一個排放原有可同時排放數種溫室氣體，盤查時必須全部加以計入。

(○) 2. 某種溫室氣體的排放係數，就是將所排放的溫室氣體分子量 me 與排放源分子量 mo 的比值。

(○) 3. 國際上對於各種燃料燃燒後所排出的溫室氣體，都已經訂有標準值，使用者可以直接引用而不必重新計算。

(○) 4. 排放係數與溫室氣體潛勢 GWP 不同，前者是"重量因子"，後者是"強度因子"。

(○) 5. 六氟化硫 SF_6 具有毒性且會引發燃燒，如有逸漏，所產生的危害將遠大於溫室效應。然因其逸漏量甚微，因此通常都採揭露而不去計算的方式。

(✕) 6. 生質燃料燃燒所排放的生質碳，是生質物吸收自空氣中的二氧化碳，因此盤查時可以不必加以計算。

五、溫室氣體盤查流程

　　一個組織要進行溫室氣體盤查時，由於過程繁複，且需要準備的紀錄與資料繁多，因此必須按照一定的流程，如此才能在標準作業程序下逐步完成。為了便於理解，將其示意如圖 13-1，並說明如下：

1. 高階主管承諾

企業或組織若要進行溫室氣體盤查，須要由高階主管做出承諾，以揭示其決心，同時並對所需要的資源做出規劃準備，使全體上下皆能感受到主管的企圖心，並透過內部的充分溝通，形成一致的共識。

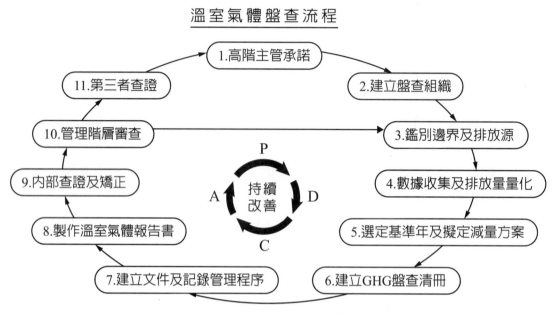

圖 13-1　溫室氣體盤查流程示意圖

2. 建立盤查組織

通常來說，在決定進行溫室氣體盤查計畫以後，先要建立盤查組織，包含推行委員會、溫室氣體盤查小組以及查證小組。盤查小組包含各部門人員，盤查工作由各部門各自負責執行，所得資料再交由查證小組以交互查證方式確認正確性，最後再交由推行委員會進行審查，此即為盤查組織的角色扮演與責任分工。

3. 鑑別邊界及排放源

開始進入盤查作業前，先要進行邊界及排放源鑑別，務必要將報告邊界裡面的所有排放源，從範疇一到範疇三中的所有項目通通納入，不可有所遺漏。

4. 數據收集及排放量量化

數據收集可以分為集中式與分散式兩種，所謂集中式是由各單位將所收集到的資料，交由公司彙整，然後再計算出排放量。而分散式則是各單位將所收集到的資料，自行計算出排放量，然後再將數據報給總公司去做累加。當公司各部門組織單純，且可以適用標準方法盤查者，可以採用集中式，比如金融機構、貿易公司、學校、政府部門等。假如部門之間差異很大，尤其是當某些部門有複雜而專業的機具設備，或其排放量佔總排放量重要比例時，就要選擇分散式，

比如科技廠的行政單位和財務單位，與設計單位及生產單位有很大差異，而生產單位的機具設備複雜，且溫室氣體排放的計算方式多元複雜，其排放量又占整體相當大的比例，所以必須選擇分散式，各把各的盤查數據搞定再交由總公司彙整。至於量化的部分，則必須說明其量化方法，以及相關係數採用之依據，此部分可參考前面所述之計算公式來完成。又為了讓數據更具公信力，盤查時若有得以免除量化之項目，應具體說明其理由，以示公正。

5. **選定基準年及擬定減量方案**

    基準年的選定一般都以實施盤查的前一年為主，所用數據也都是該年所發生留下的，如果不是如此，比如要以三年前那一年為基準年，那就必須陳述原因，不過不管如何，當為基準年的那一年的數據必須是完整可靠的，否則就會失真。在某些情況下，組織所使用的基準年數據可以是多年平均值或滾動平均值，但也要說明原因。當有了基準年的數據以後，就可以擬定減量方案，以期能夠達成逐步減少排放的目標。

6. **建立 GHG 盤查清冊**

    建立一份全面性的溫室氣體盤查清冊，可以讓公司清楚地了解自身的排放狀況，從而判斷其未來之競爭能力與可能面對之風險責任，有利於公司永續發展。盤查清冊之內容至少應包含組織表、報告邊界調查表、排放源鑑別表、溫室氣體強度數據管理表、溫室氣體排放係數管理表、溫室氣體排放量計算表等六項。這些清冊的建立，有利於後續工作的進行，並得以將所有資訊文件化。

7. **建立文件及記錄管理程序**

    利用建立好之各種表格清冊來進行盤查作業，可以將各種資訊、數據逐步文件化，並透過記錄管理程序，將文件分類彙整成如資訊、設計、製程、能源等不同類別，經由各式計算與量化程序進行排放量計算，最後再透過數據品質管理，來完成所有文件之建立工作。

8. **製作溫室氣體盤查報告書**

當文件建立完備以後，接下來就是要製作溫室氣體盤查報告書，該報告書有一定的格式以及應涵蓋之內容，讓各查證單位更容易理解以順利進行查證工作，而報告書內容也須符合相關性、完整性、一致性、透明性與準確性五大原則。

9. **內部查證及矯正**

完成溫室氣體盤查報告書的撰寫以後，接著就是要進行內部查證及矯正，其流程如圖 13-2 所示。當有項目需要矯正時，必須依查核員意見執行並進行追蹤，而若有客觀上無法改善之項目，則應於現場向查核員表明，尋求以其他方式改善之可能性。

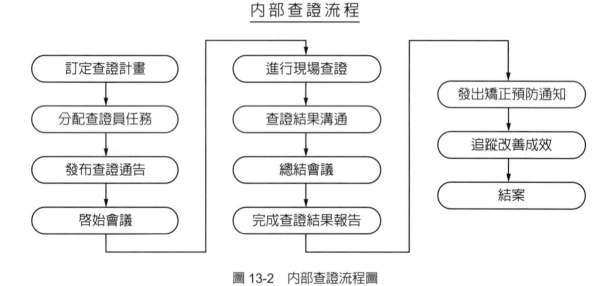

圖 13-2　內部查證流程圖

10. **管理階層審查**

溫室氣體盤查報告書經內部查證單位查證完畢且矯正完成之後，即可提交管理階層進行審查，因為報告書已經過內部嚴格審查通過，故而皆會受到管理階層認可，並同意遞交公正之第三方進行查證。

11. **第三者查證**

進行最後查證把關之第三方查證者，必須具備 UNFCCC 所認可之國際認證資格，當完成查證並加以核可以後，即完成該案之溫室氣體盤查工作。

觀念對與錯

(○) 1. 一個組織要進行溫室氣體盤查時，由於過程繁複，且需要準備的紀錄與資料繁多，因此必須按照一定的流程，如此才能在標準作業程序下逐步完成。

(○) 2. 盤查小組包含各部門人員，盤查工作由各部門各自負責執行，所得資料再交由查證小組以交互查證方式確認正確性。

(✗) 3. 進行邊界及排放源鑑別時，可以將報告邊界裡面較為不重要排放源予與刪除，不會影響盤查結果。

(○) 4. 數據收集可以分為集中式與分散式兩種，當公司各部門組織單純，且可以適用標準方法盤查者，可以採用集中式，但假如部門之間差異很大，就要選擇分散式。

(○) 5. 建立一份全面性的溫室氣體盤查清冊，可以讓公司清楚地了解自身的排放狀況，從而判斷其未來之競爭能力與可能面對之風險責任，有利於公司永續發展。

(○) 6. 溫室氣體盤查報告書，內容須符合相關性、完整性、一致性、透明性與準確性五大原則。

(○) 7. 當有項目必須矯正時，必須依查核員意見執行並進行追蹤，而若有客觀上無法改善之項目，則應於現場向查核員表明，尋求以其他方式改善之可能性。

Chapter

14

產品碳足跡估算

一、何謂碳足跡

所謂的碳足跡(Carbon Footprint)，可以被定義為與某一項活動(Activity)有關所直接、間接產生的溫室氣體排放量，或一項產品的整個生命週期過程所直接、間接產生的溫室氣體排放量。相較於一般大家所瞭解的溫室氣體排放量，碳足跡強調的是從消費者端出發，將『有煙囪才有污染』的觀念轉變為『有消費才有污染』，與企業或產業溫室氣體之排放相同，產品碳足跡包含了原物料的開採與製造、組裝、運輸，一直到使用及廢棄處理或回收所產生的溫室氣體排放量，也就是產品整個生命過程中，無一時刻能夠被忽略。為了讓節能減排及溫室效應控制能被更有效的推動，除了政府端與企業端所做的努力以外，消費者也應該加入以共盡綿薄之力。基於「有消費才會有生產」的概念，如果能從消費者端喚起減排意識，則達成溫室氣體排放控管的成功機率就會越大。

俗話說「凡走過必留下痕跡」，因此人類在地球上的每一個活動，過程中所有溫室氣體排放的踪跡也都會清楚的留下，我們稱之為「碳足跡(Carbon Footprint)」。一般來說，碳足跡除了指「產品碳足跡」以外，還有可能是其他項目，如「個人碳足跡」、「家戶碳足跡」、「組織碳足跡」或「活動碳足跡」等，它們都可以透過一定的程序加以追踪估算。在現今地球暖化程度已嚴重到足以威脅人類生存的地步時，追踪碳足跡就成了有效達成減排目標的關鍵步驟。

當消費者對低碳生活的共識形成後，就可以讓生產製造端的企業警覺，必須投入有效的設備，適度變更製程與材料來達成消費者的低碳期望。基於這個因素，發展出了一種分析方法，用來計算產品「從搖籃到墳墓(Cradle-to-Grave)」過程中的溫室氣體排放量，我們稱之為該產品的「產品碳足跡」，當該項產品被推上市場之時，它的碳足跡會被清楚的標示在產品的包裝上，如圖 14-1 所示，此一做為是要讓消費者了解，他所消費的產品是否符合低碳排放的標準。

目前許多先進國家都有自己標示碳足跡的圖騰，用來告訴消費者他們即將消費之產品的碳足跡，如圖 14-2 所示。消費者基於個人對碳排放關切的程度，在決定購買某項產品時，可能就會選擇低排碳的產品，這樣除了可以給製造商壓力以外，也能夠把自己提昇到「綠色消費者」的層次。

　　為了方便起見，有些零組件供應商計算了零組件自原物料取得到出貨給下游廠商之間的碳排放加以估算，不含後續製程以及使用與廢棄階段的碳排放，因為他們很難去追蹤零組件裝置後的去處與使用狀況，此即被稱之為「從搖籃到大門 (Cradle-to-Gate)」的碳足跡。

圖 14-1　台灣產品碳足跡標籤及其意義

圖 14-2　各國碳足跡圖像

此外，為了讓廠商對於低碳產品的推出更具有原動力，英國政府於 2001 年所成立的 Carbon Trust，於 2006 年推出碳減量標籤(Carbon Reduction Label)，透過碳減量標籤制度的施行，能使產品各階段的碳排放來源透明化，並促使企業調整其產品碳排放量較大的製程，以達到減低該產品碳排放量的最大效益。台灣也於 2014 年起推動碳足跡減量標籤(Carbon Footprint Reduction Label)，又稱減碳標籤(Carbon Reduction Label)，欲申請減碳標籤使用權之產品，其五年內之碳足跡減量需達 3% 以上，經審查通過後即可取得減碳標籤使用權，如圖 14-3 所示。

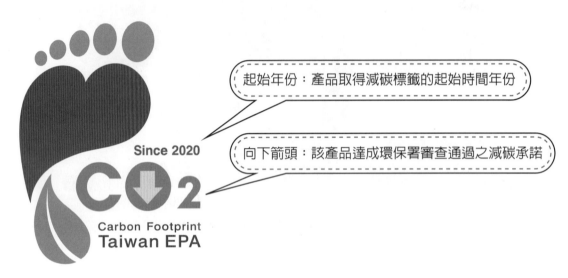

起始年份：產品取得減碳標籤的起始時間年份

向下箭頭：該產品達成環保署審查通過之減碳承諾

圖 14-3 台灣產品碳足跡減量標籤及其意義

當一個企業要進行產品碳足跡估算時，必須先做企業內部溫室氣體盤查來掌握企業活動的排碳數量，然後再依比例分攤到各個產品上。在此所分攤得到的二氧化碳排放量不一定就是它真實的產品碳足跡，因為有些產品的原物料、零件或半成品是外購的，在進行溫室氣體盤查時它的排放量原本是算在別人頭上的，但自 2022 年起，依 ISO 14064-1：2018 之規範，對於該產品來說，必須要把所有外購、外包部分的排碳量通通列入，就得到它真正的碳足跡。因此，一個產品碳足跡估算必須是包含它生命週期中的每一個階段，因而又被稱為產品的「生命週期評估(Life Cycle Assessment, LCA)」。基於這個因素，中心廠商建立綠色供應鏈的概念已經開始發酵，也就是衛星工廠在供應零組件給中心工廠時，必須附上該等零組件的排碳數據，做為終端產品估算其碳足跡的依據。在這樣的大環境之下，不願意配合的下游廠商可

能會被逐出供應鏈，永遠無法獲得訂單，最終只有結束營業一途，而若能成爲綠色供應鏈上的一員，則能穩獲訂單，這就是綠色浪潮下廠商的機會與挑戰。

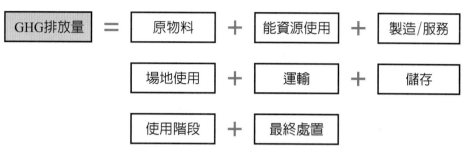

圖 14-4　產品碳足跡估算範圍

　　從組織或企業之溫室氣體盤查開始，到產品生命週期之碳足跡評估，再到溫室氣體減量等相關活動中，都必須遵循某些管理規範，如表 14-2 所示，如此才能以同樣標準與原則推展到各行各業的各個角落。

表 14-2　碳管理的規範

目標	主要工作	依據規範
短期	溫室氣體盤查 (碳揭露)	ISO 14064-1(2018 年修訂)
中期	產品生命週期分析 (碳足跡估算)	PAS 2050(2011 年修訂) ISO 14067(2018 年修訂)
長期	溫室氣體減量 (碳中和)	ISO 14064-2(2019 年修訂) PAS 2060(2014 年修訂)

　　表 14-2 中的規範分別由國際標準組織(ISO)發布的 ISO 規範和由英國標準協會(BSI)發布的 PAS 規範，各參與單位可以依輔導單位的意見選用執行。另外，上述規範也會依實際執行需要加以修正，其中 PAS 2050 和 PAS 2060 分別在 2011 與 2014 做過修訂，而 ISO 14064-1、ISO 14064-2、ISO 14067 也分別於 2018 和 2019 有了修訂版本，如此與時俱進才能符合時代需求。

　　國際上可用的生命週期評估(LCA)系統有十餘種，分別爲 SimaPro(荷蘭)、Eco Report(荷蘭)、GaBi(德國)、Boustead Model(英國)、EcoPro(瑞士)和 DO IT Pro(台灣)等，茲將較常用系統的主要功能與特色列出如表 14-3 所示。

表 14-3　常用之生命週期評估(LCA)系統

系統名稱	系統功能	系統特色
SimaPro (荷蘭)	整合各不同單位資料庫，可將不同來源資料分級儲存，兼具方便性與保密性。利用選單式指令，對環境衝擊評估功能齊全，易於應用 LCA 評估結果來作為產品設計依據。	運用 Windows 介面，資料庫可更新，有線上說明，有網路連線操作，運算透明度佳。
Eco Report (荷蘭)	利用產品 BOM 表，能資源與產品製造、銷路、廢棄等各階段的單位指標作為輸入參數，並依製程、物料特性分析出 97 項環境指標供參考。	運用 Windows 介面，資料庫可更新，有線上說明，利用 Excel 形式展現。
GaBi4 (德國)	整合產業界與研究機構之盤查資料庫，內含 800 多種不同能源與材料，可進行敏感度分析、環境衝擊分析，資料庫分類與內容均甚完善。	運用 Windows 介面，資料庫可更新，有線上說明，運算透明度佳，具視覺化輸入功能。
DO IT Pro (台灣)	以資料庫盤查工具為主要訴求，基本功能涵蓋本土環境資料庫，有水泥、橡膠、半導體、石化上游、塑膠單體、化學原料、金屬、鋁、電力、燃料、道路運輸和給水等資料庫。	計算時，使用者僅需勾選物料名稱或組成，並設定預算層數，即可算出該物料之環境負荷。

　　由表 14-3 可知，該四種週期評估系統各有其強調重點，且都算是完備而好用，沒有巨大的好壞差別，於選用時只要依自身需求深入了解，即可找到最自己適合的系統。

　　產品碳足跡估算完成後，可以自我宣告，或經公正的第三方認證後生效，一般來說，以後者較具有公信力。當每件產品經廠商自我宣告，或經第三方認證單位認證後，即可將該數值提供給買方，做為購買與否的參考，或做為後續整體產品整合估算之依據。

觀念對與錯

(✗) 1. 要讓溫室氣體的排放管控能夠成功，消費者與企業所扮演的角色是次要的，政府的法令規定才是重點，因此才有「碳足跡估算」的必要。

(○) 2. 一個產品的碳足跡必須從設計時開始估算，一直到產品製造完成、銷售及產品廢棄後的處理，也就是一個產品「從搖籃到墳墓」所排放的所有溫室氣體，都必須被計入。

(○) 3. 碳足跡標籤上須標示數字及單位，代表該產品生命週期中所排放出的二氧化碳當量，數字越小的就是越環保的產品。

(✗) 4. 在估算產品碳足跡時，外購的零件或半成品的排碳量可以不計入，因為那是在別人工廠發生的，與自己無關。

(○) 5. 利用三種不同的生命週期評估系統所估算到的產品碳足跡，基本上應該大致相同，因為溫室氣體盤查的方法與邏輯是固定的，不應該有太大出入才對。

二、個人、家戶與活動碳足跡估算

　　碳足跡可以被定義為與某一項活動有關所直接、間接產生的溫室氣體排放，或一項產品的整個生命週期過程所直接、間接產生的溫室氣體排放，也就是說，某一個人的日常生活、某一個組織的日常運作、一個活動如演唱會或球賽，它們與一個產品的生產製造是一樣的，都可以被當成一個碳足跡估算的標的。

　　每一個人在一天 24 小時以內，無時無刻都在排放溫室氣體，將這些排放量加總起來，就是個人的一日碳足跡，如果將其累積一整年或一輩子，那就是這個人的年碳足跡或生命週期碳足跡。一日碳足跡的排碳，來自於電力的使用、飲食和飲料的食用、搭乘交通工具或開車的排放、垃圾處理和廢水處理的排放等。依據估算，台灣每人的年排碳量約為 12 噸，遠高於日本的 9.3 噸、歐盟的 7.1 噸和大陸的 6.9 噸。

　　台灣的人年碳足跡之所以如此之高，基本上和生活習慣有關，比如不習慣隨手關燈或關電器，喜歡一個人開車而不願意共乘，有些城市居民甚至不太喜歡搭乘大眾運輸工具，常有捷運車廂空空蕩蕩的情況，再者，因綠電比例過低，大部分電力還是依賴火力發電，也推高了每度電的碳排放量。知道原因以後，如果能在生活習慣上稍做改變，再加快腳步發展綠能，或許就能有效加以改善。

　　不管是農產品、畜產品、加工食品或生活上必須用到的消耗品或用具，都有它的碳足跡，而每度電、每度水也是如此，所以使用任何食材做出的每一道菜，也有它的碳足跡，我們就稱它為食物碳足跡。一個人如果有心要成為綠色消費的實踐者，不但可以在眾多產品中加以選擇，也可以透過節電、節水來達成減碳目標。表 14-4 所列為生活日常用食材或用品的排放係數，方便於個人做碳足跡估算時參考使用。

表 14-4　生活日常用食材或用品的碳足跡

產品類別	排放係數 (kg CO$_2$e / kg)	產品類別	排放係數 (kg CO$_2$e / kg)
番茄	1.43	牛肉	60
豆類/蔬菜	0.7	羊肉	24
米	4	豬肉	7
起司	21	禽肉	6
咖啡	17	蝦	12
馬鈴薯	1.4	漁產	5
橄欖油	1.64	產品類別	排放係數 (kg CO$_2$e / unit)
蛋類	4.5	每度電(kwh)	0.75
牛奶	3	每度水(m^3)	0.3
糖	0.62	每度天然瓦斯(m^3)	2.58
鹽	0.17	每公升汽油(ℓ)	2.26

例題 14-1

一客番茄炒蛋所使用的食材與燃料如下，試計算其食物碳足跡？

(番茄 0.5 kg，蛋 0.3 kg，糖 12 g，鹽 8 g，橄欖油 15 g，水 3 ℓ，瓦斯 0.2 度)

解

每客番茄炒蛋之碳足跡為

$$
\begin{aligned}
碳足跡 &= 1.43 \times 0.5 + 4.5 \times 0.3 + 0.62 \times 0.012 + 0.17 \times 0.008 \\
&\quad + 1.64 \times 0.015 + 0.3 \times 0.003 + 2.58 \times 0.2 \\
&= 2.383 \ (kg\ CO_2e\ /客) = 0.002383(公噸\ CO_2e\ /客)
\end{aligned}
$$

例題 14-2

某人習慣於每週吃一客 10 盎司牛排，若其改吃羊排，試計算每年所減下之碳當量？(1 盎司 = 28.35 公克，每年有 52 週)

解

10 盎司 = 0.2835 kg

A. 吃牛排：碳足跡 $= 60 \times 0.2835 \times 52 = 884.52$ (kg CO_2e /年)

$\qquad\qquad\qquad = 0.88452$ (公噸 CO_2e /年)

B. 吃羊排：碳足跡 $= 24 \times 0.2835 \times 52 = 353.81$ (kg CO_2e /年)

$\qquad\qquad\qquad = 0.35381$ (公噸 CO_2e /年)

所減下之碳當量：A − B $= 884.52 - 353.81 = 530.71$ (kg CO_2e /年)

$\qquad\qquad\qquad\qquad = 0.53071$ (公噸 CO_2e /年)

例題 14-3

某人早上醒來，以 200 g 蛋和 500 cc 牛奶為早餐，隨後開車外出兜風，中午以 600 g 雞排和 200 cc 咖啡為午餐，然後回到家休息，晚餐叫一客海陸大餐外賣，主菜為牛肉 5 盎司加魚排 5 盎司，晚上在家上網，至深夜上床睡覺，試估算其當日之個人碳足跡。(設用電量 8 度，用水量 3 度，開車油耗 12 公升，咖啡豆 10 克，其餘不計)

解

碳足跡 $= 4.5 \times 0.2 + 3 \times 0.5 + 2.26 \times 12 + 6 \times 0.6 + 17 \times 0.01+$

$\qquad (60 + 5) \times 5 \times 0.02835 + 0.75 \times 8 + 0.3 \times 3 = 49.4$ (kg CO_2e /天)

$\qquad = 0.00494$ (公噸 CO_2e /天)

　　家戶碳足跡就是把住在該戶所有人的排碳加以彙整，再加上共同使用的部分，包含用電、用水、垃圾處理等部分，在某些國家或地區，垃圾處理費被附隨在水費中一起徵收，因而可以把處理垃圾的碳排放同歸于水的耗用中。另家戶碳

足跡可以藉由對住宅環境的改善而產生減碳效果，比如裝置太陽能熱水器、太陽能光伏發電、隔熱裝置、雨水回收系統，以及垃圾資源回收、廚餘發酵製作有機肥等。如果大多數人都能自動投入此環保減碳行動，則以台灣來說，或許可以關閉火力電廠的三個發電機組，對環境改善助益甚大，推與不推端看政府是否有前瞻眼光。

例題 14-4

某戶人家一個月的用電、用水、天然氣和汽油分別為 780 度、95 度、240 度和 80 公升，所耗用食品為牛肉 10 公斤、豬肉 12 公斤、蛋 4 公斤、米 30 公斤、豆類蔬菜等 18 公斤、橄欖油 1 公斤、蝦 6 公斤、魚 15 公斤，甜點 6 公斤、咖啡豆 2 公斤，試問其家戶碳足跡為多少？(其餘量少不計)

解

A. 能耗方面(每月每戶)：

碳足跡 $= 0.75 \times 780 + 0.3 \times 95 + 2.58 \times 240 + 2.26 \times 80 = 1413.5$ (kg CO_2e)

$= 1.4135$(公噸 CO_2e)

B. 魚肉品食材方面：

碳足跡 $= 60 \times 10 + 7 \times 12 + 4.5 \times 4 + 12 \times 6 + 5 \times 15 = 849$ (kg CO_2e)

$= 0.849$(公噸 CO_2e)

C. 其他食材方面：

碳足跡 $= 4 \times 30 + 0.7 \times 18 + 1.64 \times 1 + 0.62 \times 6 + 17 \times 2 = 172$ (kg CO_2e)

$= 0.172$(公噸 CO_2e)

家戶碳足跡 $= A + B + C = 1413.5 + 849 + 172 = 2434.5$ (kg CO_2e)

$= 2.43$(公噸 CO_2e)

活動碳足跡是針對一個人參與了某個活動，比如說研討會、球賽、演唱會等，參與的個人在整個過程中所排放的溫室氣體，也可以是針對該活動在舉辦過程中，所有溫室氣體的排放總合。個人參加活動的排碳主要來源是所搭乘的交通工具，以及所使用的電器等，茲將各型交通工具及各型電器之碳排放係數，列出如表 14-5 與表 14-6 所示，以作為估算時之參考。

表 14-5　各型交通工具之碳排放係數 (kg CO_2e /人.km)

交通工具	排放係數	交通工具		排放係數
汽油車	0.173	航空客運(經濟艙)	短、中程	0.092
			長程	0.071
油電混合車	0.088	航空客運(商務艙)	短、中程	0.184
			長程	0.142
電動車	0.078	高鐵		0.038
機車	0.046	火車		0.058
電動機車	0.025	捷運、公交車		0.038

表 14-6　各型電器之碳排放係數 (kg CO_2e / h)

電器種類	排放係數	電器種類	排放係數
冷氣	0.675	桌上型電腦	0.278
電暖爐	0.525	筆記型電腦	0.014
電冰箱	0.098	投影機	0.097
除濕機	0.214	手機充電	0.011
電視機	0.105	白熾燈泡(10 W)	0.075
電扇	0.050	日光燈管(10 W)	0.019
抽風機	0.023	省電燈泡(10 W)	0.008

　　表 14-5 之各型交通工具的碳排放係數，是以不同交通工具使用一段時間後，將每公里的耗油量或耗電量計算出，再轉換成排放係數。而表 14-6 之各型電器的碳排放係數，則是以不同電器使用一段時間後，將每小時的耗電量計算出，再轉換成排放係數。計算以每公升汽油的排放量 2.26 (kg CO_2e)，每度電的排放量 0.75 (kg CO_2e)為參考標準。不過須注意的是，不同單位或不同資料庫的數據，彼此之間可能會有些出入，此與使用不同方法取得燃油或電能的因素有關。至於貨運及航空客運方面，依據多個不同單位的評估數據，可以整理如表 14-7 所示。

表 14-7　各型貨運之碳排放係數 (kg CO_2e / t.km)

交通工具	排放係數	交通工具	排放係數
大型散裝貨船	0.00179	航空貨運	1.10
小型散裝貨船	0.00443	鐵路貨運	0.015
大型油輪	0.00146	大貨車(8 t 常溫)	0.226
小型油輪	0.00435	大貨車(8 t 低溫)	0.920
大型貨櫃輪	0.00640	小貨車(3.5 t 常溫)	0.783
小型貨櫃輪	0.00745	小貨車(3.5 t 低溫)	1.317

　　表 14-7 所示之該等數據也會因載運工具大小、載貨率、車速與路況有關，並且會有很大差異，此處所列之參考數據，以路況良好、時速 80～90 公里、平均載貨率75～80%為基準，狀況與此有出入者可以略加調節，或乘以一個調節係數。一般來說，載重量越大、載貨率越高、時速越高者，排碳係數會降低，可依個人經驗加以調節。

例題 14-5

某人從住家開車 12 公里前往高鐵左營站，搭高鐵 345 公里前往台北參加 10 人會議，抵達台北車站後再搭乘捷運前往會場(15 公里)，會議時間 6 小時，期間全程使用筆記型電腦，並以投影機進行 2 小時之報告，試計算其個人之活動碳足跡？
(會場有冷氣及 20 W 日光燈 10 支以為照明)

解

A. 交通碳足跡 $= (0.173 \times 12 + 0.038 \times 345 + 0.038 \times 15) \times 2 = 31.512$ (kg CO_2e)

　　　　　　　$= 0.0315$(公噸 CO_2e)

B. 電器碳足跡 $= 0.014 \times 6 + 0.097 \times 2 = 0.278$ (kg CO_2e)

　　　　　　　$= 0.000278$(公噸 CO_2e)

C. 場地碳足跡 $= (0.675 \times 6 + 0.019 \times 2 \times 10 \times 6) / 10 = 0.633$ (kg CO_2e)

　　　　　　　$= 0.000633$(公噸 CO_2e)

個人活動碳足跡 $= A + B + C = 31.512 + 0.278 + 0.633 = 32.431$ (kg CO_2e)

　　　　　　　　$= 0.03243$(公噸 CO_2e)

例題 14-6

上題中，若其餘 9 人皆來自台北地區，搭捷運平均 20 公里，試求整個會議之活動碳足跡？(每人皆全程使用筆記型電腦，且全程皆使用投影機)

解

交通碳足跡 $= (0.038 \times 20 \times 9) \times 2 + 31.512 = 45.192 \ (kg \ CO_2e)$
$\qquad\qquad = 0.04519 (公噸 \ CO_2e)$

電器碳足跡 $= 0.014 \times 6 \times 10 + 0.097 \times 6 = 1.422 \ (kg \ CO_2e)$
$\qquad\qquad = 0.001422 (公噸 \ CO_2e)$

場地碳足跡 $= (0.675 \times 6 + 0.019 \times 2 \times 10 \times 6) = 6.33 \ (kg \ CO_2e)$
$\qquad\qquad = 0.00633 (公噸 \ CO_2e)$

整體活動碳足跡 $= A + B + C = 45.192 + 1.422 + 6.33 = 52.944 \ (kg \ CO_2e)$
$\qquad\qquad\quad = 0.05294 (公噸 \ CO_2e)$

至於空運部分，依據國際民航組織(ICAO)的參考資料，短程、中長程的客貨運碳排放係數如表 14-8 所示，其中商務艙為經濟艙的兩倍，至於航空貨運則沒有長短程之分，而貨運因沒有人員的活動，故其值略低於客運乃屬合理。以上數據可做為碳足跡估算時之參考。

表 14-8 航空客貨運之排放係數

距離	客運(經濟艙) (kgCO₂e /人.km)	客運(商務艙) (kgCO₂e /人.km)	貨運 (kgCO₂e /t.km)
短程	0.092	0.184	0.0011
中長程	0.071	0.142	

例題 14-7

試估算從台北前往阿姆斯特丹和日本福岡兩地之空中航行碳足跡？又若運送 60 kg 的貨物至上述兩地，碳足跡是多少？(台北至阿姆斯特丹 18,890 km，至福岡 2,600 km)

> **解**

A. 台北至阿姆斯特丹

客運經濟艙：碳足跡 $= 0.071 \times 18890 = 1341.19$ (kg CO_2e)

$= 1.34119$(公噸 CO_2e)

客運商務艙：碳足跡 $= 0.142 \times 18890 = 2682.38$ (kg CO_2e)

$= 2.68238$(公噸 CO_2e)

貨運：碳足跡 $= 0.0011 \times 18890 \times 60 = 1246.74$ (kg CO_2e)

$= 1.24674$(公噸 CO_2e)

B. 台北至福岡

客運經濟艙：碳足跡 $= 0.092 \times 2600 = 239.2$ (kg CO_2e)

$= 0.2392$(公噸 CO_2e)

客運商務艙：碳足跡 $= 0.184 \times 2600 = 478.4$ (kg CO_2e)

$= 0.4784$(公噸 CO_2e)

貨運：碳足跡 $= 0.0011 \times 2600 \times 60 = 171.6$ (kg CO_2e)

$= 0.1716$(公噸 CO_2e)

對於大型活動的碳足跡估算，相對於小型活動就要複雜許多，尤其是需要布置場地的展覽活動，於活動結束後有一堆廢棄物要處理，若再加上有來自國外的參訪來賓，那就更難處理。表 14-9 是台灣外貿協會對某次展覽活動所做的碳足跡估算，作業時將時間分為展前籌備、展覽期間、展後撤離三個階段，每個階段分別對用電、用水、廢棄物及廢水處理、展品運輸、人員交通等項目進行盤查估算，再將該三個階段所得到的數據加總，就得到個別活動主體的碳排放數據，其流程與結果可以作為類似活動的估算參考。

表 14-9　商業展覽會之碳足跡表(資料來源：台灣外貿協會)

活動主體		排放量 (t CO₂e)	占比(%)	數據來源說明
會場	用電	248.55	2.5	展場照明、空調及其他機具用電，使用實際量測之電力度數換算而得。
	用水	0.23	0.0023	會場自來水使用度數。
	廢水處理	0.48	0.0048	處理量同自來水使用量。
	廢棄物運輸處理	0.04	0.00037	公共空間之廢棄物運輸處理(焚化)。
主辦單位	宣傳品印刷	3.94	0.040	邀請函、廣告單、大會手冊等。
	公共區域裝潢	28.50	0.3	依公共區段裝潢面積及裝潢廠商所提供材料清單進行估算。
參展者	攤位裝潢	215.02	2.18	依各廠商裝潢面積及裝潢廠商所提供材料清單進行估算，再將所有廠商加總累計。
	產品型錄	33.79	0.34	產品型錄、問卷等。
	展品運輸	149.67	1.52	展出品及相關設施之運輸。
	設展/撤展	16.96	0.17	攤位設展與撤展相關事務。
	人員交通	1507.92	15.28	參展廠商攤位服務人員之交通。
	廢棄物運輸處理	35.89	0.36	參展者之廢棄物運輸處理(焚化)。
參觀者交通	國外客戶	7120.59	72.20	以參觀者換證問卷資料統計方式，將參觀者之移動距離與運輸方式加以估算。
	國內客戶	473.30	4.80	
	一般民眾	28.11	0.29	
合計		9862.39	100	

觀念對與錯

(○)　1.　一個人的日常生活、一個組織的日常運作、一個活動如演唱會或球賽等，都可以被當成一個碳足跡估算的標的。

(○)　2.　人在一天 24 小時以內，無時無刻都在排放溫室氣體，將這些排放量加總起來，就是個人的一日碳足跡，如果將其累積一整年或一輩子，那就是這個人的年碳足跡或生命週期碳足跡。

(○) 3. 家戶碳足跡就是把住在該戶所有人的排碳加以彙整，再加上共同使用的部分，包含用電、用水、垃圾處理等部分。

(✕) 4. 活動碳足跡是針對一個人參與了某個活動，比如說研討會、球賽、演唱會等，參與的個人在整個過程中所排放的溫室氣體，與主辦單位無關，也與所使用之場地無涉。

(○) 5. 不同單位或不同資料庫的排放係數數據，彼此之間可能會有些出入，此與使用不同方法取得燃油或電能的因素有關。

三、產品碳足跡估算

一般來說，經由工業製程生產的產品，除了牽涉到原物料以外，再來就是製造、包裝、儲存、運輸中的各項能耗，外加廢棄物、廢水的處理，只要把所有項目都羅列完全，並依次計算其碳排放，然後把整體加總起來，再除以該批次的製造數量，就可以得到單一產品的碳足跡了。

由於全球已經成為一個供應鏈系統，故而在計算產品碳足跡時，有時會比想像中複雜，就以麥當勞的漢堡來說，牛肉產於美國，生菜和洋蔥產於當地，附送之玩具來自中國大陸，紙杯和包裝紙可能來自於歐盟國家。在計算產品碳足跡時，除了原物料的個別碳足跡之外，還必須加上運輸過程中冷凍與運輸所排放的碳足跡。因此之故，麥當勞漢堡的碳足跡，在日本肯定要高於在美國，這是很容易理解的事。

要進行工業產品的碳足跡估算，首先必須對整個公司的所有部門、所有項目進行碳盤查，然後再依各種產品的特質進行占比分配，最後再估算出單一產品的碳足跡，過程的繁複程度與該公司的機構複雜程度以及該產品本身製程的繁複程度有關，而當產品製造商能獲得供應商的完整盤查數據時，對於產品碳足跡的估算，就會變得簡單而快速。

例題 14-8

某食品公司生產 A 和 B 兩種商品，所得到的盤查資料如下，試估算產品之碳足跡？

廠內盤查資料	供應商盤查資料
產品 A： 1. 使用 8 kg 果糖和 40 kg 橘子 2. 使用 50 ℓ 柴油 3. 產出量 100 ℓ 產品 B： 1. 使用 4 kg 果糖、10 kg 蔗糖和 100 kg 鳳梨 2. 使用 70 ℓ 柴油 3. 產出量 200 ℓ	1. 每 5 kg 水果萃取 1 kg 果糖 2. 每 9 kg 甘蔗萃取 1 kg 蔗糖 3. 每 1 kg 水果耗電 6 kWh 4. 每 1 kg 甘蔗耗電 5 kWh 5. 每 1 kg 橘子耗電 12 kWh 6. 每 1 kg 鳳梨耗電 15 kWh

解

耗電排放係數 1 kWh = 0.7 kg CO_2e

柴油排放係數 1 ℓ = 2.73 kg CO_2e

1. 產品 A：

    耗電度數：$[6 \times 5 \times 8] + [12 \times 40] = 720$ (度電)

    總排碳量：$0.7 \times 720 + 2.73 \times 50 = 640.5$ (kg CO_2e)

    產品碳足跡：$640.5 \div 100 = 6.41$ (kg $CO_2e / ℓ$) = 0.00641(公噸 $CO_2e / ℓ$)

2. 產品 B：

    耗電度數：$[6 \times 5 \times 4] + [5 \times 9 \times 10] + [15 \times 100] = 2070$ (度電)

    總排碳量：$0.7 \times 2070 + 2.73 \times 70 = 1640$ (kg CO_2e)

    產品碳足跡：$1640 \div 200 = 8.20$ (kg $CO_2e / ℓ$) = 0.0082(公噸 $CO_2e / ℓ$)

例題 14-9

某公司生產 A、B 和 C 三種產品,所得到的盤查資料如下,試估算其產品碳足跡?

廠內盤查資料	供應商盤查資料
產品 A:橘子 40 kg,產出 100 ℓ 產品 B:鳳梨 60 kg,產出 150 ℓ 產品 C:橘子 20 kg,鳳梨 50 kg,產出 200 ℓ 用電量:300 kWh(共用),用柴油量:120 ℓ (共用)	每 1 kg 橘子耗電 12 kWh 每 1 kg 鳳梨耗電 15 kWh

解

耗電排放係數 1 kWh = 0.7 kg CO_2e

柴油排放係數 1 ℓ = 2.73 kg CO_2e

1. 產品 A:耗電量:$\dfrac{100}{100+150+200} \times 300 + [12 \times 40] = 546.67$ (度電)

    耗油量:$\dfrac{100}{100+150+200} \times 120 = 26.67$ (l)

    總排碳量:$0.7 \times 546.67 + 2.73 \times 26.67 = 455.48$ (kg CO_2e)

    產品碳足跡:$455.48 \div 100 = 4.55$ (kg CO_2e / ℓ)

    $= 0.00455$ (公噸 CO_2e / ℓ)

2. 產品 B:耗電量:$\dfrac{150}{100+150+200} \times 300 + [15 \times 60] = 1000$ (度電)

    耗油量:$\dfrac{150}{100+150+200} \times 120 = 40$ (ℓ)

    總排碳量:$0.7 \times 1000 + 2.73 \times 40 = 809.2$ (kg CO_2e)

    產品碳足跡:$809.2 \div 150 = 5.39$ (kg CO_2e / ℓ)

    $= 0.00539$ (公噸 CO_2e / ℓ)

3. 產品 C:耗電量:$\dfrac{200}{100+150+200} \times 300 + [12 \times 20 + 15 \times 50] = 1123.33$ (度電)

    耗油量:$\dfrac{200}{100+150+200} \times 120 = 53.33$ (ℓ)

    總排碳量:$0.7 \times 1123.33 + 2.73 \times 53.33 = 931.92$ (kg CO_2e)

    產品碳足跡:$931.92 \div 200 = 4.66$ (kg CO_2e / ℓ)

    $= 0.00466$ (公噸 CO_2e / ℓ)

例題 14-8 中，不同產品在廠內有各自的盤查資料，因此可以分別估算其碳足跡，而例題 14-9 中，不同產品在廠內的盤查資料並未區分，因此必須依比例來均攤。當產品都是以容積或重量來計量時，比例計算較爲單純，如果有些產品以容積計量，有些以產品重量計量，估算時會較爲麻煩，要先判斷一下如何計算才可以得到合理的比例關係。此外，在某些工廠內所生產的產品雖然都以同樣單位計算，但是因爲製程的差異，也會產生很大的誤差。此時可以變通爲以單位產品的製作時間來做爲比例分配的依據。

例題 14-10

某金屬加工成型公司生產 A 和 B 兩種商品，所得到的盤查資料如下，試估算產品之碳足跡？

廠商盤查資料	供應商盤查資料
產品 A：銅器，產出 100 件每件 0.2 kg，耗時 2 hr	銅原料 1 kg 耗電 30 kWh
產品 B：銀器，產出 50 件每件 0.3 kg，耗時 3 hr	銀原料 1 kg 耗電 40 kWh
用電量：3000 kWh	

解

耗電排放係數 1 kWh = 0.7 kg CO_2e

1. 產品 A

    耗電度數：$\dfrac{2}{2+3} \times 3000 + 30 \times (0.2 \times 100) = 1800$ (度電)

    總排碳量：$0.7 \times 1800 = 1260$ (kg CO_2e)

    產品碳足跡：$1260 \div 100 = 12.6$ (kg CO_2e /件) $= 0.0126$ (公噸 CO_2e /件)

2. 產品 B

    耗電度數：$\dfrac{3}{2+3} \times 3000 + 40 \times (0.3 \times 50) = 2400$ (度電)

    總排碳量：$0.7 \times 2400 = 1680$ (kg CO_2e)

    產品碳足跡：$1680 \div 50 = 33.6$ (kg CO_2e /件) $= 0.0336$ (公噸 CO_2e /件)

得　分

綠色能源科技原理與應用
學後評量
CH01　能源概論

班級：
學號：
姓名：

1 試問你的居住所在地適合發展那種綠色能源?

2 你居住所在地使用最多的三種能源為何？它們各有何負面效應?

3 你居住所在地因能源產製或使用帶來的最大禍害為何？有無改善之法?

4 試將你日常生活中所用到的能源加以分類

5 試對核能之品級加以品評

6　試說明頁岩油的開採流程及其發展潛力

7　試對歐洲之風能品級加以品評

8　試對中國大陸之太陽能品級加以品評

9　試對你的居住所在地之風能品級加以品評

10　試對你的居住所在地之太陽能品級加以品評

得 分

綠色能源科技原理與應用
學後評量
CH02　能量的分類與單位

班級：
學號：
姓名：

1　圖 2-9 中的吊車將 100 kg 的物體從地面吊往 50 m 高處，試問吊車需對物體作多少功？若此時吊鉤突然鬆脫，試求物體掉落到地面時之速度？如果物體掉落時，位於離地面 20 m 處有一工人，則該工人觀察到的物體掉落速度應為多少？

2　質量 2 kg 的物體自 10 m 高處以 $V = 3$ m/s 速度往上丟，試求
(a)最高點處之位能與動能　　(b)落地時之動能與位能

3　水壩上的水經由管子流向 30 m 下方的發電機構，每秒所須的能量為 1000 kJ/s，
(a)若測得流速為 2 m/s，試求管所須的直徑　　(b)若管的直徑為 1.6 m，試求水的流速？

4　彈簧常數 $K = 500$ N/m 的彈簧上方 10 m 處有一質量為 2 kg 的物體，若該物體以自由落體落下於彈簧上方，試求(a)物體靜止時彈簧之變形量　　(b)若彈簧最大允許變形量為 5 cm，求彈簧之彈簧常數應為多少？

（請沿虛線撕下）

5 自然長度為 30 cm，彈簧常數 $K = 500$ N/m 的彈簧，若將其下端固定於地面，上端置放 1 kg 之物體，並加以壓縮到 20 cm 長度，當鬆手後，試求(a)物體離開彈簧時之速度　(b)物體上彈最大高度

6 風力發電機風車葉片長為 10 m，葉片效率為 35%，發電效率為 50%，若每小時的電能須求量為 10^7 J，試求(a)所需風速為多少？　(b)若風速為 4 m/s，則風車葉片長度應為多少？(設空氣密度 $\rho = 1.225$ kg/m^3)

7 使 10 kg 酒精溫度升高 20°F 所需的熱量，若要使水溫升高 15°C，試求水的體積？

8 試求 1 kg 天然氣(甲烷 CH_4)經過完全燃燒後會生成多少體積的水？釋放出的熱量可以讓 3 噸的酒精升高幾°C 溫度？

9 功率 60 W 的白熾燈泡若改用 12 W 的省電燈泡，每天平均使用 8 小時，每年可以節省多少電能？合多少度電？

10 例題 1-1 中，若某地區太陽熱能的能量密度高於參考值 20%，試求每 m^2 的功率為多少瓦特？

  得　分

  全華圖書（版權所有，翻印必究）

綠色能源科技原理與應用　　　　　　　班級：

學後評量　　　　　　　　　　　　　　學號：

CH03　能源應用與環境生態維護　　　姓名：

---

1 試列出你個人日常生活中的溫室氣體排放項目，並檢討可以減少排放之方案。

2 某公司估計每日排放之 CO_2、N_2O 和 CH_4 分別為 6 噸、1.2 噸和 0.3 噸，試估算其二氧化碳當量 CO_{2e} 為多少？

3 試估算燃燒 1 噸焦碳所排放的溫室氣體 CO_{2e} 的量？

4 若使用 1 公秉柴油所需的能量改用 1.2 公秉汽油來取代，試估算何者排放較多溫室氣體？(1 公秉為 1000 公升)

5 若希望以柴油車來代替汽油車，且不增加溫室氣體的排放量，試問汽油與柴油的消耗比例為多少？

  （請沿虛線撕下）

  A-5

6　試估算燃燒 5m³ 天然氣所排放之 CO_{2e} 相當於燃燒多少液化石油氣的量？

7　試估算產生 1 度電所需使用的柴油或天然氣的量？(依 CO_2 排放量及發電效率估算)

8　例題 3-9 中，若白熾燈泡壽命增長為 1200 小時，LED 燈泡成本增為 3200 元，試問何者較省錢？

9　例題 3-9 中，若要讓使用 LED 燈泡和白熾燈泡的成本相等，LED 燈泡可容許之最高成本為多少？

10　例題 3-9 中，若實測白熾燈泡的壽命為 1100 小時，LED 燈泡為 3600 小時，試問成本不變下何者較省錢？

得　分

綠色能源科技原理與應用
學後評量
CH04　太陽輻射能的熱應用

班級：
學號：
姓名：

1 假設沒有任何輻射能在過程中損失，但因太陽照射地表之角度因素，自中午開始實際輻射能量每 30 分鐘遞減 10%，試求 900 m^2 球場自中午 12 時到下午 3 時之間所得到的最大可能輻射能量為多少？

2 上題中，若輻射效率因空氣品質及午後雲層逐漸增厚之因素，從 12 時開始的 50% 逐漸以每 30 分鐘遞減 5%，試求最大可能輻射能量為多少？

3 太陽照射在表面積 0.5 m^2，體積為 5 公升水面上，若照射 2 小時後水溫升高 12°C，試求太陽輻射效率？(假設容器為極佳絕熱材質製成)

4 上題中若輻射效率為 50%，試求輻射過程中經由容器漏出的能量損失？

5 例題 4-3 中若長棒由純銅棒和純鎳棒兩者接合而成，欲維持相同的熱傳導量，純鎳棒的半徑應為多大？

6　例題 4-4 中，若銅平板的上方與厚度 5 mm 的鋁平板緊密結合，試求鋁平板另一端之溫度？(設鋁平板平均 k = 220 W/m°C)

7　例題 4-5 中，若於冬天空氣溫度降至 8°C，且欲使帶進之熱能提高 10%，試問管壁之溫度應為多少？

8　例題 4-6 中，若內壁溫度希望提高至 18°C，試求(a)在面積不變下進水的溫度？(b)進水溫度不變下太陽能集熱板的面積？

9　太陽能集熱板受到 2 kW/m² 太陽輻射曝曬，若吸收率 $\alpha = 0.8$，其放射率 $\varepsilon = 0.1$，環境溫度為 20°C，空氣流經集熱板的對流係數 $h_f = 15$ W/(m² °C)，集熱板之溫度為 75°C，當環境溫度為 10°C，且得到的實際熱吸收率提高為 38%，求集熱板受到之太陽輻射能量？

10　平板集熱器之長、寬、高分別為 2 m、1.2 m 和 0.3 m，最上層有一穿透率 $\tau = 80\%$ 之透明蓋板，其下之吸熱板 $\alpha = 60\%$，而其內之儲熱槽溫度為 80°C，底部之熱損係數為 1.5 W/(m² °C)，其餘為 0.8 W/(m² °C)，環境溫度皆為 25°C，環境溫度降至 22°C，若欲使用能量增加 10%，試求儲熱槽溫度應為多少？

得　分

綠色能源科技原理與應用
學後評量
CH05　太陽能發電

班級：

學號：

姓名：

1 拋物面積為 3 m^2 的反射鏡，若將太陽光聚焦投射於長 2 m，內徑 0.4 cm 的線型集熱器，當集熱器效果為 70%，且得到管內溫度變化量為每分鐘 6°C，試估算太陽之有效平均照度？(設以水為介質，$\rho = 1 \times 10^6$ g/m^3)

2 練習題一中，若太陽平均有效照度為 600 W/m^2，試求所需安置的反射鏡拋物面積？

3 練習題二中，若因集熱器老化因素效果降為 60%，內徑縮小為 0.36 cm，試求每分鐘管內溫度變化？

4 若練習題三中的多個集熱器串聯在一起，熱介質為初始溫度 20°C 的水，若欲達到每小時有 80°C 的水 100 kg 注入儲熱桶的標準，試求所須串聯的數量？

5 練習題四中，若更換新設備使集熱器效果恢復到 80%，且仍以初始溫度 20°C 的水為熱介質，試求達到 90°C 以便注入儲熱桶的水量？

(請沿虛線撕下)

6　例題 5-1 中所要得到的相同集熱結果，如以碟形拋物面反射鏡取代，試估算反射鏡的直徑應為多少？

7　例題 5-4 中塔式聚光集熱系統(a)如果以例題 5-1 中的線形集熱器取代，需要多少具？(b)如果以例題 5-5 中的碟形反射鏡取代，需要多少具？

8　例題 5-5 中，若於夏季，太陽輻射效率會提高 10%，轉換效率會下降 1%，但平均日照時間為每日 8 小時，求每日之發電量？

9　例題 5-6 中，若該村莊人口遷入 200 人，且平均每戶用電量增加 6%，試問應增加多少太陽能電池？

10　上題中，若冬天的輻射效率會提高 10%，平均日照僅 5 小時，且每戶用電量增加 20%，試問應裝置多少組太陽能電池才不會缺電？

得　分

綠色能源科技原理與應用
學後評量
CH06　風力發電原理與技術應用

班級：

學號：

姓名：

1 有甲、乙兩地被用來評估設置風力發電廠，兩地之日平均風速分別為 6 m/s 和 8 m/s，試分別求出其風能密度？

2 上題中若因地形關係，甲地可設置半徑 20 m 風機，而乙地僅可設置 12 m 風機，試比較何者輸出的風能較多？

3 上題中某地之風力發電廠原以甲地為設置地點，共需 20 座風機，今如改設於乙地，欲得到相同風能，需設置幾座？

4 例題 6-4 中，若欲達到燈泡點亮 0.5 秒後，熄滅再點亮之效果，則在 5 m/s 風速下，每秒流入之體積為多少？

5 上題中，若以風管將風導入，試求風管之直徑為多少？

（請沿虛線撕下）

6　某沿海地區設置有裝置容量 800 kW 的風力發電機 30 座，試問在負載率 35%條件下，每年實際發電量？

7　上題中，若因人口成長欲增加 30%電力，但空間只允許增加 6 座風力發電機，試問應將負載率提昇到多少？

8　上題中，若保持負載率為 35%，而將新增的風力發電機裝置容量加大，試問裝置容量應為多少？

9　若靠岸風機設置成本為離岸風機的 70%，負載率為減少 10%，若要取得相同成本電力，則裝置容量比應為多少？

10　例題 6-11 中，若將半數之風機設置於離岸，負載率為 45%，試求每年增加的發電量？

得　分

綠色能源科技原理與應用　　　　　　　班級：
學後評量　　　　　　　　　　　　　　學號：
CH07　生質能源與生質能源作物栽培　姓名：

1 試求生成 1 kg 葡萄糖需吸收(a)多少光能？　(b)多少二氧化碳？　(c)釋出多少氧氣？

2 試求原本需燃燒一噸稻草熱能的鍋爐，若以 30%椰子殼參雜使用，則兩者所需的重量各為若干？(設熱能轉移比例皆為 60%)

3 上題中若全部改用椰子殼為燃料，且熱能轉移比例提高至 70%，試求所需之椰子殼重量？

4 試估算生成每公克杏木和胡桃木所需太陽光能？(設陽光轉化為碳水化合物之比例為 5%)

5 每日消耗 20 噸杏木材為燃料之工廠，若改用柴油為燃料，需日耗多少公噸？

（請沿虛線撕下）

6　某工廠每日消耗 1 公秉之汽油為燃料，若改用 E50 酒精汽油為燃料，則需日多少公升？(設酒精密度為汽油密度之 105%，能量密度為 68%)

7　上題中若汽油每公升為 40 元，生質酒精 E100 每公升為 35 元，則使用 E50 為燃料成本增加多少？

8　習題 6 中，若改用 E100 生質酒精為燃料，則需日耗多少量？燃料成本增加多少？

9　例題 7-6 中，若改用 B40 生質柴油，已知化石柴油每公升 25 元，生質柴油每公升 30 元，使用 B40 生質柴油政府每公升補貼 2 元，試估算成本增加多少？(設生質柴油密度為化石柴油 105%，熱值為 90%)

10　要得到與 B50 相同熱值的 E50 酒精汽油，兩者間容量的比例為何？

11　例題 7-11 中，若該公司以 B40 生質柴油代替 B100 生質柴油，試估計所需種植面積？

12　上題中若含油率下降為 32%，轉酯化效率提升為 88%，試判斷所種植面積是否夠供給公司使用。

13　例題 7-12 中，若最高容許種植成本為 125000 元，在油粕、甘油、碳權價格都不變情況下，轉酯化成本增為 17%，試求生質柴油 B100 每公噸之最低可接受價格？

14　例題 7-13 中，若光生化器直徑改為 30 cm，在所有設定條件都不變下取得相同的產油量，試估算每立方米取得之藻量？

15　例題 7-14 中，若光生化反應器改為直立式，產出為斜立式的 30%，含油率為 32%，試估算每公頃基地養殖的藻油年產量？

16 上題中若直立式的設置費用為 1200 萬元,斜立式為 950 萬元,試比較何者回收較快?

17 例題 7-13 中,若將迴旋式圓管的直徑縮小為 12 cm,並以支架支撐堆疊四層方式來養殖微藻,單位產量下降 10%,在其他條件不變的情況下,試求每公頃的藻油年產量?

18 若上題之設置費用為大迴旋管養殖之 1.3 倍,為斜角 60°斜立式養殖之 1.1 倍,試估算成本升降之比例?

19 例題 7-18 中,若甘薯冬季產量為正常量之 70%,夏季易遭蟲害而減產 10%,試求其年單位面積酒精產量?(設含 20%澱粉質,酒精轉換率 25%)

20 例題 7-19 中,甘蔗常以宿根(非重新種植)栽種,其成長期可以縮短為 12 個月,但產量將減少為 65 噸,試求其年單位面積酒精產量?

得　分		班級：
	綠色能源科技原理與應用	學號：
	學後評量	姓名：
	CH08　水力發電	

1 例題 8-1 中水庫的水係經由導管引導至水渦輪機，設導管壁的摩擦力會消耗 5% 動能，試估算下方出水口之水流速度？

2 上題中，若欲得到與例題 8-2 相同的電力，在發電機效率不變下，水渦輪機的效率應提昇為多少？

3 上題中，若所發電力欲提供 20 公里外村莊使用，電力需求量為每小時 10000 度，試求需安裝幾套發電設備？(設電力傳輸損失為 3%)

4 例題 8-4 中，若所發電力欲提供 20 公里外村莊使用，冬季平均每小時為 1000 度電，夏季為 1200 度電，備載容量為 10%，若傳輸損失為 3%，試求所需安裝的發電機數量及冬季之備載容量？

5 例題 8-6 中的發電機若欲供應習題三中的村莊 20%電力，試求所需安裝的發電機數量？

6　例題 8-4 中的發電機，若欲供應習題四中的村莊 20%電力，且發電機數量不可多於六座，試估算水庫每天應有之釋水量？

7　流速 4 m/s 的河流中設置的發電機系統之整體發電效率為 65%，若每天要供應 1000 度電，試估算設置水渦輪機的截流面積？

8　上題若所發電力需求處為距河流 10 公里處，電力傳輸損失為 3%，備載容量為 15%，試重新估算截流面積？

9　上題中，若夏季每天的平均需求量提高為 1200 度電，試求在截流面積不變之情況下，有無可能出現缺電危機？備載容量為多少？

10　例題 8-10 中，若冬季電量需求為 2000 度電，夏季為 2600 度電，建構河流發電機系統的河流截面積不可超過 40%，試問是否合於規定？若可以，試估算冬季和夏季之備載容量為多少？

得　分

綠色能源科技原理與應用

學後評量

CH09　海洋能

班級：

學號：

姓名：

1 例題 9-1 中，若實際量測到的漲退潮平面落差為 7.2 米，發電量為預估值之 108%，在週期與發電機效率不變條件下，試估算水渦輪機效率？

2 例題 9-2 中，該工廠位於距發電設施 10 公里處，輸電損失為 3%，電力備載容量為 10%，試重新估算水池面積？

3 上題中，該工廠夏季會增加 30% 用電量，依實際量測所得，夏季之漲退潮落差為 6.3 米，試重新估算所需水池面積？若水池面積已無法改變，試求其夏季之電力差額？

4 某工業區每日需耗電 10 萬度，在備載容量 12% 條件下，所需設置如例題 9-3 中的水渦輪機數量？

5 上題中，若早上 8 點到下午 6 點之間的耗電量占總耗電的 50%，試重新估算所需設置的水渦輪機數量？

6 上題中，若中午 12 點到下午 2 點間所消耗電量為 13%，水渦輪機有 8 具運轉，試估算當時之電力備載容量？

7 例題 9-6 中，因夏季風吹緣故，使浪高增為 1.3 米，週期為 5.5 秒，如果原本電力備載容量為 10%，試求在夏季用電量增加 8%情況下之電力備載容量？

8 習題 6 中，正午 2 小時中的用電量占比為 12%，試求可能缺少之電量為多少？(若原備載容量為 10%)

9 習題 4 中的工業區用電，若有 40%希望由海洋溫差發電取得，若使用核能電廠冷卻水放流口和海水來進行，兩者溫度分別為 32°C 和 15°C，在系統總發電效率為 52%條件下，試估算所需的海水流率？

10 例題 9-2 中之工廠，若要改用例題 9-9 的鹽分梯度發電，試估算每分鐘的水流量？

得　分		**全華圖書** (版權所有，翻印必究)	
		綠色能源科技原理與應用	班級：
		學後評量	學號：
		CH10　燃料電池	姓名：

1 某機器所需的工作電壓為 18V ± 10%，已知燃料電池堆之單電池操作電壓介於 0.6 ～0.7V 之間，試求所需之單電池數？

2 上題中，若工作電流為 10 安培，試估算該燃料電池可運轉之功率可能範圍？

3 上題中，若單電池之電流密度為 500mA/cm²，試求電極之工作面積？

4 習題 1 中，若運轉功率最高為 200W，試求電流大小及電極工作面積？(若單電池 電流密度為 500mA/cm²)

5 試說明鹼性燃料電池之工作原理，並說明其優缺點？

6　試說明質子交換膜燃料電池之工作原理，並說明其優缺點？

7　試說明磷酸燃料電池之工作原理，並說明其優缺點？

8　試說明熔融碳酸鹽燃料電池之工作原理，並說明其優缺點？

9　試說明固態氧化物燃料電池之工作原理，並說明其優缺點？

10　試說明直接甲醇燃料電池之工作原理，並說明其優缺點？

全華圖書（版權所有，翻印必究）

綠色能源科技原理與應用
學後評量
CH11　其他可再生能源

班級：

學號：

姓名：

1 試估算從美國和日本土地上滲透出之地熱分別占全地表滲出地熱的占比？(已知地球半徑為 6371 km)

2 試估算從地心滲透到陸地之地熱與滲透到海洋之地熱各為多少？

3 某公司離地熱發電廠 10 km，每天所需之電力為 300 度，若傳輸損失為 3%，電力備載容量為 10%，試求需能量密度 40 W/m² 之地熱井面積？(設發電效率為 60%)

4 例題 11-5 中，若用 60 kg 的水與燃燒生成水作熱交換，試求水的最終溫度？(設原始水溫為 10°C)

5 若燃氫引擎比燃油引擎效率高 15%，試估算 100 km 的行程需使用多少氫氣？(設汽油每公升可行駛 10 km)

6 垃圾掩埋場內設置有導引管，以便將垃圾發酵產生的沼氣導出作爲燃料，若某掩埋場日產 10 噸沼氣，可純化得 90%甲烷，試求其總熱能？

7 若以上題中所得之甲烷爲發電燃料，在總效率爲 55%條件下，每日可得到的電力爲若干？

8 若有一村莊每日耗電 12000 度，上題中同樣效率的發電廠所發的電力恰好滿足其需求，試估算此垃圾掩埋場規模爲習題六之幾倍？

9 化石廢棄物裂解產出物如表 11-3 所示，試估算日處理 60 噸廢棄物所產生之總熱能？(設油氣之熱值爲液態油之 60%，溶劑熱值爲 4000 kcal/kg，爐渣爲 2000 kcal/kg)

10 若以上題中產出的液態油爲燃料，油氣爲輔助燃料來發電，在總效率爲 50%的條件下，每日可發多少電力？

得　分	綠色能源科技原理與應用	班級：
	學後評量	學號：
	CH12　低碳經濟學	姓名：

1 「京都議定書」對附件一所列國家的溫室氣體減量排放規範爲何？你認爲最難達成目標的是哪一國？原因爲何？

2 何謂碳權？有哪幾種交易方式？

3 若匈牙利 2018 年的全國溫室氣體年排放量爲 1.8 億噸，比 1990 年高出 20%，試估算其應減少之排放量才能達成表 12-1 中所訂標準？

4 上題中，若該國 2021 年的排放量已比 2018 年降低 6%，若其餘額要以認養雨林之方式來達成，試估算其應認養之面積？(森林固碳以每公頃 600 ton 計)

5　IPCC 每次發布的氣候科學評估報告有幾冊？內容如何產出？

6　試說明 IPCC 第六次評估報告的第一工作小組報告之重點？

7　試說明 IPCC 第六次評估報告的第二工作小組報告之重點？

8　試說明綠色和平組織對第六次評估報告的第三工作小組報告之啓發？

9　何謂淨零排放？何謂碳中和？兩者有何區別？

10　何謂 ESG 呢？爲何在現階段的企業投資、經營環境中，它是如此地被看重？

得　分

綠色能源科技原理與應用
學後評量
CH13　溫室氣體盤查

班級：
學號：
姓名：

1　若你所就讀的學校欲進行組織溫室氣體盤查，試設定其組織邊界，並以學院為單位，估算出各學院排放二氧化碳的大約占比？

2　若某大樓之某公司，其使用樓板面積為全棟之 8%，員工人數為全棟之 12%，其所擁有之股權為 25%，若大樓之年排放溫室氣體量為 600 Ton CO_{2e}，試求該公司之排放量？

3　某公司之工廠中有 4 台五軸加工機、一台天車、兩具滅火器、一台堆高機、兩台冷氣機、一台備用發電機，試列出所有排放源？

4　某家庭成員 4 人，每月用電量為 600 度，天然氣使用量為 12 kg，擁有兩部車子，一部月耗汽油 60 公升，另一部月耗 B20 生質柴油 80 公升，還有冰箱一台、冷氣機三台、電視機一台及其他電器用品，試估算該家庭每名成員的日排碳量？

5　某農場飼養一萬頭牛與三萬頭豬，若欲認養熱帶雨林取得碳權來充抵十年碳稅，問需認養多少公頃？(設雨林每公頃的固碳量為 600 噸)

6. 上題中，若農場設置了將牲畜排泄物轉化為生質沼氣的設備，可以減少 50% 的甲烷對外排放，且每月可得到 25 噸的沼氣，試求該農場扣除沼氣收益後每年應繳之碳稅。(設每公斤沼氣為 30 元，每噸碳稅 100 元)

7. 丙烷燃燒化學式如下，試計算其溫室氣體 CO_2 之排放係數。

$$C_3H_8 + 5O_2 \rightarrow 3CO_2 + 4H_2O$$

8. 乙烯燃燒化學式如下，試計算其溫室氣體 CO_2 之排放係數。

$$C_8H_8 + 10O_2 \rightarrow 8CO_2 + 4H_2O$$

9. 柴油發電機每天需使用 20 kg 柴油，若改使用 B50 生質柴油為其燃料，試計算其 CO_{2e}，並求每日的生質柴油使用量？(生質柴油 B100 之熱值為柴油的 90%)

10. 某公司有二台冷氣(R407C)、三座冷藏庫(R408a)，每台冷氣逸散量為 100 g，每座冷藏庫逸散量為 300 g，另外，其鎂金屬加工製程中之 SF_6 逸散量為 50 g，試計算該公司逸散所造成之 CO_{2e}？

得　分	

綠色能源科技原理與應用
學後評量
CH14　產品碳足跡估算

班級：
學號：
姓名：

1 麥當勞大麥克牛肉漢堡所使用的食材與燃料如下，試計算其食物碳足跡？
(生菜 60 g，蛋 100 g，牛肉 250 g，起司 20 g，水 2 ℓ，瓦斯 0.1 度)

2 某人開車 15 公里去爬山，中午以同大麥克分量之豬肉漢堡和 200cc 咖啡為午餐，爬完山後即開車回家休息，試估算其活動碳足跡？(設咖啡豆為 20g)

3 某人以汽油車代步每年跑 3.8 萬公里，若換成電動車且上班改搭捷運，則該車之年行車距離為 1.2 萬公里，試求其年減碳量？

4 某職訓教室原使用桌上型電腦 40 台，並以 20 支 40W 日光燈管照明，今若全部改換為筆記型電腦，且以 20 顆 21W 的省電燈泡來照明。試計算執行 120 小時訓練課程之減碳量？

5 某大型餐會原本欲以空運澳洲牛肉為食材，後改以台灣本地豬肉代替，肉品需求量為 1000 公斤，試問其減碳量為多少？(設台灣到澳洲之距離為 7200 公里)

6　某食品製造公司生產方便麵和洋芋片兩種食品，所得盤查資料如下，試估算其碳足跡？

廠內盤查資料	供應商盤查資料
產品 A： 每公斤麵粉產出 5 包麵 產品 B： 每公斤洋芋產出 4 包洋芋片 日產量： 產品 A5000 包，產品 B10000 包 用電 ： 300 kWh(共用) 用柴油： 25 ℓ	每公斤麵粉耗電 0.1 kWh 耗柴油 0.2 ℓ 每公斤洋芋耗柴油 0.15 ℓ

7　上題中，若增加產出產品 C，日產量 3000 包，只耗電不耗油，其碳足跡為每包 0.5 CO_{2e}，試估算所增加之用電量？

8　習題六中，若以 B20 生質柴油來取代柴油，廠內 30%耗電並以太陽能發電取代，試重新估算其碳足跡？

9　已知可口可樂 2000 ml 裝每瓶 CO_{2e}為 500 g，500 ml 為 240 g，某工廠日產 2000 ml 裝 4000 瓶，500 ml 裝 30000 瓶，若要在相同容積產量下減少公司排碳量 8%，該如何調整兩種產品的產量？

10　依據研究報告指出，每封垃圾郵件平均排放 0.3 g 之 CO_2，合法郵件則為 4 g，若有一軟體公司開發出的軟體可以偵測出垃圾郵件並予以隔離，成功率為 80%，另該軟體亦可使合法郵件呈現速度增快，減少 0.5 g 排碳量。以全球每天 10 億封垃圾郵件，3 億封合法郵件估算，該軟體公司每年可以合理申請多少「碳權」？

歡迎加入 全華會員

● **會員享** ： 會員享購書折扣、紅利積點、生日禮金、不定期優惠活動…等。

● **如何加入會員**
掃 QRcode 或填妥讀者回函卡直接傳真 (02) 2262-0900 或寄回，將由專人協助登入會員資料，待收到 E-MAIL 通知後即可成為會員。

如何購買

全華書籍

1. 網路購書
全華網路書店「http://www.opentech.com.tw」，加入會員購書更便利，並享有紅利積點回饋等各式優惠。

2. 實體門市
歡迎至全華門市（新北市土城區忠義路 21 號）或各大書局選購。

3. 來電訂購
(1) 訂購專線 ： (02) 2262-5666 轉 321-324
(2) 傳真專線 ： (02) 6637-3696
(3) 郵局劃撥（帳號 ： 0100836-1　戶名 ： 全華圖書股份有限公司）
※ 購書未滿 990 元者，酌收運費 80 元。

OpenTech.com.tw
全華網路書店

全華網路書店 www.opentech.com.tw
E-mail: service@chwa.com.tw

※ 本會員制如有變更則以最新修訂制度為準，造成不便請見諒。

讀者回函卡

掃 QRcode 線上填寫 ▶▶▶

2020.09 修訂

姓名： 生日：西元　　　年　　　月　　　日　性別：□男 □女

電話：（　　　） 手機：

e-mail：（必填）

註：數字零，請用 Φ 表示，數字 1 與英文 L 請另註明並書寫端正，謝謝。

通訊處：□□□□□

學歷：□高中・職　□專科　□大學　□碩士　□博士

職業：□工程師　□教師　□學生　□軍・公　□其他

學校／公司：　　　　　　　　　　　　科系／部門：

・需求書類：

□ A. 電子　□ B. 電機　□ C. 資訊　□ D. 機械　□ E. 汽車　□ F. 工管　□ G. 土木　□ H. 化工　□ I. 設計
□ J. 商管　□ K. 日文　□ L. 美容　□ M. 休閒　□ N. 餐飲　□ O. 其他

・本次購買圖書為：　　　　　　　　　　　　　　　　　書號：

・您對本書的評價：

封面設計：□非常滿意　□滿意　□尚可　□需改善，請說明
內容表達：□非常滿意　□滿意　□尚可　□需改善，請說明
版面編排：□非常滿意　□滿意　□尚可　□需改善，請說明
印刷品質：□非常滿意　□滿意　□尚可　□需改善，請說明
書籍定價：□非常滿意　□滿意　□尚可　□需改善，請說明
整體評價：請說明

・您在何處購買本書？
□書局　□網路書店　□書展　□團購　□其他

・您購買本書的原因？（可複選）
□個人需要　□公司採購　□親友推薦　□老師指定用書　□其他

・您希望全華以何種方式提供出版訊息及特惠活動？
□電子報　□ DM　□廣告 （媒體名稱　　　　　　　　　　　）

・您是否上過全華網路書店？ (www.opentech.com.tw)
□是　□否　您的建議

・您希望全華出版哪方面書籍？

・您希望全華加強哪些服務？

感謝您提供寶貴意見，全華將秉持服務的熱忱，出版更多好書，以饗讀者。

填寫日期：　　　／　　　／

勘　誤　表

親愛的讀者：

感謝您對全華圖書的支持與愛護，雖然我們很慎重的處理每一本書，但恐仍有疏漏之處，若您發現本書有任何錯誤，請填寫於勘誤表內寄回，我們將於再版時修正，您的批評與指教是我們進步的原動力，謝謝！

全華圖書　敬上

書　號		書　名		作　者
頁　數	行　數	錯誤或不當之詞句		建議修改之詞句

我有話要說： （其它之批評與建議，如封面、編排、內容、印刷品質等・・・）